国家出版基金项目
NATIONAL PUBLICATION FOUNDATION

"十三五"国家重点出版物出版规划项目

高分辨率对地观测前沿技术丛书

主编 王礼恒

平流层飞艇推进系统

设计与测试技术

王海峰 杨旭东 罗 玲 喻天翔 等编著

国防工业出版社

·北京·

内 容 简 介

平流层飞艇推进系统是一种由电机带动螺旋桨，将能源系统输出电能转换成旋转机械能，通过对空气做功产生推力，为飞艇上升、下降、浮空飞行和定点以及姿态控制提供动力的系统。本书共7章，详细介绍了平流层飞艇推进系统的设计方法与测试技术，讲述了推进系统的设计重点和设计流程，阐述了螺旋桨和电机的设计思路和试验方法，以及推进系统可靠性分析的一些方法。

本书主体内容是作者近年来最新研究成果的结晶，内容丰富，资料详实，图文并茂，从基本概念到研究方法，从理论分析到工程实例，都进行了深入的阐述，具有较高的学术和工程应用价值。本书可用作平流层飞艇或太阳能飞机推进系统研究工作的工具书，也可用作大专院校相关专业的教学参考书。

图书在版编目（CIP）数据

平流层飞艇推进系统设计与测试技术/王海峰等编著. —北京：国防工业出版社，2021.7

（高分辨率对地观测前沿技术丛书）

ISBN 978 - 7 - 118 - 12342 - 5

Ⅰ.①平… Ⅱ.①王… Ⅲ.①平流层—飞艇—推进系统—系统设计②平流层—飞艇—推进系统—系统测试

Ⅳ.①V23

中国版本图书馆 CIP 数据核字（2021）第 149596 号

※

国防工业出版社出版发行

（北京市海淀区紫竹院南路 23 号 邮政编码 100048）

雅迪云印（天津）科技有限公司印刷

新华书店经售

*

开本 710×1000 1/16 插页 18 印张 19¼ 字数 308 千字

2021 年 7 月第 1 版第 1 次印刷 印数 1—2000 册 定价 158.00 元

（本书如有印装错误，我社负责调换）

国防书店：(010)88540777   书店传真：(010)88540776

发行业务：(010)88540717   发行传真：(010)88540762

丛书学术委员会

丛书编审委员会

序 言

高分辨率对地观测系统工程是《国家中长期科学和技术发展规划纲要（2006—2020 年)》部署的 16 个重大专项之一,它具有创新引领并形成工程能力的特征,2010 年 5 月开始实施。高分辨率对地观测系统工程实施十年来,成绩斐然,我国已形成全天时、全天候、全球覆盖的对地观测能力,对于引领空间信息与应用技术发展,提升自主创新能力,强化行业应用效能,服务国民经济建设和社会发展,保障国家安全具有重要战略意义。

在高分辨率对地观测系统工程全面建成之际,高分辨率对地观测工程管理办公室、中国科学院高分重大专项管理办公室和国防工业出版社联合组织了《高分辨率对地观测前沿技术》丛书的编著出版工作。丛书见证了我国高分辨率对地观测系统建设发展的光辉历程,极大丰富并促进了我国该领域知识的积累与传承,必将有力推动高分辨率对地观测技术的创新发展。

丛书具有 3 个特点。一是系统性。丛书整体架构分为系统平台、数据获取、信息处理、运行管控及专项技术 5 大部分,各分册既体现整体性又各有侧重,有助于从各专业方向上准确理解高分辨率对地观测领域相关的理论方法和工程技术,同时又相互衔接,形成完整体系,有助于提高读者对高分辨率对地观测系统的认识,拓展读者的学术视野。二是创新性。丛书涉及国内外高分辨率对地观测领域基础研究、关键技术攻关和工程研制的全新成果及宝贵经验,吸纳了近年来该领域数百项国内外专利、上千篇学术论文成果,对后续理论研究、科研攻关和技术创新具有指导意义。三是实践性。丛书是在已有专项建设实践成果基础上的创新总结,分册作者均有主持或参与高分专项及其他相关国家重大科技项目的经历,科研功底深厚,实践经验丰富。

丛书 5 大部分具体内容如下:**系统平台部分**主要介绍了快响卫星、分布式卫星编队与组网、敏捷卫星、高轨微波成像系统、平流层飞艇等新型对地观测平台和系统的工作原理与设计方法,同时从系统总体角度阐述和归纳了我国卫星遥感的现状及其在 6 大典型领域的应用模式和方法。**数据获取部分**主要介绍了新型的星载/机载合成孔径雷达、面阵/线阵测绘相机、低照度可见光相机、成像光谱仪、合成孔径激光成像雷达等载荷的技术体系及发展方向。**信息处理部分**主要介绍了光学、微波等多源遥感数据处理、信息提取等方面的新技术以及地理空间大数据处理、分析与应用的体系架构和应用案例。**运行管控部分**主要介绍了系统需求统筹分析、星地任务协同、接收测控等运控技术及卫星智能化任务规划，并对异构多星多任务综合规划等前沿技术进行了深入探讨和展望。**专项技术部分**主要介绍了平流层飞艇所涉及的能源、囊体结构及材料、推进系统以及位置姿态测量系统等技术，高分辨率光学遥感卫星微振动抑制技术、高分辨率 SAR 有源阵列天线等技术。

　　丛书的出版作为建党 100 周年的一项献礼工程，凝聚了每一位科研和管理工作者的辛勤付出和劳动，见证了十年来专项建设的每一次进展、技术上的每一次突破、应用上的每一次创新。丛书涉及 30 余个单位，100 多位参编人员，自始至终得到了军委机关、国家部委的关怀和支持。在这里，谨向所有关心和支持丛书出版的领导、专家、作者及相关单位表示衷心的感谢！

　　高分十年，逐梦十载，在全球变化监测、自然资源调查、生态环境保护、智慧城市建设、灾害应急响应、国防安全建设等方面硕果累累。我相信，随着高分辨率对地观测技术的不断进步，以及与其他学科的交叉融合发展，必将涌现出更广阔的应用前景。高分辨率对地观测系统工程将极大地改变人们的生活，为我们创造更加美好的未来！

王礼恒

2021 年 3 月

前　言

随着航空技术的进步和应用需求变化,平流层飞艇与早先的浮空器相比,其设计特点、使命任务、应用环境和性能都发生了深刻变化,近几年更是受到国内外普遍关注并得到持续研究。如今,人们正在试图将平流层飞艇应用于预警探测、侦察监视、通信中继、电子对抗、对地观(探)测和科学实验等一些军民用领域。

在关键技术攻关研究的同时也应该看到,这种飞行器工程实现面临着很大的技术挑战。特别是在其共性关键技术,如轻质高强囊体材料、高效太阳电池、轻质储能电池和高效推进技术等方面,技术指标似乎已经发挥到极致状态。在以这些共性关键技术为基础集成的平台上,任何一个小小的疏忽就可能造成最终平台系统灾难性的后果,可见这些系统高性能指标对于平流层飞艇的重要性。

值此平流层飞艇发展的关键时期,我们在高分项目管理机关正确领导下,在国防工业出版社大力支持下,编辑出版了本书。书中归纳总结了我们近20年的研究成果,主要包括平流层飞艇推进系统的概念和国内外发展现状和趋势,推进系统总体和优化设计方法,推进系统集成测试与验证方法,高效螺旋桨外形设计与气动性能测试,螺旋桨复合材料结构设计和测试,电机设计与测试方法,系统可靠性设计分析方法等。作者希望,本书既能对于推进系统未来的技术发展给出顶层的视野和导向,又能对具体专业提供方法上的指导和参考,对于有兴趣的读者具有较强的借鉴意义。

全书共分7章。第1章对推进系统工作环境、分类和布局、发展现状和展望进行了介绍,由王海峰负责编写,王冬晨参与了写作;第2章对推进系统布置方案、指标体系与分配、参数匹配设计、最佳功率单元优化设计和新概念技术进行了阐述,由王海峰和杨旭东等编写;第3章对推进系统的测试方法和内容进行了研究,并介绍了典型的测试试验系统,由王海峰负责编写,焦俊参与了写作;第4章对高效螺旋桨外形设计与气动性能测试方法进行了分析,由杨旭东编写,许建华参与了写作并提供大量的素材;第5章对目前比较常用的螺旋桨结构布局进行了研究,对有限元建模和外载荷计算方法进行了阐述,对该螺旋桨的铺层优化设计方法、工艺设计和结构特性和环境试验方法进行了研究分析,由王海峰编写,安伟刚和程俊杰参与了写作并提供了大量的素材;第6章给出了无刷直流电机的设计方法,着重介绍了其临近空间环境适应性设计,并对性能测试方法给予了阐述,由罗玲编写;第7章对推进系统可靠性建模、分配与预计方法进行了介绍,对基于故障物理的可靠性设计分析方法以及关键件可靠性分析进行了研究,由喻天翔编写。全书统稿工作由王海峰负责完成,江泓鑫负责协助统稿工作。

在本书编写过程中,特别感谢为本书提供了大量的研究成果,并对于本书的成书和排版付出了艰辛努力和聪明才智的同志们。另外,本书引用和参考了大量研究报告和文献资料,选配了许多图片,特向这些文献资料和图片的作者表示深深的谢意。同时,由于涉及资料众多,本书中未能全部列出被引用文献的名称和作用,对此表示歉意。由于时间仓促,水平和视野有限,本书难免存在不足、疏漏和不妥之处,敬请读者批评指正。

作　者

2021 年 1 月

目 录

第1章

概　述

平流层飞艇属于高空长航时(High Altitude Long Endurance,HALE)飞行器，一般在 20～50km 平流层工作。平流层气象条件比较稳定，日照时间长，并且处于大多数战斗机和防空系统的射程范围之外，适合飞行器长时间驻留。但平流层大气条件恶劣，低温低气压高臭氧环境对推进系统提出了很高的环境适应性要求[1]。

1.1　推进系统组成分类与布局

推进系统是由电机带动螺旋桨旋转对空气做功产生推力，以平衡飞行器飞行时所受空气阻力，可使飞行器沿该作用方向飞行的动力系统。该系统由太阳能与储能电池系统组成的能源系统提供电能。

推进系统属于高空长航时飞行器的核心关键系统，对于完成飞行器长期驻空任务至关重要。在高空长航时飞行器的研制中，螺旋桨推进具有质量轻、驱动低速飞行的效率高等特点，能够满足飞艇、无人机等低速平流层飞行器的高空长航时飞行对推进系统的要求。因此，目前国内外高空飞艇、高空长航时无人机一般采用螺旋桨作为推进器[1]。

一般而言，使用螺旋桨的低速飞行器推进方式主要有三种：燃油机—螺旋桨推进系统、燃油机—发电机—电机—螺旋桨推进系统以及太阳能—电机—螺旋桨推进系统。燃油机—螺旋桨推进系统广泛应用于客机、运输机、低空飞艇等航空飞行器，具有推力大、经济性好、技术成熟、可靠性高的特点，但作为平流层飞艇动力时存在一些缺点。首先，平流层大气密度小，温度低，传统燃油式发动机燃烧不完全甚至无法工作，飞艇航时受携带油量影响，难以满足长期驻空要求；其次，携带燃油式发动机的平流层飞艇在工作过程中燃油不断消耗，需要

1

携带压舱物,从而增加了起飞重量,降低了有效载荷,给飞艇操稳带来了难度;再次,燃油式发动机产生的电力通常无法直接用于飞行器携带的其他设备,因此需要携带额外的转换设备或单独的电源系统解决其他设备的供电问题。燃油机—发电机—电机—螺旋桨推进系统是一种从燃油推进向电推进过渡的混合动力推进系统,但是其缺陷跟传统燃油机—螺旋桨推进系统类似,不适合平流层低速飞行器。太阳能—电机—螺旋桨推进系统是目前国内外平流层飞行器采用的主要推进形式,它的主要优点在于可在白天利用太阳能提供飞艇所需能量,夜间用储能电池向艇体设备提供能量,从而保证飞艇的长航时目标[2]。综合以上内容可以看出,对于以实现定点、可控飞行为目标的平流层飞艇,靠电机驱动螺旋桨产生推力的推进系统具有无可比拟的优势。

螺旋桨电推进系统一般由螺旋桨、电机装置、电机与螺旋桨接口这3部分组成,如图1-1所示。

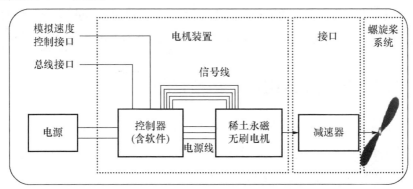

图 1-1 动力推进系统组成示意图

1.1.1 螺旋桨系统

螺旋桨系统主要桨叶、桨毂、变构型机构及其控制系统组成。①桨叶由气动外形部分和根部连接部分组成。气动外形部分由沿展向的特定翼型剖面控制,根部主要用于不同桨叶之间和桨叶与桨毂之间的连接。②桨毂通常通过自主设计,借助法兰与螺栓实现桨叶与电机的接口连接。③变构型机构主要通过变桨径或变桨距机构的精妙设计实现螺旋桨的变构型设计。

1.1.2 电机装置

电机装置由控制器和稀土永磁无刷电机组成。

控制器包括多相大功率驱动器、协调控制软件和温控器,具有电机调速功能、温控功能、过压过流保护功能,可接收飞行器机载计算机指令(全自动、手动或者遥控)。

稀土永磁无刷电机含电机本体、温度传感器、转速传感器及冷却装置等。

1.2　推进系统现状和发展趋势

螺旋桨推进系统为目前大多平流层飞艇和高空无人机方案所采用,高空太阳能无人机一般都采用小功率和小桨径的推进系统,平流层飞艇采用大功率和大桨径的推进系统,但在具体参数设计和性能数据方面,国外系统的研究报道较为少见。从公布的资料可以看出,国外在不同程度上都开展了一些研究工作,特别是美国,投入了较大的实验设施建设费用。

1.2.1　螺旋桨电推进方面现状及趋势

高空无人机的推进系统和平流层飞艇的推进系统有太多相似之处,研究无人机推进系统对于飞艇推进系统的研究有重要借鉴意义。因此,在研究中,不可只局限于飞艇推进系统,高空无人机的推进系统也需要考虑。

1. 高空无人机方面

(1)"太阳神"无人机。

美国 Aero Viroment Inc 公司研制的"太阳神"(Helios)无人机,采用 14 台 2kW 的无刷直流电机 + 减速器带动直径 2m 双叶螺旋桨,2003 年 6 月 7 日实现首次飞行,最高飞行高度达到 27km,效率超过 80%(飞行速度较高,达到 30m/s 以上),采用定距螺旋桨实现了高、中、低空高效率使用,如图 1 - 2 所示。

(2)"微风"(Zephyr)系列太阳能无人机。

英国奎乃蒂克公司研制了"微风"(Zephyr)系列太阳能无人机,其中最新的 Zephyr7 最高飞行高度为 21km,采用太阳电池和锂电池组成的能源系统,2010 年进行了 14 天的连续飞行试验。机上安装了 2 台 1~2kW 的电机和直径约 1m 双叶螺旋桨,效率数据估计 75%(21.7km,25m/s),如图 1 - 3 所示。

(3)X - 57 验证平台。

X - 57 验证平台是 NASA 研制的分布式电推进综合试验平台,该试验平台采用车载试验技术,主要应用于 X - 57 临近空间飞机分布式螺旋桨推进系统的性能试验。2014 年 1 月完成了高能静态试验以及低速滑行试验。它通过在翼展 9.45m 的机翼上沿前缘分布 18 个电驱动螺旋桨,将机翼安装在卡车上,如图 1 - 4

图 1-2　"太阳神"无人机螺旋桨推进系统

图 1-3　"微风"Zephyr 7 太阳能无人机螺旋桨

所示。为了减小气流干扰，机翼安装高度离卡车很远。在高达 113km/h 的速度下沿着爱德华兹空军基地的湖床跑道行驶。目前，NASA 验证了所有的 18 个电机在 5600r/min（约 64% 功率）下均能够成功工作。

图 1-4　NASA 的 X-57 验证机及其分布式电推进综合试验平台

（4）PHASA-35无人机。

英国宇航系统（BAE Systems）于2017年完成了其HALE太阳能飞行器PHASA-8的试飞工作，其继任者PHASA-35原计划于2019年进行试飞，最大飞行高度21km，飞行速度25~50m/s，预计飞行时间12个月。英国宇航系统公开资料显示，PHASA-35翼展35m，质量150kg，采用左右对称布置的2个直驱无刷电机及专门设计的高空螺旋桨提供动力，2020年2月17日在南澳大利亚空军Woomera试验完成首飞。PHASA-35飞行器如图1-5所示。

图1-5　PHASA-35飞行器

（5）Odysseus太阳能无人机。

由波音公司旗下的Aurora研制的Odysseus太阳能无人机翼展71.3m，载荷25kg，采用6组定制的无刷直流电机驱动螺旋桨提供动力。公开资料显示，Odysseus太阳能无人机使用可变桨距螺旋桨设计方案，翼型针对低雷诺数工况进行了优化设计，桨径约2.1m。Odysseus太阳能无人机原计划于2019年开展飞行试验，飞行高度20km，续航时间90天，之后有报道称Aurora无限期推迟该无人机的首飞计划。Odysseus太阳能无人机如图1-6所示。

图1-6　Odysseus太阳能无人机

2. 平流层飞艇方面

（1）SPF 飞艇。

2002 年，日本 JAXA 研究的平流层飞艇进行了飞行试验，布局如图 1-7 所示。该飞艇采用两侧各布置 2 个、尾部布置 1 个螺旋桨推进器，每个螺旋桨推进器功率 85kW，质量 380kg，系统组成方案为电机 + 减速器驱动螺旋桨。

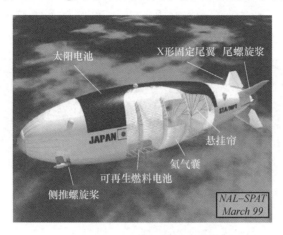

图 1-7 日本的平流层飞艇方案

日本 JAXA 开展的飞艇尾部螺旋桨的风洞试验研究表明，该尾部螺旋桨效率在前进比大于 0.5 后超过 90%。从风洞试验缩比模型的构型上估计，桨径（螺旋桨缩比模型桨径 150mm）约 50m，接近于风洞试验缩比模型的艇身最大直径。

（2）HiSentinel 飞艇。

HiSentinel 是美国高空飞艇计划中低成本、小载荷系统、驻空一个月时间的应急快速响应飞艇研制计划，其中最著名的有 HiSentinel 20、HiSentinel 50、HiSentinel 80 等飞艇。HiSentinel 20 于 2005 年 11 月在罗斯威尔进行演示验证飞行，飞艇长度 44.5m，有效载荷 27.2kg，飞行试验持续了 5h，如图 1-8 所示。

HiSentinel 50 飞艇推进系统由 Southwest Research Institute（SwRI）提供。它采用了尾置的推进系统构型，由一个高扭矩 24 极无刷直流电机带动 2 叶碳纤维复合材料螺旋桨，飞行试验前在新墨西哥州的柯克兰空军基地的热高度环境箱中进行了 3h 的低温低气压试验（ -55 ~ +60℃，4.0 ~ 4.2kPa，相当于 19.8km 高度的大气环境），如图 1-9 所示。HiSentinel 50 飞艇于 2008 年 6 月 4 日进行演示验证飞行，飞行时间约 2h。

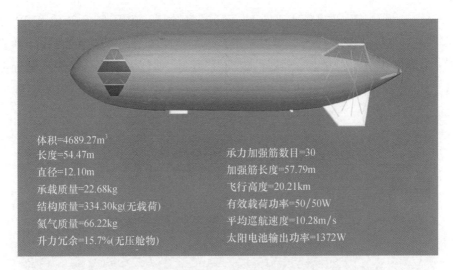

体积=4689.27m³
长度=54.47m
直径=12.10m
承载质量=22.68kg
结构质量=334.30kg(无载荷)
氢气质量=66.22kg
升力冗余=15.7%(无压舱物)

承力加强筋数目=30
加强筋长度=57.79m
飞行高度=20.21km
有效载荷功率=50/50W
平均巡航速度=10.28m/s
太阳电池输出功率=1372W

图1-8 HiSentinel 50飞艇外形与主要技术数据(见彩图)

图1-9 HiSentinel 50飞艇推进系统低温及低气压环境试验

经推算,该飞艇在设计点(高度20.2km,速度10m/s)时平飞功率需求为0.37kW左右(长细比4.5,阻力系数按0.3考虑)。按资料数据测算,螺旋桨桨径为3m左右,电机直径估计不超过0.2m,考虑太阳电池输出为1.372kW,因此电机功率为1kW左右,则整个推进系统的效率在0.37左右,若按电机功率为86%测算,则螺旋桨效率估计在43%左右。

Hisentinel 80飞艇主承包商为Southwest Research Institute(SwRI),Aerostar International Inc. 为分承包商。其中SwRI设计了飞艇,提供测控、飞控、能源和推进系统,如图1-10所示,Aerostar制造艇体,并在系统集成和飞行试验中提供技术支持,如图1-11所示。该飞艇太阳电池输出1.2kW,巡航速度略降为

9.3m/s,因此估算推进系统水平与 Hisentinel 50 相当。该飞艇于 2010 年 10 月 10 日进行飞行试验,在飞行开始时推进系统发生故障造成不能可控飞行(事故调查结论是电机控制器中一元器件出现了故障),但任务系统后来测试运行正常。随着内部压力下降造成尾部刚度不够无法承载推进系统重量,飞艇被迫回收。

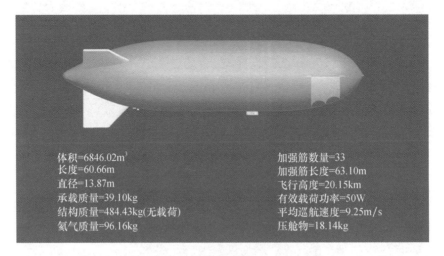

体积=6846.02m³
长度=60.66m
直径=13.87m
承载质量=39.10kg
结构质量=484.43kg(无载荷)
氦气质量=96.16kg

加强筋数量=33
加强筋长度=63.10m
飞行高度=20.15km
有效载荷功率=50W
平均巡航速度=9.25m/s
压舱物=18.14kg

图 1 - 10 HiSentinel 80 飞艇外形及主要数据

图 1 - 11 HiSentinel 80 飞艇充气试验(见彩图)

(3) ISIS 飞艇。

传感器与结构一体化飞艇(ISIS 飞艇)项目是美国国防高级研究计划局(DARPA)的平流层发展计划,如图 1 - 12 所示,按照 DARPA 的计划,ISIS 项目分三个阶段。第一阶段是 2004—2005 年,主要开展系统研究工作;第二阶段是 2006—2008 年,主要进行技术开发工作,目标是使该飞艇的技术准备度达到 5

级(TRL=5),制造成熟度达到第 2 级(MRL=2);第三阶段是 2009—2013 年,将开展缩比原型艇的制造、系统集成和试飞验证工作,目标是使技术准备度达到 7 级(TRL=7),制造成熟度达到第 6 级(MRL=6)。推进系统由洛克希德·马丁公司(简称洛·马)提供,后续没有相关公开进展的报道。

图 1-12　ISIS 飞艇外形示意图(见彩图)

(4) HALE-D 演示飞艇。

在洛克希德·马丁公司"高空飞艇"计划中,由 Aero Viroment Inc 公司为洛克希德·马丁公司高空飞艇提出的 40kW 级第三代多级无铁芯电机直接驱动螺旋桨的推进系统方案,其扭矩重量比无可比拟,如图 1-13 所示。

图 1-13　洛克希德·马丁公司的高空飞艇布局图(见彩图)

HALE – D 飞艇是洛克希德·马丁公司高空飞艇的缩比演示验证艇,用于演示飞艇长期定点和飞行控制能力,如图 1 – 14 所示。该飞艇动力系统由两侧的两台推进电机组成,其目标是在 18km 高空驻留 2 个星期,携带 22.7kg 的有效载荷,并可为有效载荷提供 500W 的功率,如表 1 – 1 所列。该飞艇于 2011 年 7 月 25 日开始飞行试验,在开始飞行 2h 后上升到 10km 附近时出现机械故障回收,如图 1 – 15 所示。

图 1 – 14　洛克希德·马丁公司的 HALE – D 飞艇飞行试验(见彩图)

表 1 – 1　HALE – D/HAA 飞艇主要参数

项目	HALE – D 飞艇	HAA 飞艇
艇体体积	14158.4m³	150000m³
艇体长度	73.15m	152.4m
艇体直径	21.34m	48.7m
推进电机	2kW 电能	
储能电池	40kWh 的 Li – ion 电池	
太阳电池	15kW 薄膜太阳电池	
巡航速度	10m/s	10m/s

续表

项目	HALE - D 飞艇	HAA 飞艇
定点高度	18. 3km	19. 8m
有效载荷	22. 7kg	227kg
有效载荷供电	500W	3000W
持续驻留时间	大于 15 天	35 天
可回收能力	是	是
可重复使用能力	是	是

图 1 - 15　洛克希德·马丁公司的 HALE - D 飞艇回收(见彩图)

经推算,该飞艇在设计点(高度 18.3km,速度 10m/s)时平飞功率需求为 1.36kW 左右(长细比 3.4,阻力系数按 0.04 考虑),则整个推进系统的效率超过 34% ;若按电机功率为 86% 测算,则螺旋桨效率应该超过 40% 。按各种资料测算,该螺旋桨的桨径在 2m 左右。

1.2.2　国内外螺旋桨技术研究

1. 高空螺旋桨性能需求

近地面大气环境与平流层环境之间差异巨大,平流层环境下螺旋桨雷诺数大约在 $1 \times 10^5 \sim 5 \times 10^6$ 内变化,这会造成螺旋桨高低空气动特性、可用推力和功率都产生很大变化。因此,在平流层工作的低速飞行器,因密度约为海平面处的1/14,压强约1/18,所涉及的主要气动问题是低雷诺数有关的绕流问题。

目前可选用的常规翼型都是针对高雷诺数设计的,因此低雷诺数环境下在小迎角时也可能出现层流分离泡,引起螺旋桨气动效率严重下降,如图1-16所示。

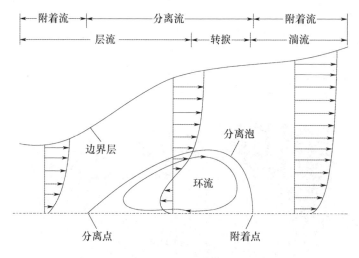

图1-16 层流分离示意图

低雷诺数下高升力翼型设计的主要难点在于层流分离现象。层流分离过程包含流动分离、转捩、再附等非定常流动结构,层流分离流动演化出对翼型气动性能产生恶化作用[5]的问题,其中雷诺数对翼型气动特性的影响规律和作用机理是研究重点。

以往研究表明,低雷诺数条件不仅会导致升力系数难以提升,还会带来分离泡和转捩。分离泡可以分为长分离泡和短分离泡两类,短分离泡在迎角增加时缩短,长分离泡在迎角增加时增长。这些分离泡会使得流场变得不稳定,进而影响翼型气动特性。因此,分离泡产生规律对低雷诺数下翼型设计有重要影响。考虑到低速风洞试验的难度以及对流场参数的控制,也为了更好地针对非定常复杂流动进行模拟预测和机理分析,常用的思路是采用大涡模拟(Large Eddy Simulation,LES)和直接数值模拟(Direct Numerical Simulation,DNS)等精细数值模拟方法对翼型气动特性进行分析。许多相关分析结果都表明相对厚度较大的翼型更容易产生短分离泡,且雷诺数在 10^4 左右时升力系数曲线呈现出显著非线性[6]。虽然这种升力系数曲线的非线性机理并未阐明,但已经有研究人员开始利用这种非线性特性对低雷诺数翼型进行优化设计,以期达到更高的升阻比。日本的 Oyama 等人通过二维"雷诺平均 NS 控制方程"和遗传算法结合,从帕累托最优解集中获得了具有最高升阻比的翼型。值得注意的是,以往分析都是针对相对厚度较大的小弯度翼型,而 Oyama 等的优化结果是相对厚度较薄的大弯度翼型[7]。

中国航天空气动力研究所的朱志斌等进一步改进了大涡模拟方法,并对不同雷诺数下的层流分离现象开展模拟预测分析,以深入认识雷诺数对流场结构特征和气动力性能的影响规律,并揭示低雷诺数翼型气动性能恶化的内在物理机理,为翼型设计提供了指导[8]。

为了弥补低雷诺数带来的推力和功率损失,高空螺旋桨通常会按桨径、扭转角和转速都较大的方案设计。但与此同时,由于高空环境声速较小,大桨径大转速螺旋桨的桨尖马赫数容易过高甚至产生激波,进一步加剧气流分离损失。因此,必须开展低雷诺数高升力翼型和构型研究。

高空螺旋桨设计过程中还存在质量和固有频率的矛盾[3]。高空螺旋桨一般直径大、相对厚度薄、截面扭转角较大,轻质高强度的设计思路会使螺旋桨固有频率较低。但螺旋桨设计转速较高,为了避开工作转速内螺旋桨受激振动,则要求固有频率较高。质量和固有频率指标互相矛盾,对螺旋桨结构设计、铺层设计和材料选择提出了很高的要求。

由于高空环境恶劣,作为高空长航时飞行器的唯一动力来源,高空螺旋桨必须有良好的环境适应性。

2. 国内外变构型螺旋桨技术方面的研究

目前变构型螺旋桨的研究思路主要有协同射流控制螺旋桨、变桨径/桨距螺旋桨、等离子体控制螺旋桨等,可以拓宽螺旋桨的高度和速度适用范围。

1) 协同射流控制螺旋桨

翼型的协同射流流动控制技术是美国迈阿密大学查戈成教授提出的创新概念,其主要优点是不需要特殊介质,耗费能量小,同时能大幅度减小翼型阻力,甚至形成负阻力即推力。协同射流作为一种新兴的主动流动控制技术,打破了传统空气动力学观念的束缚,极大地增加了飞行器的升力,并改善了失速特性,从而使得飞行器的综合性能得到了革命性的提升。

北京航空航天大学刘沛清等开展了联合射流控制技术的数值模拟研究,从环量增加和能量注入角度分析了升力增加和延迟分离的机理,结果表明:联合射流控制技术可以有效降低翼型零升迎角,提高翼型的最大升力系数和失速迎角[13]。西北工业大学朱敏等开展了应用协同射流控制的临近空间螺旋桨高增效方法研究,结果表明:采用协同射流技术可以使临近空间螺旋桨气动效率提高5%以上[14]。宋超等开展了离散型协同射流的堵塞度和喷口密集度等关键参数对流场结构、气动特性、功率消耗及能量利用率的影响效应与作用规律研究,结果表明:堵塞度越高、喷口越密集,增升效果越明显,但功率消耗更大[15]。许和勇等开展了应用协同射流控制技术的风力机翼型绕流数值模拟以及动态失速控制等研究[16];张顺磊等首次通过在翼型内部布置小型风机,实施对翼型的协同射流控制,并利用西北工业大学 NF−3 大型低速风洞,进行了协同射流的原理性验证,证明了协同射流翼型能够极大地增加翼型升力、减小阻力和增加失速裕度[17]。南京航空航天大学石雅楠对联合射流的控制效果和机理也做了一些研究,从环量的角度分析了联合射流的增升原理[18]。

协同射流流动控制技术将翼型上表面后缘分离的空气从吸气口吸入内腔管道,在内腔管道进行加速后在从前缘吹气口喷出,如图 1−17 所示。由于翼型上表面是负压区,并且前缘的负压很大,后缘负压很小,因此,只需要耗费较小的能量就能实现这种抽吸功能,经过试验研究,所需的气泵在百瓦量级。查教授进行的风洞试验表明,经过这种抽吸作用,使翼型后缘分离的气流重新加速后从前缘喷出,大大减小了翼型的压差阻力,经过合理设计吹气口、吸气口、管道和气泵,可以形成负阻力即推力。

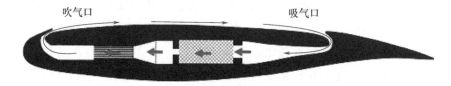

吹气口　　　　　　　　　　　　　吸气口

图 1−17　协同射流流动控制示意图(见彩图)

2)变桨径/桨距螺旋桨

在电机最大扭矩限制下,高空空气密度低,螺旋桨转速比较高,扭矩小,而在低空空气密度大,螺旋桨转速小,扭矩大,因此,导致螺旋桨与电机工况不匹配,无法有效吸收功率产生推力,使推进系统性能降低。

目前拓宽推进系统的工况适应性的技术手段主要是采用变桨径、变桨距,在中低空使用时工程实现难度较小,技术成熟度已经较高,但对于高空飞行,需要减轻重量,提高机构可靠性和临近空间适应性。变构型螺旋桨其中一个重要的发展思路是实现变桨距和变桨径功能,将会极大地提高动力匹配性和工况适应性。

3）等离子体流动控制螺旋桨

表面介质阻挡放电（Surface Dielectric Barrier Discharge，SDBD）是一种重要的大气压放电形式，可以作为电流体力学激励器用于控制内外流动，在飞行器转捩分离控制、激波控制以及降低表面摩擦阻力等方面具有很大的应用潜力[19]。近年来，国内外的研究表明，表面介质阻挡放电等离子体在抑制涡轮叶片、压气机叶栅的流动分离等方面都具有较好的效果，但利用等离子体流动控制技术抑制平流层螺旋桨流动分离、提高螺旋桨气动性能的研究报道还没有见到。实际上，临近空间的低雷诺效应造成严重流动分离是影响平流层螺旋桨气动性能的关键因素，而表面介质阻挡放电等离子体非常适合螺旋桨表面覆盖电介质层，施加高压交流电，产生定向运动等离子体，向附面层注入能量，有效改善非设计点的大分离流状态，改善高度和速度适应性。

国内开展应用等离子体的平流层螺旋桨工况适应性研究，取得了一些研究成果：对于非设计点的大分离流状态，等离子体能够显著提高功率、拉力及效率，大大改善工况适应性；对于控制低雷诺数流动，它在抑制平流层螺旋桨流动分离方面将发挥重要作用；平流层螺旋桨具有复杂的 3 维构型，在螺旋桨表面如何布置等离子体激励器、何种工况下采用何种控制方案都会对控制效果产生明显影响。

中国空气动力研究与发展中心已与装备学院合作开展了等离子体增效螺旋桨相关的仿真研究以及临近空间等离子体诱导流场实验研究[20]，并取得了一定成果。

低速重载工况和滑翔工况下，等离子体增效控制方案使螺旋桨拉力和效率明显增加。低转速抗风工况下，等离子体的增效控制方案可以使螺旋桨拉力明显增加。但螺旋桨高转速前进工况下，等离子体方案的提高拉力和效率的影响都不明显。

总体而言，采用等离子体流动控制技术提高平流层螺旋桨性能的可行性已经得到验证，不过还需要进一步开展更加细化的研究，比如新兴等离子体增效控制方法。

4）蒙皮主动振动流动控制螺旋桨

低雷诺流动会使翼型气动性能急剧下降，并出现严重的非线性效应。低雷诺数下翼型表面会出现周期性的涡旋生成、脱落等非定常流动现象，导致壁面压力系数、气动力系数的周期性波动，同时低速低雷诺数流动动压较低，流动结构易受到来流湍流度、噪声、壁面粗糙度等外来因素的干扰而发生变化[21]。对柔性蒙皮而言,壁面压力系数的波动会引起蒙皮发生局部的变形和振动,这种振动对翼型的气动特性和流场结构造成何种影响逐渐成为人们所关心的问题,研究人员更进一步关注于能否将这种振动加以利用,以此来改善翼型低雷诺数下的流场结构,提高气动特性,由此针对翼型蒙皮主动振动对气动特性及流场结构的影响研究变得急需而迫切。

为提高翼型在低雷诺数下的气动效益,特别是抑制翼型层流边界层分离流动,各国学者做了很多努力,无论是采用协同射流技术、脉冲射流技术等的虚拟形状变形,还是采用小尺度局部结构的主动变形,都能对飞行器局部流场结构产生有利影响,进而提高飞行器飞行性能。近年来柔性蒙皮振动对气动特性、流场结构的影响等相关研究成果陆续发表。2002 年 Munday 和 Jacob 采用风洞试验方法获取了不同攻角下翼型蒙皮振动时分离点位置和分离区大小,发现蒙皮在合适的振动频率下,可以有效地阻止气流的流动分离,改善流场结构[22]。2009 年郭秋亭采用翼型蒙皮局部主动振动对低速流场进行控制,探讨了振幅、频率以及在不同位置加载局部主动变形对翼型升力特性的影响,得出了一些有意义的结果[23]。2016 年,刘强在前人的工作基础上,对翼型柔性蒙皮施加给定参数的主动振动,探讨其对低雷诺数下气动特性及流场结构的影响规律及作用机制。时均化与非定常结果显示,翼型柔性蒙皮在合适的振动参数下,升力系数提高,阻力系数降低,时均化分离点后移,分离区缩小,分离泡结构由后缘层流分离泡转变为近似的经典长层流分离泡,且流体更加靠近壁面流动,大尺度的层流分离现象得到有效抑制。这初步表明了柔性蒙皮振动的振幅和频率对低雷诺数翼型气动特性和流场结构具有重要影响[21]。2018 年,北京航空航天大学的李冠雄等建立了具有不同弦向位置、不同振动频率和振幅的局部振动力学模型,研究振动位置、振动频率及振幅对巡航迎角附近机翼升阻特性和流场结构的影响规律,并对蒙皮局部振动的增升减阻机理进行深入研究,得到合理的蒙皮振动流动控制方式,进而有效地提高翼型的气动性能[24]。表面局部振动可有效提高低雷诺数翼型气动特性,与刚性翼型相比,表面局部振动可使机翼升力系数提高 4.9%,阻力系数降低 15.3%,升阻比提高 23.8%。

3. 螺旋桨结构方面研究

正如前文提出的,高空螺旋桨一般直径大、相对厚度薄、截面扭转角较大,轻质量高强度的设计会使螺旋桨固有频率较低。但同时螺旋桨设计转速较高,为避开工作转速范围内共振,要求固有频率尽可能高一些。

为了尽量减小螺旋桨质量,同时提高螺旋桨频率。国内外均进行了相关方面的研究。西北工业大学提出了一种采用双腹板的复合材料螺旋桨结构形式，如图 1-18 所示。

图 1-18　螺旋桨结构翼型剖面结构示意图

螺旋桨采用中空结构，并在内部设计一贯穿桨根和桨尖的大梁，如此可在不增加重量的情况下大幅度提高该桨的挥舞刚度和扭转刚度。

此外，在铺层方案上，以螺旋桨理论气动外形为基准，在螺旋桨表面铺设复合材料，蒙皮铺层采用预浸料混合铺层形式，梁腹板铺层采用预浸料和泡沫夹芯混合铺层形式。这种结构方案设计可以在保证螺旋桨强度的前提下尽量减小质量。

1.2.3　国内外电机技术研究

高性能电机系统是飞艇推进动力系统的重要组成部分。平流层极端的环境条件和飞艇的复杂工况要求，对电机系统提出了兼具超高效率、高功率密度、高可靠性的极限性能指标需求。以高效率电机系统为技术核心的全电推进系统在飞艇长期驻空、高度保持、主动返场等任务中发挥关键作用，对于减轻平台总体质量、提高系统能量转换效率等目标具有重要的现实意义。实际上能源系统、推进系统密不可分，高效率电机系统在太阳能/储能电池系统和高空螺旋桨系统中间起到了桥梁作用，通过将电能转换为机械能/动能，实现平流层飞艇的姿态稳定控制和带动力巡航。电机系统效率的提升（损耗降低，电能可以更高效地转换为螺旋桨的机械能）意味着在飞艇动力需求不变的前提下，能源系统的容量可以相应减少[25]。因此，太阳能电池铺设面积以及储能电池容量相应减小，进而飞艇的总体结构减轻，有效载荷增加。在保证系统总体可靠性的前提下，提高电机装置效率，可以间接缓解目前能源系统能量转换效率低、储能密度较低等技术瓶颈难题。因此，进一步提高电机系统效率是解决临近空间飞艇关键技术难题的有效途径。

1. 高空电机性能需求

1）短时大过载工作特性

平流层的气象条件比较稳定，大气以水平运动为主，在 20km 附近存在风速最小(10m/s)的区域,在某些地区可能出现40m/s以上的大风并持续一定的时间。这要求电机装置具有长期额定状态稳定运行,短时大过载的工作特性。

2)耐低气压、耐臭氧及紫外辐射

随着高度上升大气密度基本成指数规律下降,20km处空气密度是海平面处的7%;压强随高度上升也基本成指数规律下降,在20km附近约为地面的5.3%。低温低密度低气压的环境对电机装置的散热结构和润滑介质提出了特殊的设计需求。

此外,平流层中包含了大气层中臭氧的主要部分,在20km高度附近达到最大值。臭氧在辐射平衡中起着重要作用。一方面,臭氧具有非常强的氧化活性,对许多材料产生氧化腐蚀作用,如环氧树脂、尼龙、橡胶等聚合物的耐臭氧腐蚀性很差,无机材料中铝、铜等抗臭氧腐蚀性较好,而铸铁、碳钢、镁合金、锌等抗臭氧腐蚀性较差。另一方面,臭氧的氧化作用会随着环境温度的变化、环境含水情况而变化。因此,电机装置中的结构、密封、绝缘、胶粘剂等材料的选择和使用必须考虑臭氧腐蚀效应的影响。

空间电磁辐射即太阳电磁辐射,包含极短波长射线至长波射线电波范围,对于平流层飞艇材料和系统产生效应的主要有紫外、可见光和红外线。紫外辐照是空间环境中聚合物材料损伤的主要因素之一。紫外光子作用于聚合物材料,将导致材料内的分子产生光致电离和光致分解效应,使材料产生质量损失、表面析气现象,使机械性能恶化。紫外线辐照与臭氧一起可以导致材料的光致氧化效应,引起材料的质变。因此,紫外辐照损伤条件也是影响电机性能和长期工作可靠性的重要因素,必须在电机装置性能需求中加以考虑。

3)耐高低温/热循环效应

临近空间大气温度比较低,在20km附近约为-55℃,随着高度的上升温度有所升高,环境的温度在昼夜温差约100℃,因此平流层飞艇在服役过程中,电机部件和暴露材料均受到高低温循环作用,产生热应力,可能导致材料的损伤和性能退化,是飞艇电机动力装置长期服役需要考虑的重要环境因素。

4)其他需求

国内外所有的平流层飞艇方案设计和概念设计中都采用太阳能电池或燃料电池作为动力来源,这样的"有限能源"工作条件使得作为能源消耗主要单元之一的电机系统必须具备高效率运行的特性。飞艇工作过程中会受到气流扰动,产生大的扰动负载,电机系统必须具有较强的鲁棒性并具有一定的过载能力,才能够抵抗负载的突变,控制飞艇的行进路线。另外,平流层飞艇的显著特点就是留空时间长,因此电机系统必须保证长期连续工作的高可靠性和安全性。

2. 高功率密度电机技术研究

平流层飞艇体积庞大,升空浮力对飞艇结构质量、电池质量、负载质量都有严格限制,因此,电机系统也必须具有轻质化即高功率密度的要求。直驱电机采用电机直接驱动螺旋桨,系统结构简单,传动效率损失小,可靠性高,是未来高功率密度电驱动技术的主要发展趋势。一般而言,永磁同步电机具有效率高和功率密度高的优势,但是电机的效率指标和功率密度指标具有相互矛盾关系,这是由于提高电机效率必须降低电机的损耗,主要可通过降低定子电流、减小铁芯磁密、降低气隙磁密实现;然而提高电机的功率密度必须减小电机的质量,可以通过增大定子电流、增加气隙磁密实现。

因此,单纯从效率指标或功率密度指标来看,电机装置均能达到一个较高的水平。但是两者不能同时达到最佳,在提高某一性能的同时必然牺牲另一方面的指标,因此存在折中权衡的关系。常规的电机设计难以同时满足两方面的要求,必须开展电机的电场、磁场、流体场多场耦合技术的研究,以及对以高效率、高功率密度为目标的多目标综合优化技术的研究。

国内外多个科研院所与高校均在高空高功率密度电机设计方法进行了研究。中国电子科技集团第二十所王真等在 2013 年提出了一种永磁同步电机的设计及仿真方法,尝试探索高功率密度永磁电机的设计规律,并进行了仿真验证[26]。东南大学董剑宁等在 2014 年对高功率密度永磁电机可能面临的问题进行了分析和针对性的讨论,从定转子损耗、轴承支承和热应力等方面对电机的选材、设计等提出了建议[27]。哈尔滨工业大学张成明等在 2014 年提出对永磁同步电机进行参数化设计,探索高效率外转子直驱式永磁同步电机结构参数对电机本体效率和功率密度的影响规律,并取得了一些成果。他们指出:合理选择电机极槽配合和槽型结构有利于消除高次谐波,提高整机效率。采用 Halbach 永磁阵列结构,可以优化气隙磁场波形,提高电机本体效率同时提高功率密度。此外,哈尔滨工业大学研究人员还通过磁路计算和有限元仿真分析,设计了外转子永磁同步电机系统样机并进行了测试。实验结果表明样机性能指标与理论分析基本一致,达到了高效率设计的目标[25]。

3. 高可靠性和高鲁棒性电机技术研究

可靠性设计是在设计中挖掘和确定隐患及薄弱环节,并采取设计预防和改进措施,降低系统故障率,使系统在一定约束条件下取得最佳的可靠性。平流层复杂环境对电机系统可靠性提出了很高的要求。因此,在进行电机系统可靠性设计时,应该全面考虑自身的缺点,排查在执行任务的过程中系统各个组件可能出现的故障,并根据相应的故障模式采取相应的应对措施。分析影响高空飞行器推进电机的可靠性因素、复杂的工作环境、系统结构以及方案的选择,以实现低成本、低功耗、高可靠性的目的。

西北工业大学窦满峰等从工程实践角度对高空飞行器推进电机可靠性问题做了相关研究分析,提出了高效、高可靠性、大功率永磁无刷直流电机及其驱动控制的装置及设计方法。在硬件层面,针对失效率高,以 DSP 为核心的控制系统关键元件采取了器件降额设计,对温度敏感器件降低其热应力。采用高可靠性、高集成度的 IPM 智能功率模块,实现低功耗、快速的过流保护、过热保护、驱动电源欠压保护,使得设计更为简洁、可靠,抗干扰能力强,保证电机可靠运行。在软件层面,采用模块化设计方法,严格控制模块接口,尽可能使故障局部化。设计模块中增加故障检测模块,通过软件功能提高可靠性,主要有过压故障保护、欠压故障保护、过流故障保护、过热故障保护、过速故障保护、传感器故障保护以及通信故障保护等。此外,还通过冗余设计、热降频设计等设计思想,进一步提高了电机装置的可靠性,并通过推进电机整体功能试验、性能试验及环境试验,验证了设计方法的有效性,为高可靠性电机设计提供了参考方向[28]。

西北工业大学杨剑威等针对大气密度随海拔高度变化引起的永磁无刷直流电机驱动高空螺旋桨负载变化不断波动的问题进行了研究。传统永磁无刷直流电机控制中较常用的固定参数 PID 控制方法,具有算法简单、易于实现等优点,在一般电驱动系统中得到了广泛的应用,但由于永磁无刷直流电机具有时变、非线性、强耦合等特点,传统固定参数 PID 控制方法的控制参数不能随环境变化而调整,不具有整体优化功能,加之高空螺旋桨负载转矩受大气密度影响,并随海拔高度不断变化,波动较大。固定参数 PID 控制方法较难满足高精度系统的静动态性能指标,在保证系统的快速性和鲁棒性等方面都无法得到满意的效果[29]。

因此,西北工业大学研究人员提出了出一种新的永磁无刷直流电机驱动螺旋桨负载的控制方法——基于动态重置粒子群算法的永磁无刷直流电机 PID 参数控制方法。该方法利用动态重置粒子群算法灵活均衡的全局寻优和快速的局部寻优能力,对永磁无刷直流电机控制系统 PID 参数进行在线寻优。通过理论分析及仿真和试验,该方法与传统 PID 控制相比,电机在启动过程中,转速上升时间短,转速和转矩超调小,且在负载波动过程中,电机转矩波动小。该方法提高了控制系统的 PID 参数在线优化能力,比传统 PID 控制具有更好的动态特性和鲁棒性,适合应用于永磁无刷直流电机螺旋桨负载电驱动系统。

4. 高空电机低损耗和高散热技术研究

高效率永磁电机的研究离不开电机内损耗的准确计算,对于高功率密度电机来说,由损耗引起的电机发热问题往往成为电机功率密度进一步提升的制约因素。因此,除了准确计算电机内损耗,还需要设计合理的散热。

哈尔滨工业大学张江鹏等通过借助参数化高空永磁电机的损耗特性,提出了永磁同步电机受状态参数约束的效率和功率密度的参数化模型。基于此模型,提出永磁同步电机"功效积"概念,构建永磁同步电机参数化的"功效积"方程,分析最大"功效积"条件下的电机参数取值规律,定量分析参数变化时永磁同步电机效率和功率密度的相互影响规律。并在此基础之上,提出一种新型的基于热管轴向导热的电机散热结构,解决高空中电机散热性能与散热器尺寸和质量受限制之间的矛盾关系。建立热管的热阻模型,分析热管的热参数,基于热管等效模型建立外转子电机的 2D 以及 3D 等效温度场计算模型,并对电机的温升进行精确求解,最后通过试验验证理论分析的正确性,为电机散热设计提供了参考[30]。

为了定量描述永磁同步电机的效率随参数的变化规律,张江鹏等通过参数化方法获取了永磁同步电机的效率和功率密度的参数化方程,研究表明当其他条件不变时,永磁同步电机的铜损耗与铁损耗、涡流损耗之和相同时具有最大的效率。此外,研究结果还显示:在电机的外形尺寸不变的条件下,提高功率密度时,效率先增加后减小,存在最佳效率值;当保持输出功率不变,改变电机的体积时,电机的效率随功率密度的提高而逐渐下降,基本上呈反比例关系,即效率和功率密度的乘积基本保持不变。

一般来说,在空间尺寸允许的条件下,高功率密度电机常采用液冷或者强制风冷的散热方式,具有良好的散热效果。但是在临近空间飞行器上,受体积和质量限制,常规的冷却散热方式无法实现。因此,张江鹏等提出了一种基于热管轴向导热的新型散热结构。置热管于定子铁心内部,能够快速将绕组产生的热量传递至电机外部,降低电机的整体温升,有助于电机实现高效率和高功率密度。热管是一段由管壁包围的封闭的真空容腔,管壁内部覆盖一层吸液芯(或者光管),容腔内填充能够汽化的液体工质,根据工作环境温度的不同选择不同的填充工质。整个热管按照功能区别可以分为 3 段,分别为蒸发段、绝热段以及冷凝段。通过径向传热热阻的热网络模型,计算等效散热系数等方式建立了电机的 2D 温度场计算模型和 3D 温度场计算模型,并通过试验验证了仿真结果[31]。

电机温度场计算结果表明,这种基于热管轴向导热优化散热结构,在不额外增加电机质量的前提下能够有效降低电机尤其是电枢绕组部分的温升,提高电机的效率和可靠性。这种热管轴向导热的散热结构,解决了特殊环境下电机的散热问题[32]。

1.2.4　发展预测及关键技术

1. 研究思路

针对目前高空高效螺旋桨及电机技术发展现状,主要以改善低雷诺数下翼型气动特性、提升螺旋桨效率、提升电机效率和功率密度、改善电机散热、拓宽螺旋桨和电机工况适应性和提高推进系统可靠性为目标,开展基础理论问题和关键技术攻关研究,为平流层飞行器提供高效可靠稳定的动力系统奠定技术基础。

2. 研究展望

1) 螺旋桨技术

围绕常规螺旋桨基础理论问题、协同射流流动控制螺旋桨、可变桨径/桨距螺旋桨、等离子体流动控制螺旋桨、全飞行包线宽工况推进系统自适应等技术路线开展攻关研究,分两个方面提升螺旋桨性能。

一方面,围绕螺旋桨效率提升开展基础理论问题研究完善设计理论,深入开展低雷诺数高升力等研究,继续深入探索低雷诺数下翼型绕流演化机理,归纳高升力翼型设计方法和体系,同时开展相应的试验测试技术研究。

另一方面,围绕协同射流/等离子体/主动振动流动控制螺旋桨、可变桨径/桨距螺旋桨和全飞行包线自适应推进技术等技术路线,开展关键技术攻关,提高设计水平和效率指标,扩大高效率使用工况范围,加强工程化研制能力。

2) 电机系统技术

随着国内外学者对电机基础理论的不断完善深入,超高效无铁芯永磁同步电机、高功率密度横向磁通电机、磁齿轮电机、超导电机等新原理、新结构的电机系统使平流层飞行器推进电机具有更多的选择性。

同时,具有更高性能的电磁材料和电子元器件正在由实验室逐步进入应用领域,这些材料和器件的使用必然能够进一步提高电机装置的性能。我国对平流层飞艇电推进系统的研究起步较晚,与国外相比有一定差距,超高效率高功率密度高可靠电机拓扑结构、高效高可靠驱动控制方法、高效散热技术、地面模拟测试技术等诸多关键技术有待攻关,基础理论和分析方法有待建立和完善,是本领域未来的重点发展方向。

3. 技术攻关重点

1)螺旋桨可压缩低雷诺数流动特性与效率

主要技术攻关内容:高亚声速低雷诺数分析方法研究;高亚声速低雷诺数翼型系列完备与覆盖性研究;高空螺旋桨高增效技术研究;基于基础最优桨＋桨梢小翼＋协同射流、等离子体和主动振动等新型的高空螺旋桨高增效技术研究;高空螺旋桨性能精确测试的试验技术研究;高精度螺旋桨复合材料结构综合设计和工艺补偿技术等。

2)高效/高功率密度/高可靠性电机系统技术

主要技术攻关内容:超高效率高功率密度高可靠电机拓扑结构技术;高效高可靠驱动控制技术;高效散热技术;地面模拟测试技术电机系统的高效与高功率密度设计技术;驱动电机的综合分析与优化技术;大惯量螺旋桨速度控制及制动技术;平流层环境下电机与减速器散热技术;电机系统低温低气压润滑技术;电机系统的环境适应性测试和可靠性增长技术等。

3)全飞行包线推进系统自适应技术

主要技术攻关内容:新型变桨径/桨距螺旋桨机构设计;现有的航空发动机及未来高水平发动机选型研究;起飞/精确返场阶段航空发动机与螺旋桨电推进系统的推力比控制策略研究;升空/下降/驻空巡航阶段螺旋桨电推进系统桨径控制规律研究;新概念无铁芯电机磁路结构与电磁力关系模型;新概念无铁芯电机的力、电、磁、热等多物理场耦合数值模拟方法;新概念无铁芯电机结构/电磁/温升控制设计方法;高效率发电/电动一体化变流/驱动方法;高鲁棒性电机控制方法等。

第 2 章

推进系统总体与优化设计

2.1 推进系统一般布置方案设计

推进系统的总体设计思路如图 2-1 所示,以平台总体的抗风推力需求为牵引,以桨机最佳参数匹配为约束,利用工程算法对不同单元数的推进系统进行初步设计,并综合考虑推进效率、质量与可靠性等因素,对不同推进方案进行

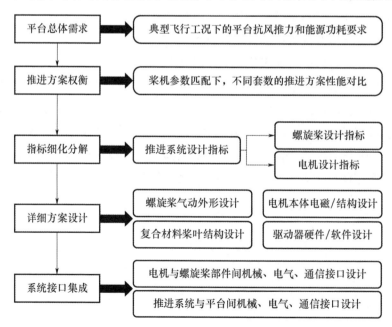

图 2-1　推进系统的总体设计思路

权衡对比,为平台总体的动力能源系统方案确定提供参考。在此基础上,对单套推进系统详细设计指标进行细化,并分别针对电机和螺旋桨进行指标分解,完成详细方案设计以及接口集成设计,进而完成推进系统的方案设计。

(1)以平台总体给定的典型巡航高度、速度工况和总推力需求为设计约束,开展不同单元数的螺旋桨气动方案优化设计与结构质量估算,结合电机效率、质量特性,分析推进系统效率与质量关系,以及不同方案对推进和能源系统总质量的影响。

通常情况下,相同功率下电机高速低扭矩运行效率较高,而螺旋桨低速、大扭矩运行效率较高,二者相互矛盾。因此,对于不同设计转速的推进系统方案,需要通过迭代设计使得电机和螺旋桨在转速和力矩参数匹配时,推进系统的总效率最高。在电机和螺旋桨的参数匹配设计中,可以通过确定螺旋桨转速来设计相应的电机,也可以先确定电机的参数设计相应的螺旋桨。为了直观表述推进系统参数匹配的整个过程,以下用图解法描述推进系统的参数匹配过程(图2-2):①在设计工况下,以抗风推力为约束,以效率最高为目标,设计螺旋桨气动外形,获得螺旋桨推力—转速曲线、效率—转速曲线等气动特性曲线,确定设计转速下的螺旋桨效率;②根据螺旋桨的扭矩—转速曲线,确定设计转速下的螺旋桨扭矩(吸收功率),据此对驱动电机进行方案设计,进而获得电机扭矩—转速曲线、效率—转速曲线,确定设计转速下的电机效率;③二者效率乘积最大即满足螺旋桨和电机的最佳参数匹配设计,否则需要提高或降低螺旋桨设计转速,重复步骤①;④通过多轮迭代设计最终确定设计转速以及电机和螺旋桨的初步设计参数。

(2)在明确太阳能无人机推进系统布局以及单机性能需求的基础上,开展电机和螺旋桨部件的指标细化与分解工作,明确细化推进系统的使用环境要求、设计和性能要求等,并形成具体的电机和螺旋桨部件的技术指标和设计要求。

(3)以分解后的技术指标为设计目标,分别开展电机和螺旋桨部件的详细方案设计。其中,电机的方案设计主要针对电机本体的结构和电磁设计,以及驱动器的硬件和软件设计;螺旋桨的方案设计主要针对螺旋桨的气动外形设计,以及结构方案和工艺方案设计。

(4)通过电机和螺旋桨的机械、电气和通信接口设计,完成推进系统的总体集成,并获得不同工况下的推进系统性能数据。

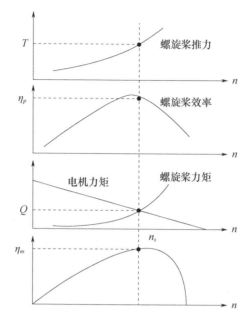

图 2-2 电机与螺旋桨参数匹配方法

▶▶▶ 2.2 功率单元指标体系与分配

初步研究表明,对于一个临近空间飞行器,通过增加推进系统单元数,减小单套推进系统的输入功率,可以提升效率,但是一旦推进系统单元数过多,又会增加推进系统的整体质量,同时带来飞行器结构质量的增加。因此,通过引入推进系统最佳功率单元的概念,在该功率单元配置下,推进方案既能满足抗风需求,又能使得推进和能源系统总重最小,从而达到提高推进系统效率的目的。

对于一个包含多层次多个功率单元的推进系统来说,系统本身的使用需求及技术指标并不足以对每个分系统的技术指标进行完整约束。因此,有必要进行指标体系方法研究,归纳由总体至分系统研究的技术途径。

针对推进系统功率单元,需要以推进系统设计指标为依据,完善和细化推进系统的效率和质量指标、使用环境要求、设计要求、接口要求以及功能要求。更进一步地,在完成电机和螺旋桨匹配设计后,基本确定了电机额定转速和螺旋桨设计转速,在此基础上,对推进系统指标体系进行分解,形成电机和螺旋桨部件的详细指标体系,并据此形成推进系统的详细指标体系和测试细则。

推进系统功率单元指标体系主要涵盖的内容包括:使用环境要求;推进系统机械、电气和信号接口要求;推进系统各部件的参数设计要求;不同工况下的推进系统效率、质量等性能指标要求。

推进系统的某些指标可以直接来源于工作环境要求。例如,飞艇的工作高度确定后,电机和螺旋桨在平流层环境下的低温低气压适应性、臭氧/紫外辐射适应性等环境适应性指标就直接确定了。

还有一些指标需要通过平台总体具体设计方案进行换算。比如,平台总体给定抗风状态下的推力需求,通过推进分系统和平台总体的多轮反复迭代计算,找到在指定高度和风速下的推进系统推力、转速、效率的平衡点,使之满足平台总体需求,进而确定推进系统的推力、效率等指标。

此外,平台其他分系统对推进系统的需求也会反映在某些指标上。比如,飞控系统为了得到较好的控制特性,对推进系统的响应时间等特性有要求,这些要求会反映在推进系统的转速控制精度、加减速特性等技术指标上。

总的来说,推进系统指标体系构建以及指标分配,需要结合实际工作环境、总体设计方案、多系统协同、桨机参数匹配等多个方面的因素,经过多轮沟通、细化、协调、分解而逐步搭建。其具体技术途径如图 2 - 3 所示。

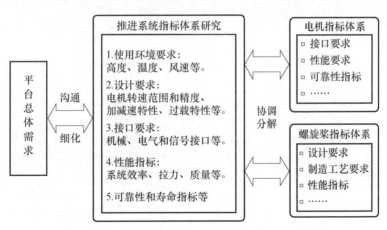

图 2 - 3 推进系统指标体系技术途径

以推进系统总体技术指标要求为牵引,分别对电机、螺旋桨及其变距机构的指标进行细化,涵盖的指标内容如表 2 - 1 所列。

表 2 - 1 推进部件技术指标和要求

部件名称	指标类型	具体内容
电机	使用环境要求	·工作高度 ·工作温度 ·湿度要求 ·气压要求
	设计和性能要求	·几何尺寸和质量 ·额定电压及适应范围 ·额定/最大功率 ·额定/最大转速 ·典型工况效率 ·转速精度 ·过载特性 ·加减速特性 ·满足结构强度
	可靠性和寿命指标	·可靠性指标 ·寿命指标
	其他功能要求	·监测参数 ·保护功能 ·防水能力
螺旋桨	使用环境要求	·工作高度 ·工作温度 ·湿度要求 ·气压要求
	设计和性能要求	·几何尺寸和质量 ·典型工况拉力与效率 ·满足强度/刚度/频率要求
	可靠性和寿命指标	·可靠性指标 ·寿命指标

续表

部件名称	指标类型	具体内容
变距机构	使用环境要求	· 工作高度 · 工作温度 · 湿度要求 · 气压要求
	设计和性能要求	· 几何尺寸和质量 · 额定电压及适应范围 · 变距精度 · 变距范围 · 变距速度 · 满足结构强度
	可靠性和寿命指标	· 可靠性指标 · 寿命指标
	其他功能要求	· 监测参数 · 自锁功能 · 防水能力
矢量推进	使用环境要求	· 工作高度 · 工作温度 · 湿度要求 · 气压要求
	设计和性能要求	· 几何尺寸质量 · 额定电压及适应范围 · 转向维度 · 转向精度 · 转向范围 · 转向速度 · 满足结构强度
	可靠性和寿命指标	· 可靠性指标 · 寿命指标
	其他功能要求	· 监测参数 · 自锁功能 · 防水能力

2.3　功率单元参数匹配设计方法

螺旋桨电推进系统是临近空间飞艇能量转换的最后一个环节,其效率很大程度上决定着临近空间飞艇的性能。高效率的电机、减速器再加螺旋桨组合起来的螺旋桨电推进系统的效率未必很理想,因为各个部件的设计点不一定能同时满足。只有当各部件同时工作在设计点时,推进系统的效率才能达到最高,合理配置推进系统部件参数可以提高系统效率。如果通过实物地面实验方法获得推进系统部件间参数,必将耗资很大,而且需要广阔的实验空间。此外,高低空大气环境差异巨大,受高低空空气密度影响,无法完全通过地面实验配置电机系统和螺旋桨之间的接口参数。因此,有必要对推进系统功率单元进行参数匹配设计,从而改善推进系统效率。

一般来讲,功率单元的设计有两种思路:

一是以推进系统的拉力/推力达到最大作为目标,这种设计思路通常存在于推进系统方案的初步设计阶段,能源系统能够供给推进系统的最大功率已经确定,在满足质量要求的前提下,推进系统的输出拉力越大越好;

二是以推进系统效率最高为目标,这种设计思路通常存在于推进系统方案设计的后期阶段,通过电机和螺旋桨良好的匹配设计,可以使得推进系统在设计点及其附近工况均有较高的运行效率,从而提高推进系统的多工况适应性。

2.3.1　桨径约束下的推进系统最佳转速确定

以拉力/推力最大为目标,系统输入功率为约束条件,考虑了系统质量和桨径约束下的推进系统最佳转速确定。

在推进系统方案设计初期,一般飞行器总体仅对推进系统有一些设计约束,比如推进系统的输入功率、质量以及桨径等设计参数。在这些限制条件下,尤其在能源系统所能提供的功率限制下,使推进系统各个部件尽量同时工作在较高效率点,提高推进系统输出的推力,是推进系统设计工作的重点。因此,推进系统的设计可以转化为一个以输出拉力/推力最大为目标,推进系统输入功率、推进系统质量和桨径为约束的推进系统参数匹配设计问题。

永磁无刷直流电机和螺旋桨之间匹配其实就是两者力矩关系的一种匹配,电机驱动力矩和螺旋桨气动力矩大小要相等。当两者力矩匹配时,对应的就是它们额定情况下的转速。可以通过确定螺旋桨转速来设计相应的电机,也可以先确定电机的参数再设计相应的螺旋桨。两种设计方法分别如下。

1. 根据螺旋桨性能设计电机

根据设计的螺旋桨的转速—拉力、转速—扭矩特性曲线,确定螺旋桨额定工作点下的转速以及扭矩大小。这样,推进系统参数匹配设计问题就转换成了电机的优化设计问题。以螺旋桨设计点转速以及扭矩为电机设计的输入条件,以对应输入条件下的最大效率为电机的设计目标,进行电机内部参数的优化设计。

2. 根据电机性能设计螺旋桨

已知电机的转速以及对应的扭矩,则参数匹配设计问题就转换成了螺旋桨的优化设计问题。以飞艇运行工况以及电机转速、扭矩作为螺旋桨优化设计的输入条件,在满足抗风所需拉力情况下,以螺旋桨最大效率为设计目标,进行螺旋桨桨径、扭转角和弦长分布等参数的优化设计。

但是,上述两种比较理想的方法都是需要对电机或螺旋桨进行重新设计的,这样不可避免地增加了推进系统的研制周期。由于平流层的特殊工作环境,电机一般都是需要专门设计的,这一点无法改变。但对电机而言,平流层环境的主要影响在于对流散热效率低、低温工况润滑差、低密度大气击穿电压低等问题。为了缩短研制周期,也可以通过现有电机进行改进来减小环境对电机的影响。例如通过电机高温辐射散热、低温固体润滑以及调整击穿安全距离等措施进行改进,让其适应平流层环境。

因此,一种相对工程化快速可行的匹配方法是:首先根据实际平流层工况对螺旋桨进行重新设计;其次根据螺旋桨的设计点转速、扭矩等参数,选取合适的现有电机,使得推进系统各个部件在设计点匹配较好,效率较高;最后根据实际工况对电机进行适当改进,使其适应平流层工况,满足使用需求。为了直观表述推进系统参数匹配的整个过程,可以用图解法解释推进系统参数匹配过程,如图 2-4 所示。

(1) 已知飞艇所需推力,在指定的飞行速度下,根据已得到的螺旋桨拉力和转速的关系,确定螺旋桨转速,相应转速也就是推进系统的额定转速。

(2) 根据螺旋桨特性曲线图,由螺旋桨转速确定螺旋桨工作效率。

(3) 选定电机,绘制出不同电压条件下电机扭矩和转速的曲线族,找到该族曲线与螺旋桨扭矩和转速曲线图在(1)中得到转速条件下的交点,该交点确定了电机在该转速下驱动螺旋桨的临界电压值。

(4) 根据临界电压值以及对应的电机特性曲线图确定电机的工作效率。

（5）倘若电机效率不高，返回第（3）步，选择在电机所需功率附近 K_v 值更低的电机，直至电机效率达到较高值为止。

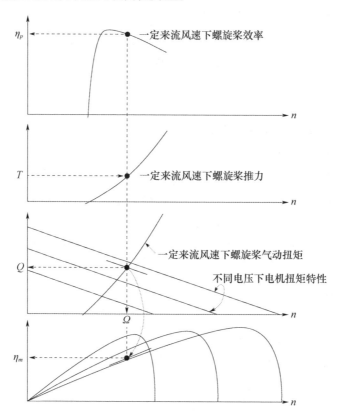

图 2-4　推进系统参数匹配过程示意图

对于一个匹配较好的推进系统来说，额定工况下螺旋桨效率以及电机效率应该都比较接近各自的最大效率点，这也就意味着在一定的拉力限制下，螺旋桨以及电机最大效率值应该基本上是（或者接近）这个设计转速下的效率值。

图 2-5 是两种不同推进系统方案下的无刷直流电机与螺旋桨之间的匹配性研究。在第一种情况下，η_p 和 η_m 的峰值几乎出现在相同的转速下，表明螺旋桨和电动机匹配较好；在第二种情况下 η_p 和 η_m 的峰值出现在完全不同的转速下，推进系统最大效率值 $\eta_{\max}$ 出现在两者之间，并且其值小于第一种，螺旋桨和电机的匹配性不如第一种情况。

通常情况下，桨径较大的螺旋桨最大效率点的转速值比较低。而在电机设计过程中，为了降低电机质量，电机的设计转速往往比较高，进而导致两者

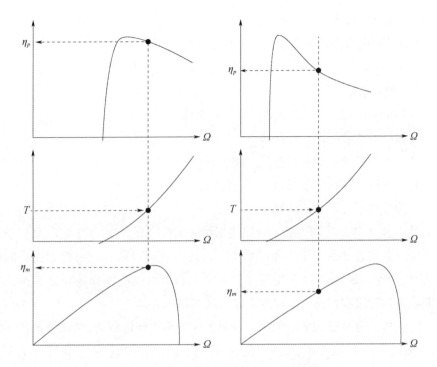

图 2 - 5　推进系统不同方案匹配示意图

之间的转速不能完全匹配,因为电机通常无法达到所需推力下的最佳转速,这样便会产生过大的电流或者较大的功率损失,电机效率就会比较低。这种情况下,通常需要用到减速器来实现电机与螺旋桨之间的匹配。由于引进了减速器,因而会增加额外的质量以及能量损耗。采用直驱电机直接驱动螺旋桨方案,系统效率会比加减速器效率高,但是直驱电机不可避免地带来了质量的增加。

2.3.2　全飞行包线工况推进系统转速—扭矩匹配设计方法

本节介绍了采用全飞行包线工况推进系统转速—扭矩匹配设计方法的实际案例。遵循方法完成匹配设计之后,可以通过画出推进系统在飞行包线下的工作区域,对匹配结果进行进一步的验证。图 2 - 6、图 2 - 7、图 2 - 8 分别表示了电机和螺旋桨匹配转速合适、偏高和偏低时的飞行包线情况。图中各曲线代表的曲线定义如下:

1 为最小高度、最低风速($h = 18\text{km}, v = 0\text{m/s}$)曲线。

2 为最大高度、最高风速($h = 22\text{km}, v = 20\text{m/s}$)曲线。

3 为无刷直流电机工作特性曲线。

4 为减驱电机转速 1.1 倍短时过载限制线。

5 为 25.5kW 推进系统恒功率线（电机系统效率 86%）。

6 为减驱电机扭矩限制线。

7 为减驱电机扭矩 1.5 倍短时过载限制线。

Ⅰ 为推进系统正常工作区域。

Ⅱ 为推进系统扭矩短时过载工作区域。

Ⅲ 为推进系统转速短时过载工作区域。

Ⅳ 为推进系统未覆盖区域。

其中，1、2 和 5 共同构成了螺旋桨工作区域的边界，包含了Ⅰ、Ⅱ、Ⅲ三个部分，其中：Ⅱ和Ⅲ分别表征了推进系统应对短时转速过载和短时扭矩过载的能力，面积均越大越好；3 和 6 共同构成额定状态下电机的工作区域边界；4 和 7 共同构成短时过载状态下电机的工作区域边界。

当电机的短时过载区域无法完全覆盖螺旋桨工作区域时，则认为电机和螺旋桨匹配情况差，无法满足使用需求；电机短时过载区域能够覆盖螺旋桨工作区域时，可以认为匹配情况尚可。前面提到，Ⅱ和Ⅲ所占面积均越大越好，但同时二者面积随额定转速变化存在此消彼长的关系，好的匹配状态应在这二者之

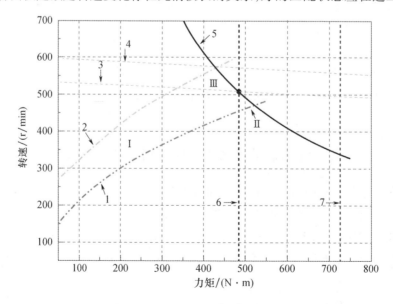

图 2-6　额定转速 N_0 下多工况部件参数匹配图（见彩图）

间取得较好的平衡。因此，一般认为 Ⅱ 和 Ⅲ 两个区域面积接近时，推进系统达到最佳匹配状态，这种状态说明推进系统在转速和扭矩两者短时过载时均有较好的应对能力。

从图 2-6 容易看出，按照前面的参数匹配设计方法设计推进系统，取额定转速 N_0，电机装置的转速短时过载倍数取 1.1，扭矩短时过载倍数取 1.5，此时推进系统都工作在电机可以匹配的范围，就可和螺旋桨工作区域实现全功率匹配，实现了推进系统在整个工作范围内高效率运行。同时，推进系统还充分利用了电机系统的短时转速过载区域以及短时扭矩过载区域，对电机系统的利用率高。

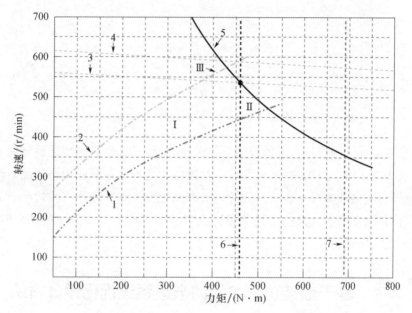

图 2-7　额定转速 N_H 螺旋桨多工况部件参数匹配图（见彩图）

从图 2-7 容易看出，若提高推进系统额定转速至 N_H，此时电机特性区域覆盖面积大，也可以保证在工作范围内推进系统能保持匹配，匹配情况基本合理。但是此时转速过载区域 Ⅲ 很小，因而对于电机来说，不能被完全利用。此外，随着转速的增加，螺旋桨系统效率会降低，导致设计点效率降低。因而相比设计转速 N_0，额定转速 N_H 时的电机系统利用率不高。

从图 2-8 容易看出，若降低推进系统额定转速至 N_L，此时电机短时过载区域无法完全覆盖螺旋桨工作区域，在 Ⅳ 区推进系统只能降低功率运行。推进系统电机和螺旋桨无法达到全功率匹配，造成推进系统效率下降，匹配情况较差。

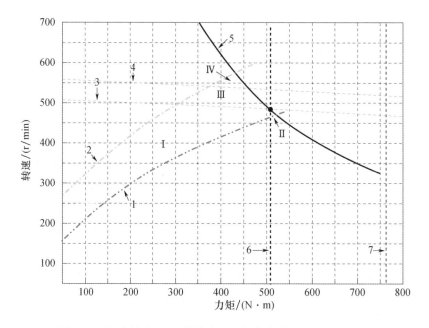

图 2-8　额定转速 N_L 螺旋桨多工况部件参数匹配图(见彩图)

通过上述三种设计点下的推进系统性能分析可见,合理的推进系统额定转速不仅提高了设计点的效率,非设计点参数也能实现大范围的功率匹配。若提高设计转速,虽然非设计点参数可全功率匹配,但降低了设计点的效率。而降低设计转速,则会造成推进系统非设计点参数有可能无法大范围的功率匹配,使效率大大降低。

2.4　基于最佳功率单元的推进系统优化设计方法

通过研究,提出了一种临近空间推进系统最佳功率单元的优化设计思路,以推进系统和能源系统总重最小为优化目标,综合考虑飞艇的推阻平衡、能量平衡和浮重平衡等约束条件,建立了推进系统最佳功率单元设计的优化模型,并给出了某型平流层飞艇推进系统的优化算例,如图 2-9 所示。

首先,构建螺旋桨和电机的性能与其主要设计变量的计算模型。为了简化螺旋桨性能计算模型,以直径、转速和轴功率为设计变量,通过最优拉丁超立方抽样方法进行样本点空间设计,分别对样本点的螺旋桨气动外形即弦长、扭转角分布进行优化,得到各个样本点的螺旋桨气动效率值;然后在几何外形和气动参数确定的基础上,对该螺旋桨样本点方案进行复合材料铺层设计,获得满

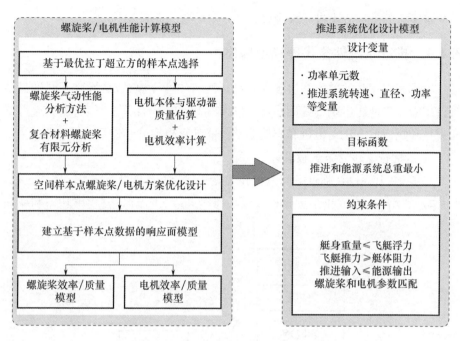

图 2 - 9　临近空间推进系统优化设计思路

足刚度、强度和固有频率的螺旋桨样本点质量值;通过每一个样本点方案的螺旋桨效率和质量的优化和计算,进而构建螺旋桨效率和质量与主要设计变量的响应面模型。类似地,通过电磁仿真、结构优化等设计手段,构建电机质量和效率的计算模型。

　　其次,研究涉及动力和推进的临近空间飞行器总体参数。以平流层飞艇为例,飞艇在驻空时需要保证艇身提供浮力大于结构重量、推进系统重量以及能源系统重量之和;推进系统输出推力大于艇身抗风阻力;能源系统输出能量大于推进系统昼夜工作所需能量。因此,除了构建推进系统的性能计算模型之外,还需要对飞艇平台中涉及力平衡、功率平衡及能量平衡的总体参数进行研究和建模。

　　再次,构建最佳功率单元优化设计模型,形成推进系统优化设计方法。在上述研究和建模基础上,以推进系统功率单元数、螺旋桨直径、转速、电机功率等参数为设计变量,以浮重平衡、推阻平衡、能量平衡以及电机和螺旋桨的参数匹配原则为约束,以最小的推进系统和能源系统重量为目标,建立推进系统最佳功率单元设计的优化模型,通过遗传算法对该混合整数型的优化设计问题进行迭代求解,进而获取推进系统的最佳功率单元设计方案,同时可以对不同设计变量组合的推进方案进行权衡设计。

2.4.1 推进系统性能代理模型构建

电机和螺旋桨的效率和质量与其设计变量的计算模型,是研究不同推进系统方案对飞艇性能影响的基础输入,其影响因素多,耦合关系复杂,因此通过试验设计和响应面方法对电机和螺旋桨的性能计算模型分别进行建模。

1. 最优拉丁超立方试验设计

如图 2 – 10 所示,临近空间电机和螺旋桨性能的影响因素很多,例如直径、叶片数、翼型、扭转角和弦长分布、转速、海拔高度、来流风速、输出功率和减速比等。

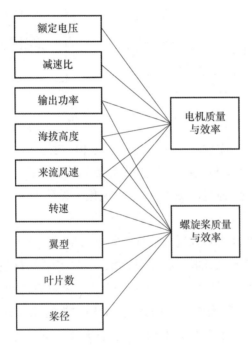

图 2 – 10 电机和螺旋桨性能影响因素

为了简化计算模型,选择对电机性能影响较大的输入功率、转速变量作为构建电机性能模型的试验因素。选择对螺旋桨性能影响较大的输入功率、转速和桨径变量作为构建螺旋桨性能模型的试验因素。以某型平流层飞艇推进方案设计为例,相同工况(高度 20km、风速 20m/s)下,电机和螺旋桨试验设计样本点空间各个试验因素的取值范围如表 2 – 2 所列。

表 2 - 2 试验因素及其变化范围

部件	参数	描述	值
电机	P_{in}	输入功率/kW	5 ~ 30
	n_{s_mo}	转速/(r/min)	300 ~ 800
螺旋桨	P_{shaft}	轴功率/kW	5 ~ 30
	n_{s_p}	转速/(r/min)	300 ~ 800
	d	桨径/m	5 ~ 7

样本空间点的选取采用最优拉丁超立方设计,最优拉丁超立方设计是拉丁超立方设计的改进形式,即一个 2 因子 9 水平研究。在保证相同精度的前提下,全因子试验需要 81 个样本点,而最优拉丁超立方设计只需要研究 9 个样本点,并且它在拉丁超立方设计的基础上进一步提高了设计的均匀性,使因素和响应的拟合更加贴近实际。

如图 2 - 11 所示,分别为最优拉丁超立方设计抽样出的电机和螺旋桨样本空间点,考虑到各个设计变量的取值范围相对较大,试验次数均为 60 次。可以看到样本点均匀地填充在整个设计空间。

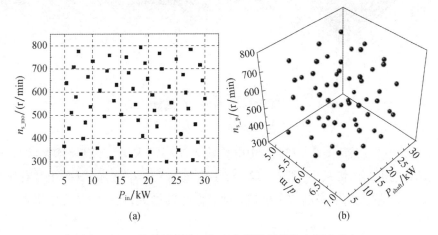

图 2 - 11 基于最优拉丁超立方设计的样本空间点分布

(a)电机样本点空间;(b)螺旋桨样本点空间。

2. 响应面模型构建

二阶多项式模型使用灵活、求解简单,并且对很多工程问题的近似程度较好,因此本书采用二阶多项式响应面模型,其数学表达式为

$$\hat{F}(x) = a_0 + \sum_{i=1}^{N} b_i x_i + \sum_{i=1}^{N} c_{ii} x_i^2 + \sum_{1 \leqslant i < j \leqslant N}^{N} d_{ij} x_i x_j \qquad (2-1)$$

式中:$\hat{F}(x)$ 为近似值;x_i 为设计变量;N 为设计变量的个数;a_0 为常数项;b_i、c_{ii} 和 d_{ij} 分别为一次项、二次项和交叉项的待定系数。

响应面模型的拟合精度通常采用复相关系数 R^2 来检验,定义为

$$R^2 = 1 - \frac{\sum_{1}^{N} (y_i - \hat{y}_i)^2}{\sum_{1}^{N} (y_i - \bar{y}_i)^2} \qquad (2-2)$$

式中:y_i 为真实值;$\hat{y}_i$ 为估计值;$\bar{y}_i$ 为真实值的均值。

电机与螺旋桨的设计变量与其质量和效率的响应面模型如图 2 – 12、图 2 – 13 所示。

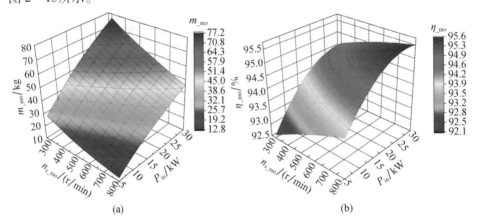

(a)　　　　　　　　　　　(b)

图 2 – 12　临近空间电机响应面模型(见彩图)

(a)电机质量模型;(b)电机效率模型。

对于电机装置,图 2 – 12(a)中电机输入功率需求越大,质量越大,设计转速增加,电机的质量减小;图 2 – 12(b)中电机输入功率增加,效率相对有所增加,设计转速增加,电机的效率也相应地有所微小的增大,但总的来说电机效率均保持较高值。

如图 2 – 13(a)所示,对于螺旋桨部件,螺旋桨吸收的轴功率越大,桨叶质量越大,当轴功率分别为 10kW、20kW 和 30kW 时,螺旋桨质量逐渐增大。同时,相同轴功率条件下,螺旋桨质量随着转速和桨径的增加均有所增大。

如图 2 – 13(b)所示,螺旋桨吸收的轴功率越大,桨叶效率越低,当轴功率分别为 10kW、20kW 和 30kW 时,螺旋桨效率逐渐降低。同时,相同轴功率条件

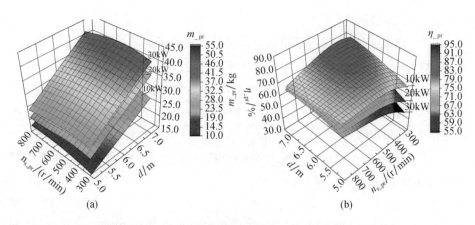

图 2 - 13 临近空间螺旋桨响应面模型(见彩图)

(a)螺旋桨质量模型;(b)螺旋桨效率模型。

下,螺旋桨效率随着桨径增加而增大,随着转速变化先增加后减小,不同桨径的
螺旋桨设计方案在最佳转速下达到效率最高点。

2.4.2 最佳功率单元优化设计方法

1. 目标函数

对于一个临近空间飞行器,推进系统单元数增加,可以降低单个推进系统
的输入功率,提升系统效率,降低能源系统的质量;但是推进系统单元数增加又
会导致系统的整体质量上升。因此,在满足飞行器驻空和巡航抗风需求的前提
下,必然存在一个最优的推进系统方案,使整个动力能源系统的总质量最小,从
而使飞行器具有最好的性能。因此,本书以临近空间飞艇动力能源系统的总质
量最小为目标函数,即

$$f(\boldsymbol{x}) = \min(m_{pn} + m_{en}) \tag{2 - 3}$$

2. 设计变量

选择对推进系统影响最大的推进系统单元数 N、输入功率 P_{in}、额定转速
n_s 和螺旋桨直径 d 等 4 个变量作为临近空间飞艇推进系统优化模型的设计
变量。

3. 约束条件

优化模型的约束变量主要包括推进系统内部的电机与螺旋桨参数匹配,飞
艇抗风推力与阻力相等,飞艇艇身重量与浮力相等以及飞艇昼夜工作所需的能
量满足需求。

1）桨机参数匹配

桨机参数匹配即在推进系统设计中保证电机和螺旋桨的转速和功率匹配。参数匹配的一般过程为：通过抗风推力需求确定每个螺旋桨所需产生推力，在给定工况下根据螺旋桨推力和转速的关系，确定螺旋桨转速，同时可以计算得到螺旋桨的扭矩，若电机在额定电压下的扭矩曲线刚好经过螺旋桨扭矩点，则满足匹配设计要求。

由于推进系统的效率和质量参数的计算是通过单独构建的电机和螺旋桨响应面模型获得，因此需要保证

$$P_{mo\_out} = P_{pr\_in}, \quad n_{s\_mo} = n_{s\_pr} \tag{2-4}$$

式中：P_{mo_out} 为电机输出功率；P_{pr_in} 为螺旋桨吸收功率，即轴功率；n_{s_mo}，n_{s_pr} 分别为电机和螺旋桨转速。

2）抗风推阻平衡

常规低阻飞艇的艇身外形是由一条母线绕纵轴旋转而成的回转体，如图 2-14 所示，其面积与飞艇长度 l_a 和最大直径 d_a 满足以下关系式，即

$$S_{sh} = 2.33 d_a l_a \tag{2-5}$$

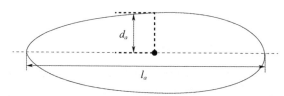

图 2-14　常规低阻飞艇艇身外形

裸艇的总阻力为型阻和摩阻之和，则有

$$C_D = C_{DV} + C_F \tag{2-6}$$

式中：C_{DV} 和 C_F 分别为飞艇的型阻系数和摩阻系数。对于多数飞艇，其艇上的气流是湍流，并且当 $Re > 5 \times 10^6$ 时，有

$$C_{DV} = C_F (4\lambda^{1/3} + 6\lambda^{-1.2} + 24\lambda^{-2.7}) \tag{2-7}$$

$$C_F = 0.043 Re^{-1/6} \tag{2-8}$$

式中：$\lambda = l_a / d_a$ 为飞艇长细比；Re 为雷诺数。

此时飞艇的艇身阻力 D_{sh} 为

$$D_{sh} = \frac{1}{2} \rho_{air} V^2 S_{sh} C_D \tag{2-9}$$

式中：ρ_{air} 为大气密度；V 为来流风速。

因此,飞艇驻空和巡航抗风所需功率为

$$P_w = D_{sh}V = \frac{1}{2}\rho_{air}V^3 S_{sh} C_D \qquad (2-10)$$

飞艇抗风推阻平衡的约束应保证推进系统输出功率 P_{out} 大于抗风所需功率 P_w,即

$$P_{out} - P_w \geqslant 0 \qquad (2-11)$$

其中推进系统输出功率为螺旋桨推力 T 与来流风速 V 的乘积,即 $P_{out} = TV$。

3) 昼夜能量平衡

飞艇长期驻空的能量来源于太阳能电池,其白天吸收的能量可分为两个部分:一部分用于飞艇白天抗风定点驻空和机动;另一部分能量由储能电池储存起来,在夜间或者光照条件不够时为飞艇供电。

太阳辐射量随季节、区域有较大的变化。但是,在某一指定区域,每天太阳能辐射量是相对固定的。因此,为了简化计算,采用能量平衡概念计算太阳能电池昼夜产生的能量。白天太阳能每单位面积辐射强度随当地时刻变化曲线如图 2-15 所示,日出时间为 h_1,日落时间为 h_2。A_a 表示单位面积太阳能电池白天用于储存的能量,A_b 与 A_c 表示夜晚太阳能不足时需要的锂电池能量。而 E_{sun} 直线代表某个太阳平均辐射强度,该直线满足面积 $\eta_{li}A_a = A_b + A_c$,其中 η_{li} 为储能电池效率,那么飞艇在昼夜抗风所需的能量即可以通过该平均辐射强度计算得到。

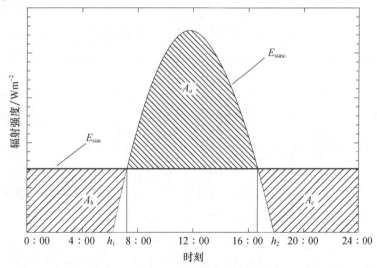

图 2-15　能源系统能量平衡图(见彩图)

白天用于飞艇推进系统的太阳能电池能量可表示为

$$W_d = \frac{P_{in}t_d}{\eta_{so\_out}} \tag{2-12}$$

式中：P_{in} 为推进系统输入功率；t_d 为日间时长；η_{so_out} 为太阳能电池输出效率。

太阳能电池输出至储能电池的能量可表示为

$$W_n = \frac{P_{in}t_n}{\eta_{so\_out} \cdot \eta_{li}} \tag{2-13}$$

式中：t_n 为夜间时长；η_{so_out} 为太阳能电池输出效率；η_{li} 为储能电池效率。

因此，全天抗风所需太阳能电池输出能量 W_w 为

$$W_w = W_d + W_n \tag{2-14}$$

而太阳能电池为了满足飞艇抗风需求昼夜吸收的能量 W_{so} 为

$$W_{so} = P_{so}t_d\eta_{so} = S_{so}E_{sun}t_d\eta_{so} \tag{2-15}$$

式中：P_{so} 为太阳能电池所能接收的太阳辐射功率；S_{so} 为太阳能电池面积；E_{sun} 为太阳辐射强度；η_{so} 为太阳能电池光电转换效率；t_d 为白天时长。

飞艇昼夜能量平衡约束应保证昼夜太阳能电池输出能量 W_{so} 大于全天抗风所需能量 W_w，即

$$W_{so} - W_w \geq 0 \tag{2-16}$$

4）艇身浮重平衡

飞艇产生的总浮力 F_{sh} 为

$$F_{sh} = (\rho_{air} - \rho_{He})\delta_{He}V_{sh} \tag{2-17}$$

式中：ρ_{air} 为大气密度；ρ_{He} 为氦气密度；ξ_{He} 为氦气囊体积占飞艇体总体积的比例。

由于空气密度 ρ_{air} 与氦气密度 ρ_{He} 随高度变化，在驻空高度 H 上，由气体状态方程可得

$$\rho_{He} = \frac{\delta_{He}p_{air}}{R_{He}T_{em}} \tag{2-18}$$

式中：T_{em} 为相应驻空高度上的大气温度；p_{air} 为相应驻空高度上的大气压力；δ_{He} 为氦气囊内外压差系数；R_{He} 为氦气的气体常数。

为了简化模型，定义飞艇的总质量 m_{sh} 包括艇身结构质量 m_{str}、能源系统质量 m_{en}、推进系统质量 m_{pn} 和其他负载质量 m_{pa}，即

$$m_{sh} = m_{str} + m_{en} + m_{pn} + m_{pa} \tag{2-19}$$

艇身结构质量随着具体的飞艇布局和结构形式变化较大，对于简单的低阻力飞艇外形，其结构质量估算表达式为

$$m_{st} = \rho_{sh}\left(S_{sh} + \frac{\pi d^2}{2}\right) + \frac{1}{2}\rho_{bh}S_{sh} \tag{2-20}$$

式中:ρ_{sh} 为飞艇外表面蒙皮材料密度;ρ_{sh} 内部囊体蒙皮材料密度。

能源系统质量 m_{en} 为太阳能电池质量 m_{so} 与储能电池质量 m_{li} 之和,即

$$m_{en} = m_{so} + m_{li} \tag{2-21}$$

其中,若太阳能电池面密度为 ρ_{so},则太阳能电池质量 m_{so} 为

$$m_{so} = \rho_{so}S_{so} = \rho_{so}\frac{W_{so}}{E_{sun}t_d\eta_{so}} \tag{2-22}$$

若储能电池能量密度为 E_{li},则储能电池质量 m_{li} 为

$$m_{li} = \frac{W_n\eta_{so\_out}\eta_{li}}{E_{li}} = \frac{P_{in}t_n}{E_{li}} \tag{2-23}$$

假定飞艇配置的推进器相同,则推进系统总质量 m_{pn} 为

$$m_{pn} = N(m_{pr} + m_{mo} + m_{sup}) \tag{2-24}$$

式中:m_{sup} 为推进系统支架质量,该质量与推进系统单元数以及螺旋桨直径成正比。

飞艇昼夜能量平衡约束应保证飞艇产生总浮力 F_{sh} 大于飞艇总重量 $m_{sh}g$,即

$$F_{sh} - m_{sh}g \geqslant 0 \tag{2-25}$$

4. 优化模型

在上述研究的基础上,以推进系统单元数、螺旋桨直径、转速、输入功率为设计变量,以浮重平衡、推阻平衡、功率平衡、能量平衡以及电机和螺旋桨的转速匹配为约束,以最小的推进系统和能源系统质量为目标,建立推进系统的优化模型,即

$$f(\boldsymbol{x}) = \min(m_{pn} + m_{en})\boldsymbol{x} = N, P_{in}, n_s, d$$

$$\text{s. t.} \begin{cases} P_{mo_{out}} = P_{pr_{in}} \\ n_{s_{mo}} = n_{s_{pr}} \\ P_{out} - P_w \geqslant 0 \\ W_{so} - W_w \geqslant 0 \\ F_{sh} - m_{sh}g \geqslant 0 \end{cases} \tag{2-26}$$

▶▶▶ 2.5　推进系统全包线工况拓宽的新概念技术

20~30km 高空的空气密度是海平面的 1/70~1/14,螺旋桨负载工况在高

空和低空时变化范围很大,电机系统与螺旋桨负载在大范围变化的工况中很难保持全功率匹配,存在着按照高空环境设计的动力系统在低空时性能较差,按照低空环境设计的动力系统在高空时性能很差的现象。目前的高空飞艇、长航时无人机大多都采用高空和低空动力系统并存的方案解决高低空难以兼顾的问题,即高空时使用高空动力系统方案,低空时使用低空动力系统方案,造成动力系统非常大的质量赔付和能源浪费。

造成这种现状的原因是螺旋桨都采用固定的桨距和桨径。在最大扭矩限制下,螺旋桨的高空最大转速是海平面最大转速的 3 ~ 8 倍,造成推进系统低空推力很小,在低空飞行时动力严重不足。解决这一问题的关键措施在于提高螺旋桨和电机在高低空的匹配特性,从而彻底改善推进系统的性能。

对于电机而言,电流限定扭矩,电压限定转速。因此,受电流、电压限制,电机存在一个能常时运行的最大扭矩和最高转速。因此,为了提高推进系统的工作效率,通常需要依据临近空间飞行器的工况范围、螺旋桨与电机匹配情况合理设计减速器系统,从而导致临近空间螺旋桨的调速范围有限。由于实际环境常有突风、变高度等突发情况,导致螺旋桨与电机工况不匹配,无法有效吸收功率产生足够的推力,使得临近空间飞行器发生偏离甚至失稳风险。

目前拓宽推进系统工况适应性的技术手段主要是采用变桨距、变桨径,在中低空使用时工程实现难度较小,技术成熟度已经较高,但对于高空飞行,需要减轻质量,提高机构可靠性和临近空间环境适应性。随着高度的增加,雷诺数显著减小,螺旋桨的效率也大幅度下降,在高空若能增大螺旋桨桨径就可以大大提高螺旋桨效率。因此如果能设计出同时具有变桨距和变桨径功能的螺旋桨系统,将会极大地提高飞行器的效率和工况适应性。

2.5.1 变桨距技术

飞艇在执行任务过程中,实际工况十分复杂,如根据任务需求或能源情况调整工作高度、飞行姿态等,又如遇到突风情况(甚至超过30m/s的强突风)。在不同高度、风速、转速工况下,大气密度和前进比的剧烈变化,导致常规定距螺旋桨的轴功率和扭矩也随之发生剧烈变化。定距桨与电机匹配的主要特点如下:

(1) 在设计点工况下,电机和定距桨均工作于额定转速下,此时电机输出效率最高,定距桨完全吸收电机输出功率,定距桨与电机达到最佳匹配。

(2) 若高度不变,风速下降,则定距桨转速必须下降,才能将扭矩降低至电机长时承受的额定扭矩,此时电机输出转速低于额定转速,电机输出效率略有降低。

（3）若高度不变，风速增加，则定距桨在额定转速下的扭矩、轴功率均明显降低，导致推力显著降低，若电机在电压允许的情况下，可以在更高电压下提高电机和定距桨转速，则定距桨可吸收更多的功率，获得更大的推力，但对于螺旋桨而言，转速增加意味着频率增加，则螺旋桨结构质量更大，同时电机长时间工作于高于额定电压的状态，对电池和能源管理有直接影响。

以风速变化为例说明不同工况下的螺旋桨绕流变化，如图 2 - 16 所示。在风速 10m/s 的设计点工况条件下，桨叶剖面处于理想的正攻角状态，可获得较高的升力和升阻比，而当遭遇突风(20m/s)时，桨叶剖面处于负攻角状态，升力和升阻比显著下降，使得螺旋桨产生的扭矩和拉力均大幅度减小，甚至在遭遇强突风(40m/s)时，桨叶剖面有效攻角更低，螺旋桨背风面存在严重的流动分离，导致拉力为负值，严重降低飞艇的定点驻空能力。图 2 - 17 表明，额定转速下，随着风速增加，螺旋桨拉力和轴功率迅速下降，当遭遇 30m/s 以上的强突风时，螺旋桨进入风车状态，这将会引起电机反向发电，造成电源保护，导致动力系统无法正常工作。

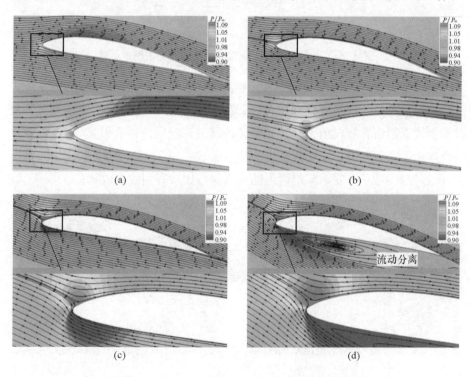

图 2 - 16　风速对螺旋桨绕流场的影响(见彩图)

(a)风速 10m/s(有效迎角 >0°)；(b)风速 20m/s(有效迎角 <0°)；

(c)风速 30m/s(有效迎角 <0°)；(d)风速 40m/s(有效迎角 <0°)。

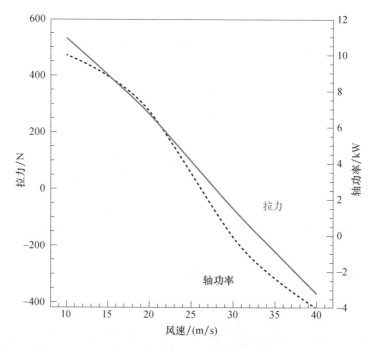

图 2 - 17 额定转速下,风速增加导致螺旋桨推力和功率迅速下降(见彩图)

突风情况导致螺旋桨拉力迅速下降,并与电机匹配性变差的现象,本质上是剖面有效攻角的剧烈变化导致,对转螺旋桨、涵道螺旋桨等特殊布局无法从根本上改变剖面有效攻角,因此,变距桨是解决该问题的最有效途径,也是目前广泛应用于大型运输机螺旋桨装置的技术手段。图 2 - 18 表明,风速增大情况下,通过提高桨距角,变距桨剖面仍然可以保持比较有利的有效攻角。

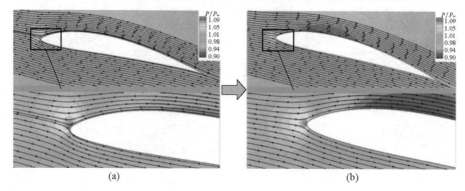

图 2 - 18 风速增大时,通过提高桨距角,变距桨剖面仍然
可以保持比较有利的有效攻角(见彩图)
(a)定距桨;(b)变距桨。

变桨距技术的核心并不是螺旋桨桨叶,而是变距机构。由于飞艇平台对螺旋桨系统的质量、环境适应性、可靠性等方面都提出了非常高的要求,现有适用于低空的成熟变距机构存在质量大、机构复杂等问题,无法直接应用。本节重点介绍两种典型的轻质、高可靠性变距机构的设计及其原理,一种为主动式,另一种为被动式。

1. 基于新原理的轻质、高可靠性变距机构

1）总体方案及其原理

该变距机构总体方案如图 2 – 19 所示。其基本原理是由伺服电机带动蜗杆转动,通过蜗轮蜗杆传动使得与涡轮同轴的丝杠螺母转动,从而使滚珠丝杠做竖直的直线运动,丝杠螺母将变距电机输出的转动转化为竖直方向上的运动,然后通过推力轴承推动拨叉竖直运动,进而推动正弦机构运动达到控制桨叶俯仰角度的目的。

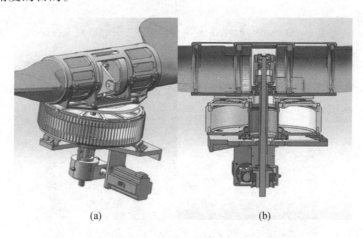

(a)　　　　　　　　　　　　(b)

图 2 – 19　新原理变距机构总体设计方案(见彩图)

(a)总体全貌;(b)剖视图。

2）技术特点

该机构的主要技术特点是实现了机构工作过程中力的卸载、不产生额外附加载荷、离心力相互抵消、内部力封闭等。螺旋桨底座下部为动力电机,该电机下部为伺服电机支架,支架下面是变距用伺服电机,其输出的运动通过桨叶驱动电机的中空孔传递到桨盘内部。正弦机构安装在两桨毂中间,将直线运动转化为转动以控制桨叶的变距。

3）主要零部件及其设计

桨叶在旋转过程中会产生非常大的离心力(如某 7m 高空桨的单片桨叶在

370r/min 转速下离心力超过 $2 \times 10^5 N$），该变距机构方案利用了螺栓抵消离心力、桨毂整体成型等改进措施，与桨根部连接的桨毂做成上下剖分、左右连接结构，桨根通过复合材料做成的半圆环与桨毂连接固定，同时对桨毂等部位进行了镂空减重优化，大大降低了桨盘重量，如图 2-20 所示。

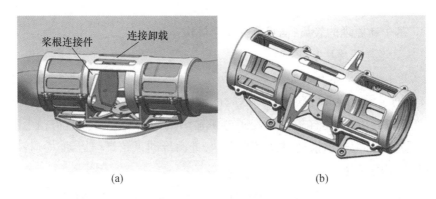

(a)　　　　　　　　　　(b)

图 2-20　新原理变距机构方案的桨毂及其镂空减重设计

传动部分包含正弦机构、丝杠螺母和蜗轮蜗杆。由于离心力的卸载，外壳尺寸大大缩小，正弦机构尺寸也进一步缩小，提高了空间利用率，使结构更加紧凑。正弦机构如图 2-21 所示。

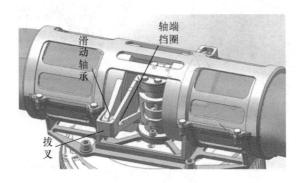

图 2-21　正弦机构

由伺服电机到正弦机构的转动部分，考虑到传动比和伺服电机安装，在原有丝杠传动上再加入一级蜗轮蜗杆传动，如图 2-22 所示。

丝杠上承受载荷非常大，为了解决这一问题，增加了一根固定于驱动电机后端支架并穿过电机中孔的套管，既起到承载作用，又使驱动力封闭，增加了传动机构的稳定性，如图 2-23 所示。

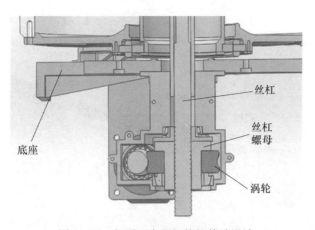

图 2 – 22   新原理变距机构的传动设计

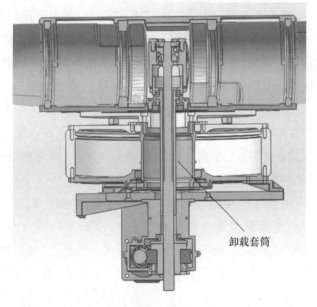

图 2 – 23   新原理变距机构方案采用的力封闭卸载套筒

2. 离心式变距机构

1）总体方案及其原理

该变距机构总体方案如图 2 – 24 所示。其基本原理是通过离心锤的离心力实现螺旋桨变距,离心锤的重心与桨叶扭转轴不共轴,螺旋桨转速变化时,离心锤离心力的一个分量产生对桨叶的扭矩发生变化,其与调速弹簧和桨叶本身产生的气动力矩的平衡状态被破坏,带动桨叶扭转,此时调速弹簧被压缩或拉伸,调速弹簧产生的弹性力随之改变,直至达到新的平衡状态,从而实现桨叶变距。

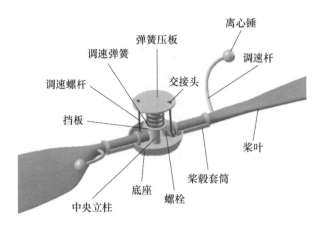

图 2-24　离心式变距机构总体方案

在高空飞艇的升空阶段使用离心锤变距机构时,随着高度的增加,大气密度持续降低,为了使螺旋桨能够提供足够的驱动力,此时螺旋桨的转速需要增大,当转速超过一定值时,离心锤分力所产生的扭矩克服调速弹簧预紧力和气动力矩,在其作用下,螺旋桨螺距将逐渐增大,桨叶的吸收功率与电机的输出功率能够实现良好的匹配,同时也可以将螺旋桨的转速控制在一个合理的范围内,确保推进系统实现安全稳定地运行。同理,当飞艇从高空向低空降低飞行高度时,螺旋桨的转速减小,在离心锤及弹簧的作用下,螺旋桨的螺距减小,从而确保了螺旋桨的高效运行。

高空飞艇在高空运行,当速度增加时,螺旋桨转速增加,离心锤的离心力随之增加,其克服调速弹簧预紧力和气动力矩,压缩调速弹簧,达到新的平衡状态,桨叶桨距角增加;同理,当速度减小时,螺旋桨转速减小,离心锤的离心力减小,调速弹簧的弹性力使桨叶桨距角减小,达到平衡状态,从而使螺旋桨在高空保持高的工作效率。

2)技术特点

主要技术特点是被动式、结构紧凑、简单、可靠性高等。该机构主要由离心锤、调节弹簧、调节螺杆、弹簧压板、挡板、底座和中央立柱等部分组成。受力分析如图 2-25 所示。

3)离心锤受力分析

离心式变距机构的核心是离心锤设计及其受力分析,因此这里重点讨论离心锤的受力。如图 2-26 所示,虚线圆表示螺旋桨旋转平面,双点画线圆表示离心锤旋转平面,点画线表示螺旋桨旋转轴,双点画线直线表示螺旋桨桨叶轴线,圆盘面表示地平面,用于表征螺旋桨方位角。O 为螺旋桨旋转中心;A 为离心锤中心;B 为离心锤中心在桨盘平面的投影。

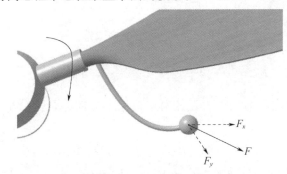

图 2-25　离心式变距机构受力分析

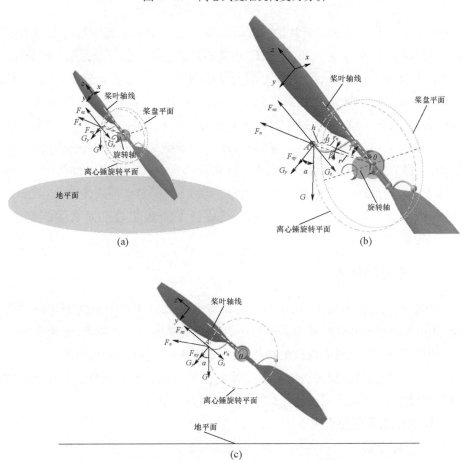

图 2-26　离心锤受力分析示意图(见彩图)

(a)离心锤受力总体视图;(b)离心锤受力局部放大图;(c)离心锤受力正视图。

在螺旋桨旋转时,离心锤受到离心力和重力的作用,r_n 为离心锤旋转半径,n_s 为螺旋桨旋转速度,m 为离心锤质量,则离心锤线速度为 $v = 2\pi r_n n_s$,离心锤受到的重力和离心力分别为

$$G = mg$$

$$F_n = \frac{mv^2}{r_n} = \frac{m \cdot (2\pi r_n n_s)^2}{r_n} = 4\pi^2 n_s^2 m r_n$$

从而得到离心锤离心力和重力在相对坐标系 y 方向的合力分量和绕桨叶轴线的力矩分别为

$$F_y = F_{ny} + G_y = F_n \sin\gamma + G\cos\alpha$$

$$M_z = M_{z0} - F_y \cdot h = M_{z0} - (F_n \sin\gamma + G\cos\alpha) \cdot h$$

$$= M_{z0} - (4\pi^2 n_s^2 r_n \sin\gamma + g\cos\alpha) \cdot mh$$

式中:x, y, z 为固连于桨叶叶片轴线的相对坐标系;m 为离心锤质量;g 是重力加速度;F_n 为离心锤离心力;F_{nx}, F_{ny}, F_{nz} 为离心锤离心力在相对坐标系下的分量;G 为离心锤重力;G_x, G_y, G_z 为离心锤重力在相对坐标系下的分量;F_x, F_y, F_z 为离心锤离心力和重力在相对坐标系下的合力;M_z 为相对坐标系下对桨叶轴线的合力矩;M_{z0} 为相对坐标系下桨叶本身对桨叶轴线的气动力矩;n_s 为螺旋桨旋转速度(r/s);v 为离心锤旋转线速度;r 为螺旋桨旋转中心到离心锤中心的距离,即直线 OA 的长度;r_n 为离心锤旋转半径,$r_n = r\cos\beta$,β 为直线 OA 与直线 OB 的夹角;α 为某一时刻螺旋桨的方位角,螺旋桨水平放置时为 $0°$;γ 为直线 OB 与桨叶轴线的夹角;h 为离心锤旋转平面和桨盘平面之间的距离,$h = r\sin\beta$。

2.5.2 变桨径技术

在电机额定扭矩约束下,小直径的螺旋桨在低空工况下可达到更高的转速,从而吸收更多的电机功率。虽然小直径螺旋桨的气动效率低,但由于可以吸收更多的功率,其所能提供的拉力比大直径螺旋桨显著提高。因此,变桨径技术是另一种提高螺旋桨与电机匹配性的技术手段。由于目前变桨径技术的成熟度较低,本书仅介绍 3 种变桨径机构的设计方案。

1. 齿轮齿条变径机构

1)总体方案

齿轮齿条变径机构主要由变径步进电机、齿轮齿条机构、齿轮齿条运动约束机构组成,齿轮齿条运动约束机构的作用是约束齿条的运动,防止齿条与齿

轮的啮合脱开。变径机构结构总体方案简图如图 2 – 27 所示。

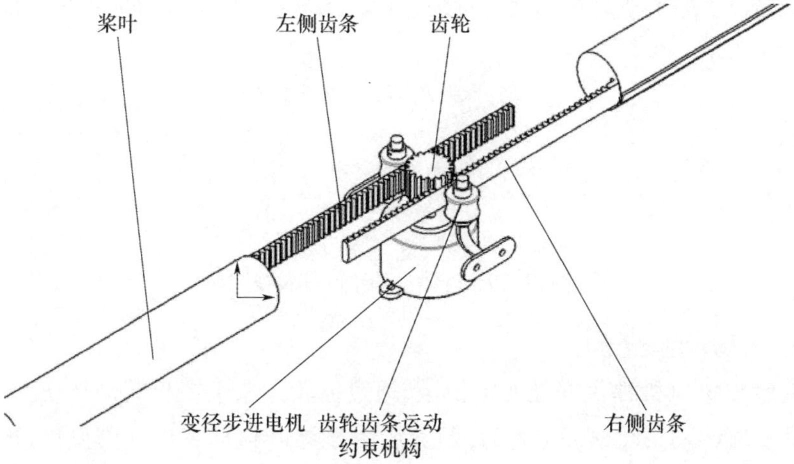

桨叶　　左侧齿条　　齿轮

变径步进电机　齿轮齿条运动　　右侧齿条
约束机构

图 2 – 27　齿轮齿条变径机构总体方案

2）主要零部件及其连接

　　齿轮齿条机构由一个齿轮和两个齿条构成。变径步进电机电机轴与齿轮通过螺栓固连,齿条一端与齿轮啮合,另一端与桨叶根部固连。桨叶旋转时产生的离心力均由齿条传递到齿轮上,此时齿条处于拉伸状态,为了防止齿轮脱开,需要采用齿轮齿条运动约束机构,其组成为固定轴、转轮、下端挡圈、上端挡圈,如图 2 – 28 所示,上、下端轴端挡圈用来调节滚轮轴向位置,固定轴与转轮铰接组成旋转副,该约束机构的另一端通过螺栓固定于底座上。滚轮外侧与齿条紧密贴合,安装时固定轴弯曲处应预留有适当变形,从而保证滚轮与齿条外侧的精密贴合。

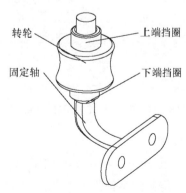

转轮　　　　上端挡圈

固定轴　　　　下端挡圈

图 2 – 28　齿轮齿条运动约束机构

上述变径机构运动时齿条会与桨叶根部发生干涉，为了消除干涉，桨叶根部需开槽以消除齿条直线运动时对桨叶根部的碰撞，开槽后的桨叶等轴视图如图 2-29 所示。

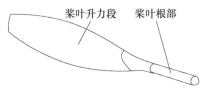

图 2-29　开槽后的桨叶等轴视图

3）机构运动分析

变径步进电机提供变径所需扭矩，通过齿轮齿条系统将转动转换为平动，齿条另一端驱动桨叶根部进行直线运动，由于桨叶根部采用开槽设计，齿条运动时不会与桨叶根部发生干涉。由于左、右两个齿条完全相同，因此变径步进电机转动一定角度后左、右两个齿条的直线运动距离完全相等，从而保证了两侧桨叶变径运动距离的一致性。

2. 杆式变径机构

1）总体方案

杆式变径的总体技术方案是采用自动倾斜器驱动连杆机构进行变径，杆式变径机构由桨叶、整流罩、变距拉杆、螺旋桨主轴、动环、不动环和轴承组成，其总体方案如图 2-30 所示。

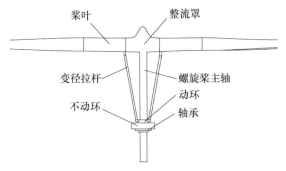

图 2-30　杆式变径机构总体方案图

2）主要零部件及其连接

螺旋桨主轴呈 T 字形，可分为横轴与纵轴，如图 2-31 所示，其与电机轴或者减速器输出轴通过法兰连接。整流罩与桨叶主轴固联，作用是顺流、减阻。桨叶内部存在滑动槽，与螺旋桨主轴中的横轴通过移动副连接。变径拉杆为一个二力杆,其一端与桨叶根部通过铰链连接,另一端与动环通过铰链连接。不动环只能沿着螺旋桨主轴中的纵轴滑动,其外表面与轴承内圈固定。轴承外圈与不动环内表面固定。

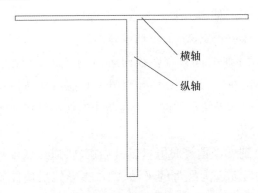

图 2 – 31　螺旋桨主轴

3）机构运动分析

变径时通过机体上的液压或丝杠机构驱动不动环在螺旋桨主轴上的纵轴上往复运动,不动环通过轴承驱动动环运动,动环通过变径拉杆驱动桨叶在螺旋桨主轴上平动,从而实现变径。由于杆式变径机构的左右对称性,保证了左右两侧桨叶变径大小的一致性。

3. 丝杠变径机构

1）总体方案

丝杠变径的总体技术方案是采用丝杠和丝杠螺母,将转动变为平动,从而实现变径。丝杠变径机构由电机联轴器、丝杠、丝杠螺母、连接片、伸缩主轴、直线轴承、导轨、导轨滑块组成,其总体方案如图 2 – 32 所示,由于机构左右对称,为了简化视图,图中只显示一侧丝杠变径机构的零部件组成。

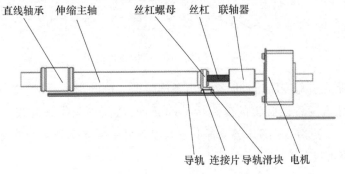

图 2 – 32　丝杠变径机构总体方案简图

2）主要零部件及其连接

丝杠变径机构中的电机为贯通轴结构,通过电机座固定在桨毂上,电机轴两端通过联轴器与丝杠固定,由此保证两侧丝杠转动速度与角度的严格一致。丝杠螺母与丝杠形成螺旋副,伸缩主轴一端与丝杠螺母通过螺纹固定,另一端与桨叶通过焊接形成一个固定的整体。直线轴承外圈通过卡簧与桨毂固定,内圈套在伸缩主轴上,与伸缩主轴之间只存在径向运动,不存在周向运动。导轨通过螺栓沿着丝杠方向固定在桨毂底座上,导轨滑块只能沿导轨滑动,通过连接片与丝杠螺母连接。导轨和导轨滑块的作用是防止丝杠螺母跟随丝杠一起旋转。

3）机构运动分析

步进电机接收到变径信号时电机轴开始旋转,通过联轴器带动丝杠旋转,丝杠螺母将丝杠的转动变为螺母的平动,螺母由导轨滑块控制,只能做轴向平移,不能做周向转动。螺母的另一端用联轴器与伸缩主轴相固连,驱动伸缩主轴沿轴向运动,从而带动螺旋桨桨叶一起沿着轴向运动,由此完成变径螺旋桨的变径运动。

2.5.3 变桨距与变桨径组合推进技术

变距方案与变径方案分别能实现螺旋桨的变距运动与变径运动,但要同时实现变径、变距的目标,还需要考虑机构兼容性的问题,一种可行的变径、变距机构结构简图如图 2-33 所示,包含变距步进电机、锥齿轮啮合系统、直线轴承、变径步进电机、齿轮齿条机构、齿轮齿条运动约束机构。

图 2-33 变距、变径机构结构简图

螺旋桨在进行变距运动时会对齿条产生两方面的影响:首先是与桨叶根部固连的齿条会随着螺旋桨的变距运动而转动,从而影响齿条和齿轮之间的啮合;其次是位于桨叶根部开槽位置上方的齿条另一端会受到桨叶旋转产生的运动干涉的影响。

为了解决第一种运动干涉影响,需要在齿条与桨叶之间引入解耦装置,其等轴视图和剖面图分别如图 2-34 和图 2-35 所示。解耦装置由 6 部分构成：不动轴、连接轴、动轴、推力球轴承、垫片、弹簧。连接轴小端通过螺纹与不动轴旋紧，大端在动轴内部与推力球轴承和垫片相贴合，弹簧的作用是防止连接轴大端与推力球轴承和垫片相脱开。

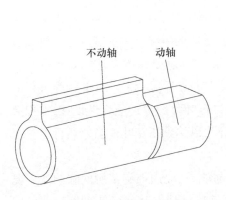

图 2-34　解耦装置等轴视图

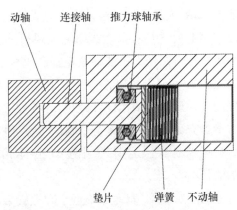

图 2-35　解耦装置剖面图

在安装解耦装置时，动轴通过螺纹与桨叶固定，不动轴通过螺栓与齿条固定。由于该解耦系统不仅能够承受旋转产生的离心力，同时能使得动轴与不动轴之间能自由旋转，从而解除了变距对变径的干涉。

为解决第二种运动干涉的影响，需对桨叶根部截面形状进行特别设计。假定螺旋桨的变距范围为 $-40° \sim +40°$，引入 5% 的安全裕度，即需要保证螺旋桨在 $-42° \sim +42°$ 内的转动对齿条没有影响，由此设计的桨叶根部的截面形状图和桨叶等轴视图分别如图 2-36 和图 2-37 所示。

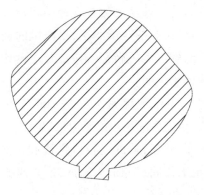

图 2-36　桨叶根部截面形状图

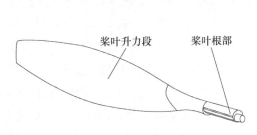

图 2-37　桨叶等轴视图

2.5.4 自适应变形螺旋桨技术

生物结构对于自身功能和外界环境所表现出的各种自适应现象给工程师灵感,进而提出仿生构思进行仿生设计。通过对鸟和昆虫翅膀结构特性的仿生研究,研究人员提出了被动自适应柔性风力机叶片和船用螺旋桨。2017 年法国巴黎第七大学 Cognet 教授研究发现相对于刚性叶片,采用仿昆虫翅膀的柔性风力机叶片可以使得风能捕获量提高35%,且适应的风况范围更宽。这一研究成果也在 *Science* 上予以报道。未来柔性叶片的方向就是选取合适的材料进行合理的气动设计和结构设计,以实现各种工况下的自适应变形。目前较为可行的方案是充分利用现有复合材料的可设计性进行叶片的自适应变形设计,在现有材料技术基础上做到最大限度的"刚柔相济",以达到拓宽叶片高效运行工况范围的目的。

对于跨高度/宽速域临近空间螺旋桨,与航空、船用螺旋桨所面临的宽工况适应性问题有相似性(需求一致,都需解决偏离设计点时桨机匹配性变差的问题),但又有新的挑战(工况更复杂,临近空间飞行器不仅速度变化范围宽,飞行高度跨度也大),跨高度/宽速域的工况必然带来新的问题(更大的柔性变形需求,全新的变形耦合机理)。

2.6 典型的设计实例

2.6.1 实例1——参数匹配

在完成推进系统的参数匹配设计之后,应该进一步考虑推进系统的飞行包线,保证平流层飞行器在整个飞行过程中均具有较好的匹配状况,对电机的利用效率较高。为了更好地说明全飞行包线工况推进系统转速—扭矩匹配设计方法,本书将借助一个推进系统匹配设计的实例来说明。

实例中,平流层飞行器工作高度范围为 18 ~ 22km,来流风速为 0 ~ 20m/s;平流层飞行器推进系统采用减驱推进系统的形式,推进系统功率单元为30kW;飞行器对推进系统的推力需求为850N。此时,该平流层飞行器的飞行包线是由最小高度,最低风速($h = 18km, v = 0m/s$)推进系统工作曲线和最大高度,最高风速($h = 22km, v = 20m/s$)推进系统工作曲线以及推进系统功率限制线划定。

全飞行包线工况推进系统转速—扭矩匹配设计方法的第一步,需要按照上一节的匹配步骤进行螺旋桨和电机的匹配工作。具体匹配过程如下。

1. 根据需求设计螺旋桨,确定推进系统额定转速

根据飞艇运行工况进行飞艇设计高度、风速下螺旋桨参数设计。利用 CFD 计算设计工况下螺旋桨拉力曲线如图 2 – 38 所示。根据推力需求确定螺旋桨额定转速,即推进系统额定转速 N_0。

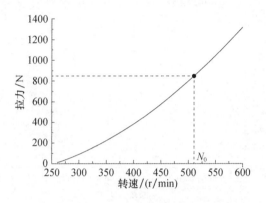

图 2 – 38　推进系统螺旋桨拉力特性曲线

2. 选取合适参数的电机

根据螺旋桨、电机性能参数,分别绘制其转速—扭矩特性曲线。图 2 – 39、图 2 – 40 分别为推进系统螺旋桨扭矩特性曲线与电机的扭矩特性曲线。根据两者扭矩、转速交点确定驱动电机基本参数。具体步骤为,借助螺旋桨扭矩特性曲线,得到推进系统额定转速下螺旋桨工作扭矩 Q_p,再借助电机的扭矩特性曲线,得到输出相同扭矩 Q_m 时的工作转速 N_m。

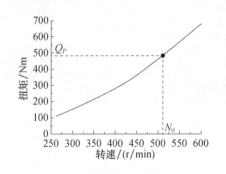 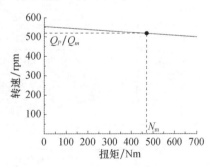

图 2 – 39　螺旋桨扭矩特性曲线图　　　　图 2 – 40　电机扭矩特性曲线

图 2 – 41 为螺旋桨效率、电机效率以及推进系统整体效率变化情况。匹配设计后,螺旋桨设计点效率值跟螺旋桨最大效率值比较接近,电机设计转速效

率基本为最大效率点,因而整个推进系统的额定效率比较高,推进系统的匹配性较好,设计的推进系统整体效率高。本例中,推进系统整体效率较高,无须返回重新进行电机设计。

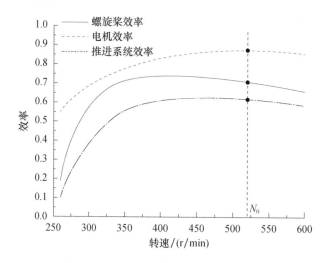

图 2-41　螺旋桨效率、电机效率以及推进系统效率随转速变化示意图(见彩图)

2.6.2　实例 2——最佳功率单元优化设计

对某型临近空间飞艇的推进系统方案进行优化设计,该飞艇的设计工况和相关性能参数如表 2-3 所列。

表 2-3　某型临近空间飞艇平台参数

参数	描述	值
H	海拔高度/km	20
V	来流风速/(m/s)	20
l_a	艇身长度/m	100
λ	飞艇长细比	4
ξ_{He}	工作高度氦气囊体积占飞艇总体积比例	0.96
δ_{He}	氦气囊内外压差系数	1.05
R_{air}	空气理想气体常数/(J/(kg·K))	287.05
R_{He}	氦气理想气体常数/(J/(kg·K))	2077
E_{sun}	太阳辐射强度/(W/m²)	1280

续表

参数	描述	值
η_{so_in}	太阳能电池光电效率	0.1
η_{so_out}	太阳能电池输出效率	0.92
ρ_{so}	太阳能电池面密度/(kg/m^2)	0.15
η_{li}	储能电池充放电效率	0.92
E_{li}	储能电池能量密度/(Wh/kg)	200

　　该飞艇推进系统原始方案为 2 套 6.2m 桨径、25kW 电机的推进系统。通过遗传算法对该混合整数型的优化设计问题进行迭代求解,得到优化后的推进系统方案为 4 套 7m 桨径、11kW 电机的推进方案,推进系统功率单元数由 2 套变为 4 套,不同功率单元数的两种临近空间推进方案示意图如图 2-42 所示。从表 2-4 中可以看到,优化后推进系统方案的系统效率更高,虽然推进系统由于单元数增加而导致质量增加,但能源系统减重幅度更大,因而推进和能源系统总质量减小了 185kg,降幅达到了 7.2%。显然,通过最佳功率单元设计,可以有效提高推进系统的性能,使得推进和能源系统总质量大幅减小,使得飞艇能够有更多有效载荷余量,显著提升性能。

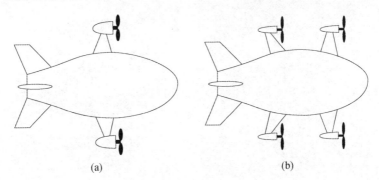

(a)　　　　　　　　　　　　　(b)

图 2-42　不同功率单元数的临近空间推进方案

(a)原始推进方案(2 套);(b)优化推进方案(4 套)。

表 2-4　临近空间飞艇推进系统方案性能对比

参数项	原始方案	优化方案
推进系统单元数 N	2	4
推进系统功率 P	25kW	11kW

续表

参数项	原始方案	优化方案
螺旋桨直径 d	6.2m	7m
螺旋桨转速 n_s	600r/min	400r/min
推进系统推力 T	195.4kgf	195.1kgf
推进系统效率 η_{pn}	0.62	0.69
推进系统质量 m_{pn}	268kg	420kg
能源系统质量 m_{en}	2315kg	1978kg
推进与能源系统总质量 m_{total}	2583kg	2398kg

2.6.3　实例3——变桨距实例

变距桨是一种能够显著提高螺旋桨与电机匹配性的重要技术途径。变距桨的桨距角是可变的,但桨叶剖面的相对扭转角是固定不变的。在主设计点工况下,变距桨的桨叶外形与定距桨的桨叶外形一致,在偏离设计点工况下,定距桨可根据需要调整桨距角,始终保持螺旋桨与电机的良好匹配。变距桨通过各种形式的变距机构实现不同桨距角,如图2-43所示。

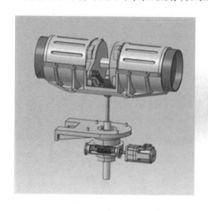

图2-43　各种形式的变距机构(见彩图)

以某7m高空变距桨为例(图2-44),设计点工况下,定距桨和变距桨的转速、扭矩与电机额定转速、额定扭矩接近,此时桨与电机匹配性良好;边界点工况下,定距桨的转速、扭矩明显偏离了电机额定转速、额定扭矩,而变距桨能够保持转速、扭矩在电机额定转速、额定扭矩附近,因此变距桨与电机匹配性更好。进一步地,变距桨可吸收更多电机输出功率,从而显著提高拉力,如图2-45所示。

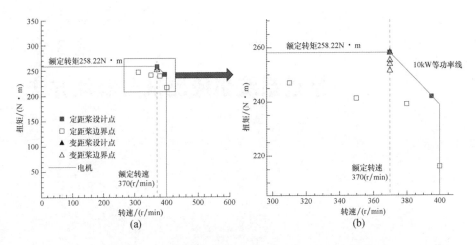

图 2-44　定距桨/变距桨与电机匹配性分析(见彩图)

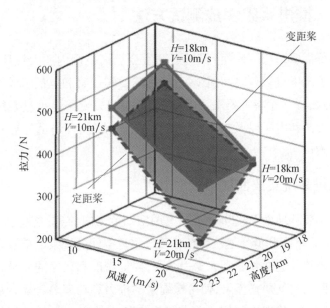

图 2-45　变距桨与定距桨分析对比(见彩图)

第 3 章
推进系统集成测试与验证方法

3.1 推进系统集成测试方法

推进系统需要适应从地面到 20km 高度或更高范围内的大气环境,并且在高低空不同工况下可以长时间连续工作,则需要螺旋桨和电机组成的系统能够满足轻质高效、可靠性高等要求。因此,临近空间螺旋桨电推进系统试验体系需要涵盖螺旋桨和电机以及推进系统整体效率、质量、环境适应性和可靠性等各个方面的测试。

3.1.1 推进系统集成测试难点

平流层飞艇从地面 0~20km 或更高的空间范围内,需要经过起飞、升空、高空巡航(驻空)、下降和低空返场等任务段。临近空间螺旋桨电推进系统的工作高度跨度和来流风速变化非常大。一方面,环境密度和风速的差异直接影响到通过桨盘平面的空气质量流量,使得螺旋桨的推力和功率等气动参数产生很大的变化;另一方面,临近空间螺旋桨电推进系统高效率点通常是按照高空工况的抗风需求设计的,在起飞/降落阶段,飞行高度和速度发生很大变化,密度变化使得螺旋桨翼型的雷诺数和前进比发生很大变化,导致翼型偏离最大升阻比状态,螺旋桨的高低空气动特性差异较大。

飞艇推进系统通常是按照高空设计点工况进行匹配设计的,由于高低空环境密度的巨大差异,地面工况下无法完全真实地进行推进系统的性能测试。如图 3 - 1 所示为不同海拔高度下的某型平流层飞艇 6.8m 螺旋桨气动特性曲线以及 25.5kW 电机工作特性曲线。

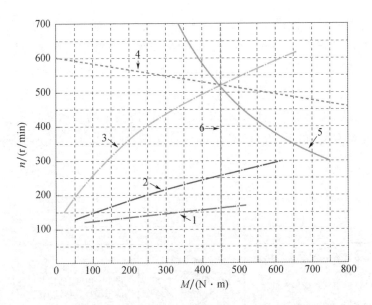

图 3－1　不同飞行高度下的螺旋桨气动特性与电机工作特性曲线(见彩图)

其中,该临近空间电机的额定转速为 510(r/min),额定转矩为 483.3N·m。各曲线代表的含义如下:

曲线 1 为高度 20km、风速 20m/s 螺旋桨气动特性曲线。

曲线 2 为高度 10km、风速 15m/s 螺旋桨气动特性曲线。

曲线 3 为高度 0km、风速 10m/s 螺旋桨气动特性曲线。

曲线 4 为电机机械特性曲线。

曲线 5 为电机恒功率曲线。

曲线 6 为电机扭矩限制线。

高空工况下,螺旋桨的扭矩和转速不超过电机的额定转速和扭转值,此时电机驱动螺旋桨正常工作,二者匹配较好。而在中低空工况下情况则完全不同,从图中可以看到,在 0km 高度下,电机只能驱动螺旋桨达到高空额定工作时转速的 1/3 左右。这是因为螺旋桨气动参数的大幅变化导致电机和螺旋桨之间的转速和扭矩特性无法较好地匹配,受限于电机系统自身的最大输出扭矩值,螺旋桨仅能在较小的转速范围内工作。因此,地面推进系统集成试验无法进行飞艇全包线高度、风速下的性能验证。

3.1.2　推进系统集成测试内容

针对上述临近空间推进系统性能试验的难点,综合考虑目前国内对于临近空间螺旋桨电推进系统试验技术的发展现状,通常分别对临近空间螺旋桨和电机进行测试试验,利用不同的试验平台对推进系统进行集成测试。如图 3 - 2 所示,主要有:①临近空间螺旋桨性能试验,包括气动试验、结构试验、环境适应性试验等;②临近空间电机性能试验,包括电机功能与性能测试、可靠性试验、环境适应性试验等;③整个推进系统的测试项目涵盖系统的全系统效率测试、机械/电气/通信接口特性测试、转速/过载/加减速特性测试等。

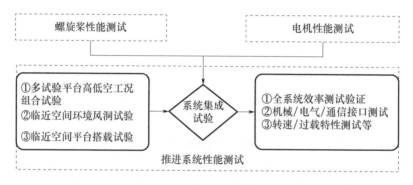

图 3 - 2 临近空间螺旋桨电推进系统试验内容

全系统集成试验可采用三种不同的试验手段:①多试验平台高低空工况组合试验方法,低空工况下可采用车载试验平台进行全系统全尺寸效率测试,高空工况下利用螺旋桨缩比模型风洞试验得到气动效率数据,据此通过负载模拟器等装置获得电机效率,二者相结合即可获得推进系统的总效率;②通过可模拟临近空间低温低气压环境的风洞试验设备开展推进系统集成测试;③利用平流层飞艇、高空太阳能无人机等临近空间飞行平台搭载待测推进装置进行真实环境的性能测试。

▶▶▶ 3.2 全系统效率测试与验证

基于多个试验平台的临近空间推进系统效率测试方法如图 3 - 3 所示。在低空工况下,利用变海拔高度螺旋桨车载试验平台可开展临近空间螺旋桨电推进系统在 0 ~ 5km 海拔高度下的全尺寸实物集成试验,对推进系统低空工况下的效率进行测试;在高空工况下,利用缩比螺旋桨模型试验获得高空工况下的螺旋桨气动力和扭矩的数据,以此作为电机地面负载模拟器的输入负载,开展基于负载模拟器的推进系统半实物仿真试验,进而完成高空工况下的系统效率测试;通过高低空推进系统性能试验数据相结合,可以获得不同高度、速度下的推进系统效率数据。

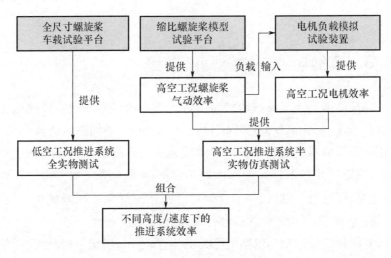

图 3 - 3　临近空间推进系统效率测试方法

　　基于上述车载试验平台、负载模拟器等试验设备,给出临近空间推进系统效率测试方法,如表 3 - 1 所列。

表 3 - 1　临近空间推进系统效率测试方法

测试项目		测试方法	测试设备
系统全工况效率测试	低空工况	在不同的海拔高度(0~5km)下进行全尺寸螺旋桨推进系统不同来流风速、转速工况下的气动性能试验,测量试验大气密度、来流风速、转速、螺旋桨气动力和力矩、电机输入电压和电流等参数,进而得到推进系统输入、输出功率、效率等性能参数	全尺寸螺旋桨车载试验平台
	高空工况	①在不同的海拔高度(0~5km)下进行缩比螺旋桨模型不同来流风速、转速工况下的气动性能试验,测量试验大气密度、来流风速、转速、缩比螺旋桨模型气动力和扭矩等参数,通过无量纲气动力系数换算得到对应真实工况下的全尺寸螺旋桨气动性能参数;②以全尺寸螺旋桨气动参数作为负载模拟器的载荷输入,进行对应风速和转速工况下的负载模拟试验,测量电机输出转速、扭矩、输入电压和电流等参数;③结合①和②的测试结果,计算得到推进系统输入、输出功率、效率等性能参数	螺旋桨缩比模型气动性能测试设备(车载试验平台、风洞试验设备等),负载模拟器

总的来说,推进系统低空工况下的效率测试可利用 0 ~ 5km 高度下的全尺寸实物试验,高空工况下的效率测试采用缩比模型试验与半实物仿真试验相结合的方式。

3.3 其他功能与性能测试试验

通过全尺寸螺旋桨车载试验平台可进行真实的推进系统集成样机在不同海拔高度和风速工况(高度 0 ~ 5km、风速 0 ~ 20m/s)下的系统集成测试试验。利用通用负载模拟器的加载装置模拟螺旋桨真实工况下的气动力和惯性力的加载,实现飞艇设计点附近高度和风速工况下的推进系统半实物仿真集成测试,对推进系统的机械、电气、信号接口设计指标进行集成联调试验,对推进系统电机的转速、过载等功能和性能进行集成测试试验。

推进系统接口设计指标包括电源类型、电源电压、机械接口强度、通信接口类型等;电机转速特性设计指标包括电机控制方式、电机设计转速范围、电机转速控制精度等;电机过载特性技术指标包括电机短时扭矩过载倍数、电机短时功率过载倍数等。表 3 - 2 为某型推进系统样机的集成测试项目。

表 3 - 2 推进系统样机的集成测试项目

测试项目	测试项目	测试设备
接口特性测试	电源类型	全尺寸车载试验平台
	电源电压	
	通信接口	
转速特性	电机设计转速范围	车载试验平台 负载模拟器装置
	电机转速控制精度	
	电机启动后加速时间	
过载特性	电机启动时加速时间	
	电机短时转矩过载倍数	
加减速特性	电机短时功率过载倍数	
	电机启动时加速时间	
其他功能	电机启动后加减速时间	
	防水功能	
	保护功能	

相对于临近空间电机性能测试,推进系统的半实物仿真试验更强调整系统的性能测试,负载模拟加载装置应模拟临近空间电机全包线范围内的实际负载情况,包括螺旋桨气动力、扭矩和桨叶惯性力。另外,为了获得真实工况下的电机散热特性,需尽可能地模拟临近空间高度的大气温度、气压,甚至风速等环境因素。中国电子科技集团第三十二研究所建立的电机平流层环境模拟试验装置示意图如图 3-4 所示,该装置主要包括试验装置主体结构、低压控制系统、温度控制系统和测控系统等。通过该装置可以实现临近空间电机在低温、低气压和低风速工况下的对拖加载试验。

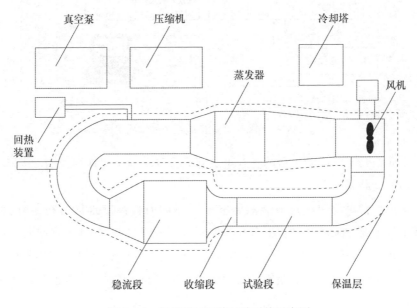

图 3-4　低温低压环境试验系统示意图

3.4　典型测试试验系统简介

3.4.1　车载试验系统

螺旋桨车载试验系统是将临近空间螺旋桨模型、驱动电机及其控制器、电源、测量传感器和数据采集装置等试验设备安装在经过改装的运输车上,运输车以某一固定速度在平直路面上稳定运行,驱动螺旋桨旋转后,利用数据采集模块实时测量大气参数、来流风速/风向、螺旋桨转速、气动力和扭矩等试验参数。通过改变车速、电机转速和试验海拔高度就可以得到螺旋桨不同高度、风速工况下的气动性能数据。为了实现上述试验功能,螺旋桨车载试验系统的结构组成如图 3 – 5 所示,其形成的平台简称车载试验平台,主要包括运载平台、试验平台和测控系统 3 个主要组成部分。

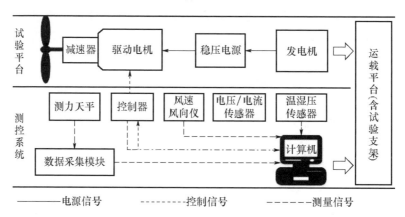

图 3 – 5　螺旋桨车载试验系统的结构组成

下面结合车载试验平台的各个组成部分及其功能予以详细说明。

（1）运载平台。

运载平台可使用经过改装的运输车在不同海拔高度地区进行搭载试验。运载平台主要用来搭载试验平台和测控系统,并能以固定的速度在平直路面上稳定运行,产生相对于螺旋桨试验模型的来流风速。针对全尺寸螺旋桨模型和缩比螺旋桨模型两种尺寸差异较大的试验对象,可选用不同量级的运输车辆作为载体。

（2）试验平台。

试验平台主要包括试验模型螺旋桨、驱动电机、稳压电源和发电机等设备。发电机及稳压电源向电机供电进而驱动模型螺旋桨旋转,同时供电系统也向其他试验设备提供电源。试验支架主要用于支撑模型螺旋桨和驱动电机,尽可能保证桨盘前后气流的通畅。

（3）测控系统。

测控系统主要包括测力天平、风向风速仪、电压电流传感器、温湿压传感器和包含数据采集设备和上位计算机的测控中心等。

如图 3 – 6 所示,测控系统是整个车载试验平台的中枢,平台通过测控系统控制电机驱动螺旋桨旋转,监测风速/风向确定轴向来流状态,使待测螺旋桨能够达到试验要求的环境和运动状态,然后由数据采集模块完成对螺旋桨气动力和扭矩测力天平以及各个测试传感器的数据采集,获得来流风速/风向、螺旋桨气动力和扭矩、转速,电机输入电压和电流,环境温度湿度和大气压力等参数,最后经过计算机完成试验数据的处理和存储。

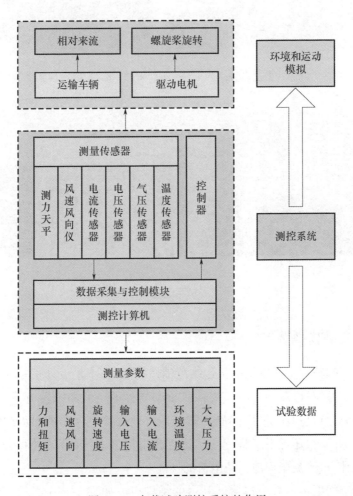

图 3 – 6　车载试验测控系统的作用

图 3 – 7 ~ 图 3 – 9 为国内外研究机构研发的车载试验平台,包括:美国NASA 的阿姆斯特朗飞行研究中心针对分布式全电推进技术研制的混合电力集成试验台(图 3 – 7);美国俄克拉荷马州立大学为了测量中型无人机推进螺旋桨的气动性能研制的车载螺旋桨试验平台(图 3 – 8);国内西北工业大学为测量平流层飞艇螺旋桨气动性能研制的全尺寸桨和缩比桨车载试验平台(图 3 – 9)。

图 3 – 7　分布式推进车载试验平台　　图 3 – 8　车载螺旋桨试验平台

(a)　　　　　　　　　　　　　　(b)

图 3 – 9　平流层飞艇螺旋桨车载试验平台

3.4.2　负载模拟装置

为了实现临近空间电机的全包线范围性能测试,本书设计了一套电机半实物仿真测试系统,可以同一时序模拟螺旋桨特性的负载模拟器方案,进而测试电机在飞艇运行包线范围内的静动态特性。该试验平台在考虑负载惯量以及扭矩特性的同时,还考虑了临近空间螺旋桨电推进系统的特殊性,引入了拉力模拟加载环节,能更全面地反映电机的性能。

临近空间电机负载模拟器试验台的结构组成如图 3 – 10 所示。试验平台由待测电机、联轴器、动态扭矩传感器、飞轮、电动缸、拉力传感器、移动机座、数据采集系统、上位机等组成。

具体来说,螺旋桨负载的拉力、扭矩以及转动惯量的模拟通过如下方式实现:

（1）拉力负载模拟。

拉力负载模拟采用将伺服电机与丝杠一体化设计的电动缸装置实现,相对

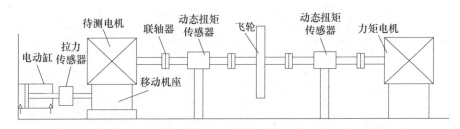

图 3 - 10　负载模拟器示意图

于液压伺服加载装置,电动缸具有精度高、使用简单和维护费用低等特点,并且可以将伺服电机转速或力矩的精确控制,转变成试验系统拉力负载的精确控制,进而较好地模拟螺旋桨旋转时产生的轴向气动力。

（2）力矩负载模拟。

力矩加载装置是负载模拟器中的核心设备,随着力矩电机技术的进步,电动式负载模拟器已经可以实现大扭矩、高精度的负载模拟。同时,直流发电机模拟力矩负载特性具有响应快、过载力矩大、污染小以及易于控制等特点,因而该负载模拟装置选用直流力矩电机来模拟螺旋桨旋转时产生的气动力矩。

（3）惯量负载模拟。

考虑到平流层飞艇螺旋桨负载的大惯量特性,避开完全采用物理惯量模拟盘的过重、且不利于实现惯量负载无级变化的缺点。该通用负载模拟器采用基础惯量盘即飞轮外加电惯量补偿的方式实现不同螺旋桨转动惯量的加载功能,其中,一部分负载惯量通过飞轮产生,另一部分负载惯量通过电惯量补偿方式产生,可以有效降低飞轮的体积和质量。因此,力矩电机不仅需要模拟螺旋桨气动扭矩,还需进行一定的电惯量补偿。在电惯量补偿的具体实施方式上,该试验平台采用通过测量待测电机输出力矩计算补偿力矩的策略。如表 3 - 3 所列为待测电机正常运行过程中,待测电机的补偿惯性矩方向。

综上所述,负载模拟器的力矩加载电机通过联轴器与设计的飞轮进行连接,飞轮经联轴器与待测电机输出端相连,可以模拟螺旋桨的气动力矩负载和惯量负载,电动缸输出端的活塞杆与力矩电机的移动机座相连,可以模拟螺旋桨的气动力负载。试验平台的测控系统利用控制程序协同控制这些加载机构,可以模拟螺旋桨在不同高度、风速和转速下的气动力和力矩,实现电机的静态、动态加载,通过多个传感器装置对电机的输入电压、电流、转速、温度、输出扭矩等进行测量和处理,从而完成临近空间电机全高度、风速包线范围的各项性能测试。

表3-3　待测电机带动螺旋桨正反转时的电惯量模拟补偿力矩方向

电机转向	补偿力矩方向	
正向运行	α　n　M_m M_d　M_i 加速，负载惯量>基础惯量 α　n　M_m M_d　M_i 减速，负载惯量>基础惯量	α　n　M_m M_d　M_i 加速，负载惯量<基础惯量 α　n　M_m M_d　M_i 减速，负载惯量<基础惯量
反向运行	α　n　M_m M_d　M_i 加速，负载惯量>基础惯量 α　n　M_m M_d　M_i 减速，负载惯量>基础惯量	α　n　M_m M_d　M_i 加速，负载惯量<基础惯量 α　n　M_m M_d　M_i 减速，负载惯量<基础惯量

注:a为电机加减速度方向;n为电机旋转方向;M_m为待测电机输出力矩;M_d为负载气动力矩;M_i为惯性补偿力矩。

　　图3-11和图3-12分别为哈尔滨工业大学利用AVL测功机开展的高空电机温升试验，以及西北工业大学利用自主研发用负载模拟器开展的临近空间电机性能测试。

图3-11　AVL测功机电机温升试验

图 3 – 12 通用负载模拟器电机性能测试

3.4.3 临近空间平台搭载试验系统

国内外针对临近空间推进系统搭载试验提出的方案主要包括高空气球搭载试验方案和平流层飞艇/无人机搭载试验方案。

高空气球搭载试验方案如图 3 – 13 所示,该方案通过辅助安装组件,在高空气球下方加装推进系统、测控设备以及供电设备等装置,利用气球上升过程中的相对速度对螺旋桨电推进系统进行集成测试和试验数据记录保存。

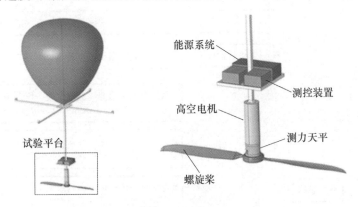

图 3 – 13 高空气球搭载试验方案

平流层飞艇/无人机搭载试验是获得临近空间螺旋桨推进系统性能最直接的测试方式。平流层飞艇平台搭载试验方案如图 3 – 14 所示,方案直接采用平流层飞艇搭载推进系统进行试验,在飞艇巡航或驻空过程中通过各类传感器和测控设备获取来流风速、海拔高度、推进系统推力、转速、输入电压和电流等参数,进而获得真实工况下的临近空间推进系统性能。

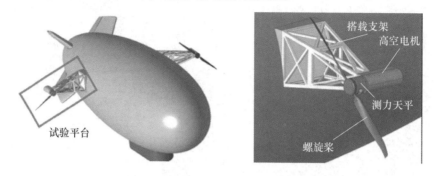

图 3 – 14 平流层飞艇平台搭载试验方案示意图

从使用的角度来看,平流层飞艇/无人机搭载试验的重复使用性相对较好,高空气球搭载试验几乎无法重复使用。因此,本章着重研究基于平流层飞艇搭载试验的推进系统集成测试方法。

如图 3 – 15 所示为平流层飞艇搭载试验平台的组成,主要包括以下 3 个部分。

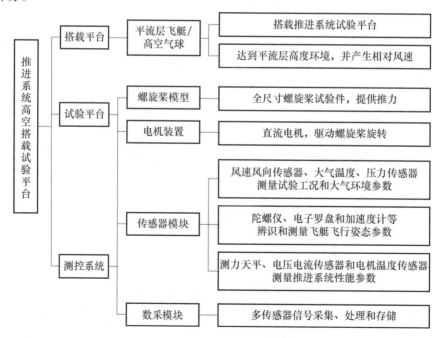

图 3 – 15 临近空间螺旋桨电推进系统搭载试验平台组成

（1）搭载平台：搭载平台需要具备携带推进系统及其相关测试设备载荷的能力，往往由平流层飞艇或者高空气球及其配套的搭载支架等设备组成。

（2）试验平台：包括试验螺旋桨、驱动电机及其控制器等部件。

（3）测控系统：由各类传感器模块以及配套的数采模块组成。其中，传感器模块包括 3 种类型：①用于试验工况和大气环境参数的测量，主要包含风速/风向传感器、大气温度、压力传感器等设备；②用于飞艇飞行姿态参数的辨识和测量，主要包含陀螺仪、电子罗盘和加速度计等设备；③用于推进系统性能参数的测量，主要包括测力天平（含天平温度传感器）、电压、电流传感器以及电机温度传感器等设备。

数采模块需要实时采集三种不同类型传感器系统采集的信号和数据，并且通过数据处理过程，对测力天平采集的数据进行处理，最后对所有的传感器信号进行存储。

如图 3-16 所示，首先利用测力天平自身的温度传感器对天平进行数据修正；然后去除由于飞艇姿态变化带来的推进系统重量分量和惯性力分量，获取真实的推进系统螺旋桨拉力和扭矩；最后将试验所需要的有用数据（包括大气参数（风速、风向、温度、压强）；飞艇飞行姿态参数（偏航、俯仰、滚转角度、加速度）；推进系统性能参数（螺旋桨拉力、扭矩、转速、桨距角）和电机电压、电流、温度）传递到飞艇地面站或存储到数采设备中，以供后续的试验数据提取、处理和分析。

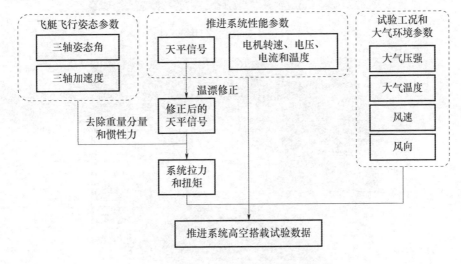

图 3-16　高空搭载试验数据处理流程

3.4.4 低密度环境模拟试验系统

推进系统环境模拟是通过对大型低密度风洞的改进和拓展,使其在模拟低压、低密度环境的同时,还具备低温环境的模拟能力,从而可以进行临近空间螺旋桨的气动性能、电机的散热特性以及整个推进系统的工作效率等性能测试。

国外拥有的亚声速低密度风洞数量并不多,美国国家航天局(NASA)Langley研究中心曾计划通过降低4.9m×4.9m跨声速风洞(图3-17)中的大气压强,将试验段的空气密度减小到地面大气的1/40,以此满足全尺寸低雷诺数高亚声速的翼型试验要求。另外,美国 NASA Ames 中心的 MARSWIT 风洞(图3-18)、NASA Lewis 中心的 AWT 风洞(图3-19)以及日本东北大学 MWT风洞(图3-20)均是非常有代表性的低密度风洞。

图3-17　Langley 风洞建筑布局

图3-18　MARSWIT 风洞建筑布局

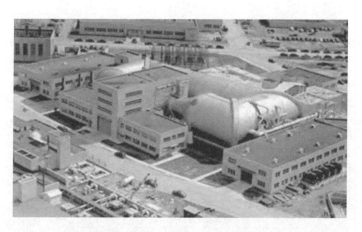

图 3 - 19　AWT 风洞建筑布局

图 3 - 20　MWT 风洞内部布局

　　NASA 的 MARSWIT 风洞和日本的 MWT 风洞都是针对火星环境模拟而建立的风洞,风洞的试验段尺寸都比较小,只能进行一些原理性和验证性的试验研究,不适合大规模开展飞行器研制及气动研究工作。NASA 的 AWT 风洞拥有较大的试验段尺寸,并且可以模拟低压、低密度、低温等高空真实飞行环境,可以用于开展气动、气动热、结冰、降雨、声学等多领域的研究,但是其最高模拟高度只有 16.8km,还达不到临近空间下限 20km 的高度。

　　基于上述研究可以看到,目前临近空间推进系统全尺寸集成测试方案主要包括 4 种方式:变海拔高度车载试验、推进系统环境模拟试验、高空气球搭载试验以及平流层飞艇搭载试验方案。这 4 种方案在使用和建设维护方面的优缺点进行对比,如表 3 - 4 所列。

表3-4　推进系统集成试验方案对比

比较项		车载试验	低密度风洞	气球搭载	飞艇搭载
使用	流场品质	良	好	差	良
	环境模拟能力	极差	好	中	好
	模型尺寸限制	小	大	小	小
	测控难度	中	小	大	大
	测量精度	中	高	低	低
建设及维护	建设难度	小	大	大	大
	建设费用	低	大	大	大
	重复使用性	好	好	差	中
	日常维护难度	小	中	大	大
总体评价		中	好	差	良

从使用的角度来看,车载试验在模型尺寸限制、测控难度和精度方面均相对较好,但是环境模拟能力非常差,仅能开展0~5km低空工况下的推进系统测试,并且容易受限于试验场地以及环境条件的制约。高空气球和飞艇搭载试验的测控难度大,并且测量精度相对较低,但是高空气球和飞艇搭载试验均可进行临近空间真实工况下的推进系统集成测试。低密度风洞试验具备流场品质好、环境模拟能力强、测试精度高等优点,但是模型的尺寸要求会大幅影响低密度风洞试验系统建设的周期和费用。从建设和维护的角度来看,车载试验的建设难度和费用低于其他试验方案。低密度风洞、气球和飞艇搭载试验的建设代价和技术难度都相对较大,但是,风洞试验和平流层飞艇搭载试验的重复使用性相对较好,高空气球搭载试验几乎无法重复使用。

总的来说,具有模拟大气低温低气压环境的大尺寸低密度风洞是满足临近空间推进系统集成测试的最有效手段。因此目前国内绵阳空气动力研究与发展中心、中国科学院工程热物理研究所等单位也在发展和建立相应的亚声速低密度风洞,以形成临近空间低密度低雷诺数气动力学的研究能力。

第 4 章
高效螺旋桨外形设计与气动性能测试方法

4.1 高空螺旋桨低雷诺数流动特征及气动力特性

临近空间低速飞行器要求驻空时间长,由于可带燃油有限,传统航空发动机无法满足高性能指标的设计要求;从国内外临近空间动力推进技术的公开文献调研分析,电晕粒子推进器由于重量小、效率较高且适用稀薄大气环境使用等优点,也许是未来临近空间飞行器的理想推进方式,国外也仍处在概念性研究阶段,与工程化要求的差距要求较大。

目前,绝大多数的平流层飞艇[34-37]、浮空器、无人机[38]等低速飞行器基本都采用太阳能,以太阳能转化成电能为主要能源系统形式,再生式燃料电池/燃料电池/充电电池为辅助能源,基于长时间滞空停留、以太阳能为能源动力以及现有各类推进系统发展水平等综合考虑,轻质高效宽工况螺旋桨电推进系统成为当前临近空间低动态飞行器动力推进的唯一可行的主要选择方式,是其核心关键系统之一。美国"太阳神"(Helios)无人机采用螺旋桨推进能够在27km高度飞行就是典型例子,此外,美国 JP 公司"攀登者"、洛克希德·马丁公司"高空飞艇",以及日本的平流层飞艇等临近空间飞行器计划也是采用螺旋桨推进方案。高空螺旋桨电推进系统是否具有高推进效率、宽工况特性,将对储能电池与太阳能电池的总配置需求产生影响严重,进一步严重影响能源昼夜需求的平衡、飞行器尺度大小、质量、体积、飞行高度/风速适应性、长时驻空/可控飞行的能力和工程制造难度。前期论证表明:针对某体积约 $1.6 \times 10^5 m^3$ 的保形上升/下降飞艇,假设临近空间螺旋桨效率降低5%,若保持相同的飞艇总能源功率需求,必须增加太阳电池质量以维持相同的总输出功率,导致飞艇体积、质量与抗风功率严重耦合影响,经雪球滚动效应,飞艇约增重3%,显著降低了有效任务载荷;反之,如果螺旋桨效率提高5%,则系统可减重约500kg。在最优物理解存在的极限范围内,如何最大程度地显著提高临近空间螺旋桨效率、宽的工况适应性(宽的飞行高度、宽的风速范围)是其涉及的核心难题,给临近空间轻质高效宽工况螺旋桨设计及性能分析、风洞/地面/高空试验验证带来很大的技术难度和挑战。

目前临近空间飞行器领域的快速发展,对适应特殊大气环境的高效空气螺旋桨设计提出了迫切需求,这些研究是以前相关学科专业很少涉足的领域,现有各种工程常用螺旋桨性能预测和设计方法(例如动量理论、叶素理论、涡流理论、升力线或升力面方法等),由于特殊环境或用途所导致的诸多难点问题(如低雷诺数、高气动载荷、气动与大尺度结构耦合响应等),对这些设计理论和方法提出了很大挑战。基于现代计算流体力学技术(Computational Fluid Dynamics,CFD)和计算机水平的快速发展,目前国外早已发展通过求解 N – S(Navier – Stokes)方程进行螺旋桨性能分析和流场计算,利用计算流体力学、实验空气动力学、结构动力学以及计算机技术等多学科最新进展和成果,根据特殊环境和特殊用途要求,开展新型、高效宽工况高空螺旋桨设计理论方法,可以有效地弥补常规螺旋桨理论和方法的不足和缺陷。

在临近空间高效宽工况螺旋桨研发中,必须综合考虑20km以上高度大气密度、功率、效率等诸多要素,高空螺旋桨桨叶具有大尺度细长体几何特征,从桨根到桨尖涵盖低速—亚声速或高亚声速范畴,桨叶中外段的推力贡献占80%以上。此外,高度20km大气密度约为地面的1/14,高度30km密度约为地面的1/68,桨叶径向型面基本处于1万~10万低雷诺数范畴,甚至处于1000左右。与常规螺旋桨相比,高亚声速/亚声速低雷诺数问题是高空螺旋桨未解决的特有基础难题与挑战,会导致螺旋桨气动效率显著降低3%~5%,且对飞行高度(0~22km)、风速(0~20m/s)适应能力明显恶化。过去,国内外相关研究很少涉及该特殊问题,高空桨气动分析模型、流动特性及机理认识、高增效技术、试验方法等存在诸多不足,亟需梳理临近空间螺旋桨设计中的主要因素,解决制约高空桨高效、宽工况设计的瓶颈问题。

临近空间轻质高效宽工况螺旋桨涉及的3个关键基础问题:

(1)高亚声速/低雷诺数流动机理、气动力特征及表征方法。

(2)临近空间高效宽工况螺旋桨设计理论与方法。

(3)临近空间螺旋桨效率测试的试验理论与方法。

针对临近空间螺旋桨的上述3个关键问题,借助空气动力学、结构、流动控制、新材料、工艺和实验技术等最新研究成果,近 10 年多来,美国 Sky Station 公司和洛克希德·马丁公司、欧洲空间组织(ESA)、荷兰、俄罗斯、日本、韩国等先后开展了高空螺旋桨关键基础问题研究。例如,美国 NASA Lewis 研究中心等研究机构,从气动理论、风洞及飞行试验等制定了高空螺旋桨发展计划,主要包括:①研发专用翼型性能分析软件,发展低雷诺数高升力螺旋桨翼型设计技术(设计升力系数大于 1.0);②发展先进的螺旋桨性能分析软件(如 FlowTran、ADPAC、XRotor 软件),弥补传统分析方法计算精度的不足;③利用变密度风洞开展低雷诺数螺旋桨翼型和桨叶的性能试验研究,改进和验证相关设计理论及方法;④提出 APEX 飞行计划,开展低雷诺数螺旋桨翼型和桨叶性能试验研究,克服地面模拟能力的限制,提供更为可靠的数据结果;⑤开展新概念的高空螺旋桨高空试验平台研究。

　　总的来说,由于涉及商业或国防秘密,国内外关于临近空间高效螺旋桨的相关文献极少,特别是关于高空螺旋桨高增效、大跨高度/宽风速设计技术的相关资料更难以见到。

4.1.1　低速/高亚声速、低雷诺数流动及气动力特性

　　临近空间螺旋桨从桨根到桨尖可分为内段、中段、外段,如图 4 - 1 所示。对于工作高度 20 ~ 30km 的临近空间螺旋桨,低雷诺数桨叶及翼型族是其涉及的关键要素,雷诺数为 1000 ~ 100000 量级,如图 4 - 2 所示。高度 20km 的大气密度约为地面的 1/14,高度 30km 的大气密度约为地面的 1/68,桨叶径向型面基本处于 10000 ~ 100000 低雷诺数范畴,在高度 30km 甚至处于 1000 左右。与常规航空螺旋桨相比,临近空间螺旋桨设计中涉及的高亚声速/亚声速复杂低雷诺数流动机理及强非定常气动力特征问题是制约高效宽工况螺旋桨设计的重要基础科学问题[56]。

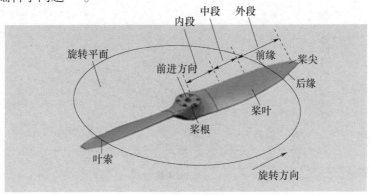

图 4 - 1　临近空间螺旋桨参数及术语定义

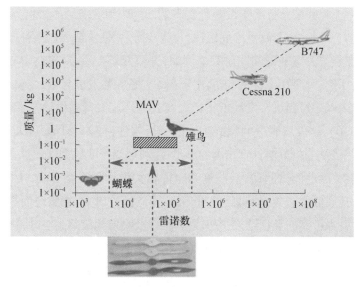

图 4-2 临近空间螺旋桨型面的工作雷诺数范围(见彩图)

1. 临近空间螺旋桨桨叶型面很低的工作雷诺数

临近空间空气密度低和剖面弦长相对较小是导致剖面雷诺数低的主要原因。低雷诺数流动的具体表现如下:

(1)层流和层流分离主导流动。

(2)非定常流动特征显著,小攻角下气动力出现非线性变化。

(3)升力系数"滞回"现象[38],即攻角增加和减小过程中升力系数曲线在高升力段局部不重合。

(4)雷诺数在 10 万以下时,光滑翼型的升阻比急剧下降,而粗糙翼型平缓下降,如图 4-3 和图 4-4 所示。

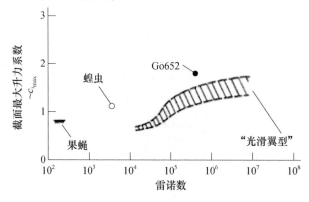

图 4-3 最大升力特性显著降低[39]

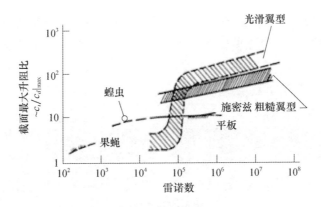

图4-4　升阻比特性显著降低[39]

对于极低雷诺数下存在层流分离泡的发生、演变和稳定性等流动特征,以及引起的非定常、非线性气动力的现象及其形成机制,目前缺乏全面的认识。另外,临近空间高效螺旋桨桨叶具有直径大、剖面弦长小的几何特点,导致桨叶展弦比很大,因此低雷诺数引起流动、气动力非定常效应又引发桨叶非定常振动现象,进而发展成为桨叶的气弹问题。

美国 NASA 理论分析与风洞试验研究结果表明[67]:在低风速、几千至几万量级的极低雷诺数条件下,桨叶翼型型面的流态和气动力特性表现出高度的非定常、非线性特征,出现了明显的层流分离泡周期性生成、演化发展、脱落及破裂,使得气动特性也表现出某种频率的周期性振荡特征,如图4-5所示;此外,

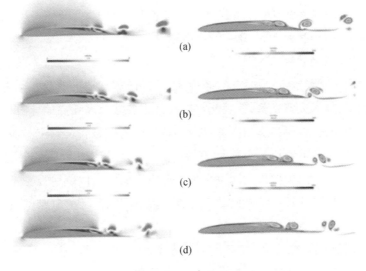

(a)

(b)

(c)

(d)

图4-5　低雷诺数分离泡生成、发展、破碎

国外最新文献的研究进展表明[41-42]：在几百至几万量级的极低雷诺数条件下，采用非定常黏性流的气动设计方法，所设计的低雷诺数翼型外形特征显著不同于常规翼型，其表面流态和气动力非线性特征得到显著改善，且具有更好的时均升阻比特性，如图4-6所示。

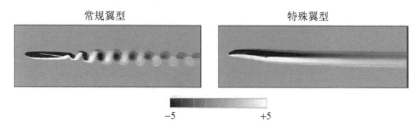

图4-6　常规翼型与特殊低雷诺数翼型非定常特征比较($Re = 1000$)[41]

相关研究结果表明：当低雷诺数低于10万后，桨叶型面升阻特性最大可下降至1/10，螺旋桨效率和推力显著下降，导致不同飞行高度、飞行速度情形下螺旋桨与电机（发动机）存在扭矩匹配性差的问题。此外，气动分析方法准度的不确定性偏差明显，与传统航空螺旋桨气动机理问题很不同，计算模型缺乏统一认识。

2. 临近空间螺旋桨桨叶型面较高的工作马赫数

临近空间螺旋桨除低雷诺数特征外，桨叶径向型面的工作马赫数经常涉及如下3个不同的工作速度范围：

（1）外段：马赫数0.6~激波出现前的高亚声速段。

（2）中段：马赫数0.3~0.6的亚声速段。

（3）内段：马赫数0.3以下。

大型飞机主要涉及高亚声速/超声速、高雷诺数流动机理及气动力特性，此类研究很多，技术成熟度高；常规航空螺旋桨主要涉及高亚声速、高雷诺数流动机理及气动力特性，研究文献丰富，技术成熟度高；微型飞行器主要涉及低速不可压流、低雷诺数流动机理及气动力特性问题，例如，仿生扑翼飞行器、微型飞行器等新兴飞行器，国内外长期以来关于低雷诺数气动问题研究基本仅针对低速不可压流动，有比较系统性的研究成果。如图4-7所示为典型飞行器马赫数、雷诺数分布示意图。

对于临近空间螺旋桨而言，主要涉及高亚声速（亚声速）、低雷诺数流动机理及气动力特性问题。虽然临近空间螺旋桨工作转速不高，但大的直径仍

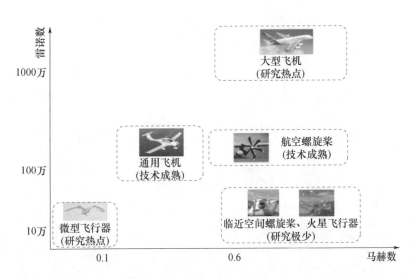

图 4 - 7　典型飞行器马赫数、雷诺数分布示意图(见彩图)

然可能导致桨叶外侧剖面具有很高的线速度,桨叶外侧剖面马赫数高,中大功率高空螺旋桨桨尖马赫数可达到 0.6 以上,属于高亚声速流动范围。这种高亚声速低雷诺数流动特点是以往传统的航空飞行器空气动力学中很少涉及的,国内外对这类流动的研究极少。在高亚声速流动中,即使翼型迎角很小也可能产生激波,即 λ 激波[43],如图 4 - 8 所示[44]。典型的激波与层流分离泡干扰如图 4 - 9 所示[64]。激波对低雷诺数层流分离泡的大小、形状和稳定性等特征的干扰机理、压缩性对翼型低雷诺数流动及翼型气动性能的影响尚不清楚。

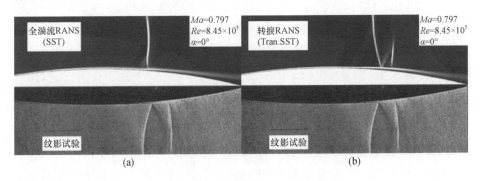

图 4 - 8　高速低雷诺数流动的 λ 激波结构[44]

针对高亚声速、低雷诺数翼型气动特性研究,美国 NASA 提出了超高空飞行器[53]和 APEX 飞行计划[67]。高亚声速低雷诺数流动的特殊性,导致使用地

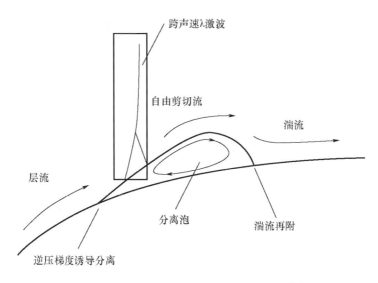

图4-9 高亚声速低雷诺数复杂流动状态[64]

面常规风洞进行相关实验研究面临很大的困难。例如,假设翼型来流状态:马赫数0.6,雷诺数10万。根据马赫数相似和雷诺数相似准则要求,风洞实验模型的翼型弦长不到1cm。如此小的试验模型,在风洞试验模型高精度加工、测压试验等方面都面临很大的困难,几乎难以实现,试验研究的匮乏导致当前关于高亚声速低雷诺数气动问题的研究基本仅停留于理论分析与数值计算阶段,且此类研究文献很少,对其特殊的流动机理尚不完全清楚,对翼型气动特性、设计理论和方法的系统研究更是严重不足。对于临近空间螺旋桨性能的地面环境验证,如何实现完全意义的三参数相似试验(雷诺数、前进比、马赫数)同样也是极大的技术难题,必须使用到大型的低气压变密度风洞,或者直接进行高空飞行器或高空气球搭载验证,国内外提出了相关研究计划,目前的相关公开文献资料很少。

案例:典型低雷诺数翼型 E387,马赫数 0.6~0.8、雷诺数 20 万~30 万。采用耦合 $\gamma - \widetilde{Re}_{\theta t}$ 转捩模型的 RANS 求解器。图4-10 探索了翼型高亚声速低雷诺数的特殊流动结构和气动特性,马赫数微小变化可导致完全不同的激波系结构和层流分离泡形态,升力线斜率、失速特性与不可压低雷诺数情况有明显不同(图4-11),翼面压力系数分布可反映层流分离导致的压力平台等典型低雷诺数流动特征,但未明显反映出复杂激波结构(图4-12)。

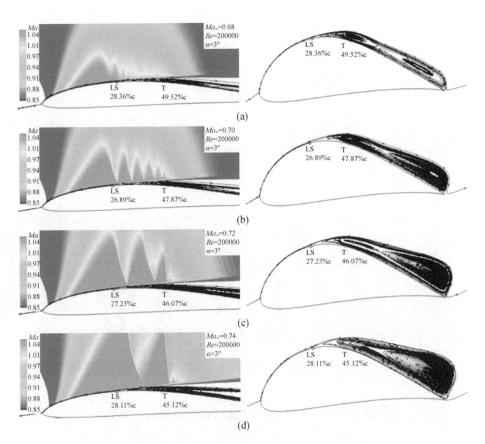

图 4 - 10　来流马赫数的微小变化可导致完全不同的
激波系结构和层流分离泡形态(见彩图)

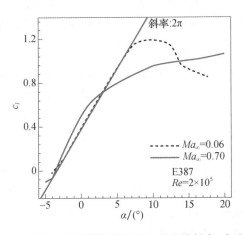

图 4 - 11　高亚声速低雷诺数条件下的升力线斜率、失速特性与
不可压低雷诺数明显不同(见彩图)

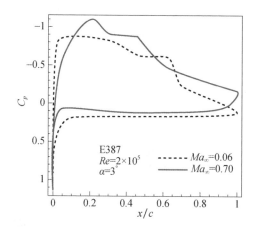

图 4 – 12　高亚声速低雷诺数条件下的压力系数分布存在压力平台，
但未明显反映 λ 激波（见彩图）

4.1.2　临近空间高效宽工况螺旋桨设计的主要因素分析

针对高效宽工况高空螺旋桨的关键问题，涉及的主要影响因素及难点分析如下。

1. 临近空间螺旋桨翼型/桨叶低/高速低雷诺数精确分析方法

（1）低/高速、低雷诺数层流转捩及失稳、湍流再附、长/短分离泡产生/演化/破裂，以及大功率桨叶绕流具有独特的激波与层流附面层、分离泡强耦合干扰等复杂流动现象，这些复杂因素导致 20km 以上高度高空螺旋桨设计点效率可显著降低 3% ~ 5%，且与不同高度、速度匹配的螺旋桨高效范围也会相对收窄，即非设计点推进效率下降明显。

（2）目前国内外针对翼型、桨叶高亚声速低雷诺数流动演化规律及机理缺乏共识，采用国内外现有的气动分析模型，计算精度偏差大，阻力特性预测精度最大偏差可达 50% 以上。

2. 高亚声速低雷诺数翼型系列不完备及覆盖性不够

亚声速/高亚声速低雷诺数翼型系列是高空螺旋桨高气动效率设计的关键基础，且与高度/风速适应性密切相关。国外现有公开的 Eppler、SD 等低雷诺数翼型系列无法满足临近空间高效螺旋桨设计要求，目前国内西北工业大学自主发展了 3 组高升力低雷诺数翼型系列，完备性和覆盖性不足，无法全面满足多种类临近空间高效螺旋桨研制的需求。

3. 临近空间螺旋桨高增效、宽高度/宽速域设计方法

前期开展了基于翼梢小翼、涡流发生器、排翼、串列式/对转式等多种高空螺旋桨常规增效布局的探索研究,提高效率基本难以超过 3%,且拓宽飞行高度、风速范围很有限。此外,通过前期基于协同射流、等离子体等多种措施的高增效、拓展飞行高度/风速范围研究,协同射流增效最显著,效率提高超过 5% 以上,但目前还缺乏全面系统的试验验证,并且存在工程化等难题。

4. 侧向来流下临近空间螺旋桨非定常气动力分析方法

在侧向风条件下,高空螺旋桨桨叶呈现明显的低雷诺数径向与流向的流动混合等复杂特征,气动特性随偏航角的变化规律尚不清楚、缺乏共识,气动特性精确预测难度更大,尚不能提供飞艇平台所关注的螺旋桨偏航特性的精确变化规律。同时,缺乏计及横向流影响效应下的桨叶高亚声速低雷诺数精确气动分析方法。

5. 高亚声速低雷诺数翼型/桨叶试验技术

(1)常规风洞高亚声速低雷诺数试验的完全相似试验很困难,常规高速风洞如完全模拟 $Ma=0.6$、$Re=10$ 万的高亚声速低雷诺数试验状态,翼型试验模型弦长仅约 1cm,无法实现。

(2)低速风洞如完全相似模拟雷诺数 1 万～10 万,则试验风速仅为数米/秒,低于国内目前低速风洞的最低稳定控制能力,只能实现近似模拟。

(3)桨叶性能的缩比模型风洞试验问题,无法做到相似参数(前进比、桨尖马赫数及特征雷诺数)的完全模拟,只能实现近似模拟。目前对高空螺旋桨应该遵行的试验准则缺乏共识,全尺度高空桨无法实现真实环境下的精确效率测试。国外主要采用低密度风洞及高空飞行平台等进行低雷诺数翼型、桨叶验证。国内目前低密度风洞基本完成,但还缺少系统配套的试验设备,欠缺高空飞行搭载验证平台。

▶▶▶ 4.2　高空螺旋桨低雷诺数流场及性能分析方法

目前,国内外已发展了两大类的螺旋桨理论与方法:①各类工程型的螺旋桨性能预报估算方法;②基于 CFD 技术的高空螺旋桨流场及性能分析方法。

4.2.1　空气螺旋桨性能的工程估算方法

各类工程型的螺旋桨性能预报估算方法,例如,动量理论、叶素理论、动量—叶素理论、升力线理论、升力面理论等,其优点主要是计算效率高,一般工况状态下的螺旋桨性能预报结果具有较好的工程计算精度,是常规航空螺旋桨性能预报及气动设计的最常用技术手段,缺点是不能提供精确的非定常流动局部信息,无法实现桨叶外形的精细化设计,严重依赖设计者对特殊气动机理的认识深度、经验积累及试验优选,存在一定程度的盲目性和风险性;采用工程类性能估算分析方法,可为临近空间螺旋桨精细化设计提供合理良好的初始外形。

4.2.2 基于 CFD 技术的螺旋桨复杂流场及性能分析方法

基于 CFD 技术的高空螺旋桨流场及性能分析方法,优点是可以获得各种工况条件下的螺旋桨性能高精度计算结果,以及获得高空螺旋桨精细化流场细节,借助现代先进优化算法及主/被动流动控制技术,是临近空间浮空器或飞行器螺旋桨高效率、大跨高度/宽速域设计的关键技术手段。

针对螺旋桨轴向流状态和侧向流状态,作者所在临近空间螺旋桨研究团队分别发展了相应的计算程序,并获得了软件著作权 2 项。计算程序以雷诺平均 Navier – Stokes 方程为控制方程,以格心有限体积法为框架。轴向流状态准定常计算程序的时间推进采用高效隐式 LU – SGS 格式,侧向流非定常计算程序的时间推进采用双隐式时间方法;空间离散包括中心格式、Roe 格式以及高阶 AUSM 类格式等;湍流模型包括 B – L(Baldwin – Lomax) 模型、S – A(Spalart – Allmaras)一方程模型、$k – \omega$ SST 两方程模型等;针对低雷诺数螺旋桨流动问题,引入了 $\gamma – \widetilde{Re_{\theta t}}$ 转捩模型,可实现低雷诺数层流分离、转捩、湍流再附等复杂流动现象的准确模拟,提高了螺旋桨气动力计算精度。为便于实施轴流状态下的旋转周期边界以及测流状态下的桨叶相对运动,采用了嵌套网格技术。

典型算例:某直径 1.2m 试验螺旋桨

试验在西北工业大学 NF – 3 低速风洞进行,如图 4 – 13 所示。该模型为 2 叶桨,试验时大气参数如下:空气密度 $\rho_\infty = 1.109 kg/m^3$,大气压强 $P_\infty = 0.97 \times 10^5 Pa$。试验状态:风速 13m/s,转速 800 ~ 2500r/min。参考长度取 75% 半径处的弦长,约为 0.109m,雷诺数 25 万 ~ 80 万。

在空间离散格式方面,比较研究了 JST 中心格式和全速域 $AUSM^+_{}up$ 格式的计算精度;在湍流模型方面,比较研究了 B – L 模型、S – A 模型和 $k – \omega$ SST 模型的计算精度,结果如图 4 – 14 ~ 图 4 – 17 所示。

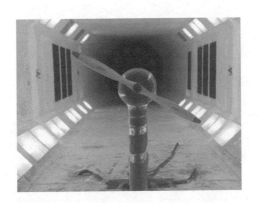

图 4 - 13　直径 1.2m 试验螺旋桨模型

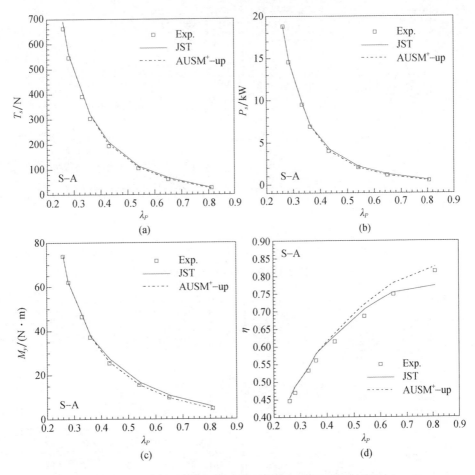

图 4 - 14　不同格式计算结果与试验值比较(S - A)(见彩图)

(a)拉力;(b)功率;(c)扭矩;(d)效率。

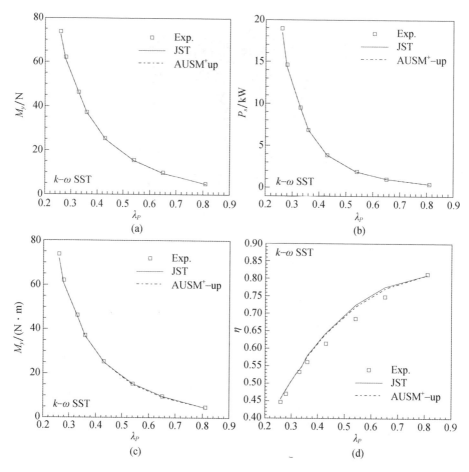

图 4-15 不同格式计算结果与实验值比较($k-\omega$ SST)(见彩图)

(a)拉力;(b)功率;(c)扭矩;(d)效率。

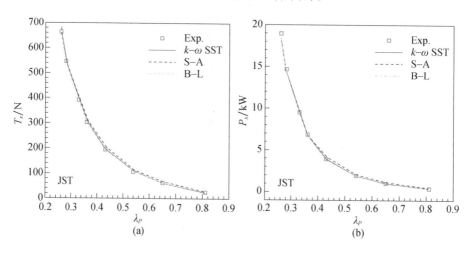

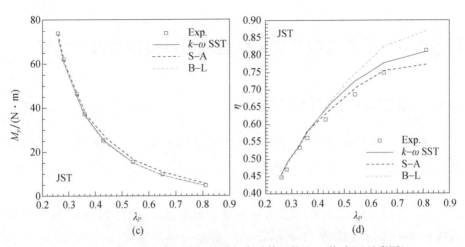

图 4 – 16 不同湍流模型计算结果与实验值比较(JST 格式)(见彩图)

(a)拉力;(b)功率;(c)扭矩;(d)效率。

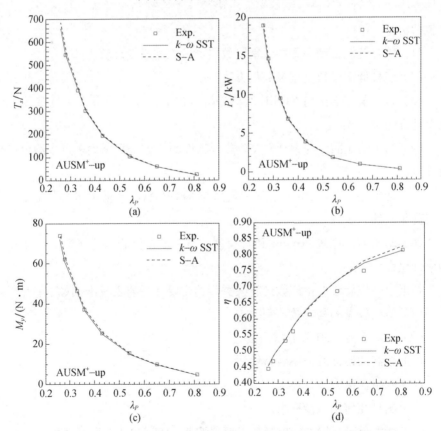

图 4 – 17 不同湍流模型计算结果与实验值比较(AUSM$^+$_up 格式)(见彩图)

(a)拉力;(b)功率;(c)扭矩;(d)效率。

4.3　低雷诺数螺旋桨翼型族设计及风洞试验验证

4.3.1　低雷诺数翼型优化设计方法

本书旨在清晰描述临近空间螺旋桨翼型族的主要设计因素,必须综合兼顾高升力、高升阻比、低粗糙度敏感性、几何兼容和气动兼容等设计要求,以及效率、重量和寿命指标等要求。

采用多种参数化方法、优化方法和代理模型技术,结合 XFOIL 软件、MSES 软件和 N-S 方程螺旋桨气动分析方法,分别发展了适应高空/低空、低速/高速、高升力/高升阻比等要求的多种临近空间低雷诺数螺旋桨翼型气动分析与设计方法,为临近空间高效螺旋桨低雷诺数翼型系列与桨叶提供技术支持。主要包括:

(1)耦合转捩自动预测的低雷诺数层流分离泡理论计算方法。

(2)多种低雷诺数翼型参数化方法。

(3)基于响应面法与 XFOIL 气动分析软件的低雷诺数翼型多点多约束优化设计方法。

(4)基于响应面法与 MSES 气动分析软件的低雷诺数翼型多点多约束优化设计方法。

(5)基于遗传算法、Kriging 代理模型与 XFOIL 软件的低雷诺数翼型多点多约束优化设计方法。

(6)基于遗传算法、Kriging 代理模型与 N-S 方程的低雷诺数翼型多点多约束优化设计方法。

临近空间螺旋桨低雷诺数螺旋桨翼型的主要考量要素及准则如下:

(1)适应较宽的马赫数范围。

(2)适应 5 万~50 万低雷诺数范围。

(3)较高的设计升力系数特性。

(4)升阻比最大设计要求。

(5)满足几何相似性要求。

(6)兼顾重量、结构特性(固有频率、刚度、强度)与几何厚度要求。

1. 基于响应面法与 XFOIL 软件的低雷诺数翼型多点多约束优化设计方法

　　XFOIL 气动分析软件是基于面元法和附面层修正的翼型气动分析软件,其中基于 e^N 转捩判断的技术提高了翼型气动性能的预测精度,可快速准确地计算翼型低速气动性能。为此,以 XFOIL 软件为翼型气动分析方法,将响应面法与复合形法相结合,发展了一套适用于低雷诺数翼型的气动优化设计程序。优化设计流程如图 4-18 所示。

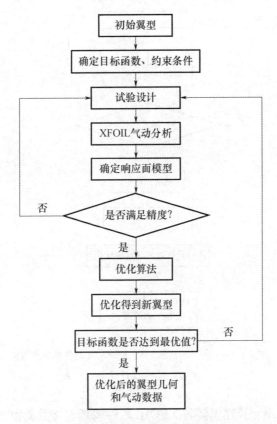

图 4-18　基于响应面法与 XFOIL 软件的
低雷诺数翼型气动优化设计流程图

2. 基于响应面法与 MSES 软件的低雷诺数翼型多点多约束优化设计方法

　　MSES 软件采用了压缩性修正处理可压缩流动问题,影响了翼型高速气动性能的计算精度。为此,又以 MSES 软件为翼型气动分析方法发展了适用于低雷诺数高马赫数的翼型气动优化设计程序。MSES 软件是一款基于 Euler 方程和附面层修正的翼型气动分析软件,采用 e^N 转捩判断的技术提高了翼型气动性能预测精度。基于响应面法与 MSES 气动分析软件的低雷诺数翼型气动优化设计流程如图 4-19 所示。

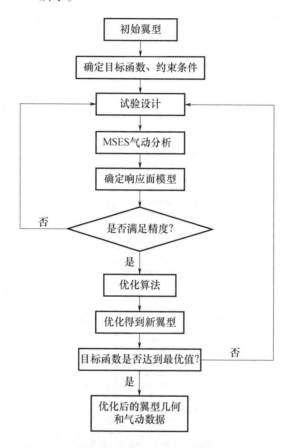

图 4-19 基于响应面法与 MSES 气动分析软件的
低雷诺数翼型气动优化设计流程

3. 基于 Kriging 代理模型与 XFOIL 软件的低雷诺数翼型气动设计方法

遗传算法具有全局性的优点[46],但需要大量的计算时间,为此,采用 Kriging 代理模型代替费时的流动求解,将遗传算法的全局性和代理模型的高效高精度相结合发展了一套适用于低雷诺数翼型气动优化设计的求解程序。该方法的设计流程图如图 4-20 所示。

4. 基于 Kriging 代理模型与 NS 方程的低雷诺数翼型气动设计方法

XFOIL 和 MSES 软件均采用附面层修正技术处理翼型的黏性效应,这在一定程度上影响了翼型的气动性能预测精度,尤其是对于低雷诺数流动。因此,

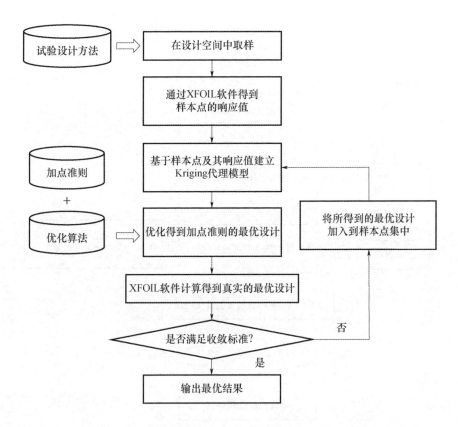

图 4 – 20　基于遗传算法、Kriging 代理模型与 XFOIL 软件的
低雷诺数翼型气动设计流程图

又将遗传算法、Kriging 代理模型与 NS 方程结合,发展了低雷诺数翼型多目标多约束气动优化设计方法,其设计流程如图 4 – 21 所示。

4.3.2　自主发展的低雷诺数螺旋桨翼型族

针对高空/低空、低速/高速、高升力/高升阻比等要求,发展了多种临近空间低雷诺数螺旋桨翼型多点多目标优化设计方法。西北工业大学自主研发了 3 个具有高设计升力、高升阻比特性的低雷诺数螺旋桨翼型系列,分别为 PLR 翼型系列(图 4 – 22)、PLRY 翼型系列(图 4 – 23)、PLRMS 翼型系列(图 4 – 24)。与国外典型低雷诺数螺旋桨翼型的气动性能对比如图 4 – 25 和图 4 – 26 所示,可见自主发展翼型的高升力特性更好。

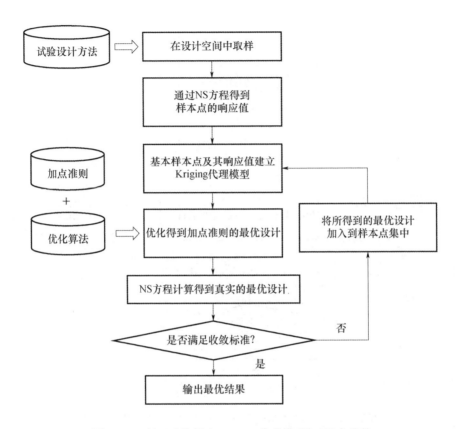

图 4 – 21　基于遗传算法、Kriging 代理模型与 NS 方程的
低雷诺数翼型气动设计流程图

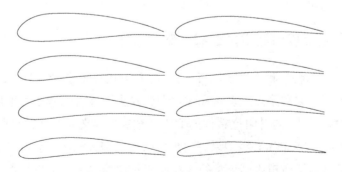

图 4 – 22　自主研发的低雷诺数螺旋桨翼型系列（PLR）

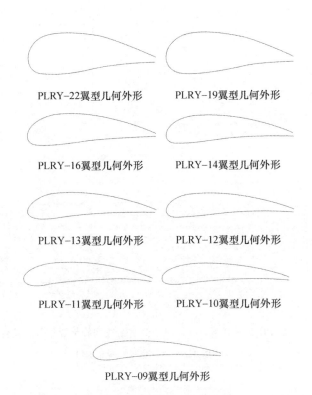

PLRY-22翼型几何外形 　　PLRY-19翼型几何外形

PLRY-16翼型几何外形 　　PLRY-14翼型几何外形

PLRY-13翼型几何外形 　　PLRY-12翼型几何外形

PLRY-11翼型几何外形 　　PLRY-10翼型几何外形

PLRY-09翼型几何外形

图 4 - 23　自主研发的低雷诺数螺旋桨翼型系列（PLRY）

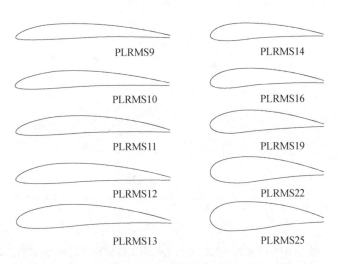

PLRMS9 　　PLRMS14

PLRMS10 　　PLRMS16

PLRMS11 　　PLRMS19

PLRMS12 　　PLRMS22

PLRMS13 　　PLRMS25

图 4 - 24　自主研发的低雷诺数螺旋桨翼型系列（PLRMS）

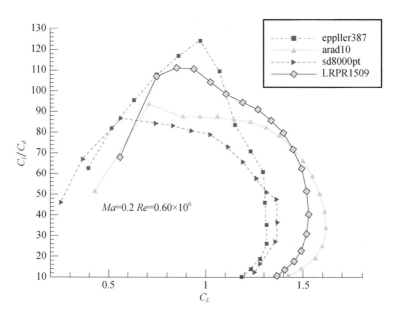

图 4 – 25　LRPR1509 翼型与国外典型低雷诺数螺旋桨翼型升阻特性对比
（$Ma = 0.2, Re = 600000$）（见彩图）

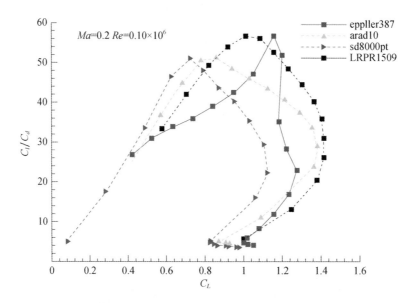

图 4 – 26　LRPR1509 翼型与国外典型低雷诺数螺旋桨翼型升阻特性对比
（$Ma = 0.2, Re = 100000$）（见彩图）

4.3.3　新概念极低雷诺数勺形特殊翼型族

针对极低雷诺数($\leqslant 10^5$ 量级)范围内低雷诺数翼型气动特性显著退化的难点问题,开展了新型、特殊的极低雷诺数螺旋桨翼型——低雷诺数螺旋桨勺型翼型气动分析与气动设计研究,应用所发展的低雷诺数翼型非定常气动设计方法,以提高极低雷诺数($\leqslant 10^5$ 量级)范围内升阻比特性为研究目标,进行了极低雷诺数螺旋桨勺型翼型气动设计,并在此基础上,较详细研究了多种低雷诺数状态下的特殊勺型翼型升力、阻力等气动特性影响效应及非定常流场演化情况。

目前的研究结果表明:所发展的新型极低雷诺数勺型翼型($\leqslant 10^4$ 量级)非定常特征弱化明显,与典型的常规低雷诺数翼型相比,升力系数有较明显提高,升阻比特性提高30%以上,提高了高空螺旋桨气动效率,改善了风速、高度变化带来的工况适应性。该研究结论与美国 NASA 理论分析与风洞试验研究结果是一致的:在数千至数万量级的极低雷诺数条件下,所优化设计的勺型极低雷诺数翼型外形特征显著不同于经典的低雷诺数翼型,极低雷诺数流态和气动力非定常特征得到显著抑制,升阻比明显提高,结果如图 4 - 27 ~ 图 4 - 30 所示。

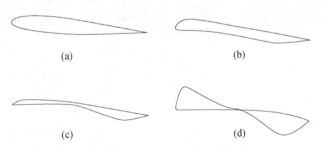

图 4 - 27　极低雷诺数翼型与常规翼型比较[42 - 47]

(a)常规翼型;(b)低雷诺数勺型翼型;(c)极低雷诺数勺型翼型;(d)极低雷诺数勺型翼型。

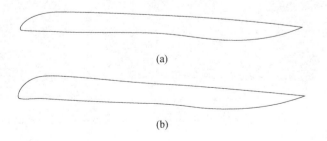

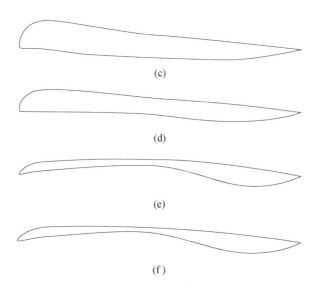

图 4-28　特殊形式的极低雷诺数螺旋桨勺型翼型

(a)SPLRL1 翼型;(b)SPLRL2 翼型;(c)SPLRL3 翼型;

(d)SPLRL4 翼型;(e)SPLRM1 翼型;(f)SPLRM4 翼型。

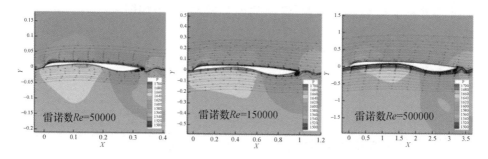

图 4-29　低雷诺数 PLRT10S3 翼型非定常流场特征(见彩图)

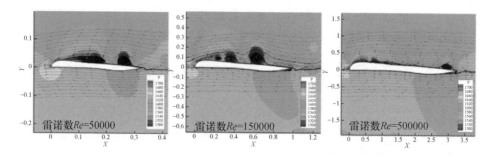

图 4-30　低雷诺数 PLRT10S2 翼型非定常流场特征(见彩图)

4.3.4　低雷诺数翼型风洞试验验证

1. 风洞设备

西北工业大学低湍流度风洞(Low Turbulence Wind Tunnel,LTWT)是具有国际先进水平的低速、低噪声、低湍流度研究型风洞。LTWT 风洞具有串列的三元实验段和二元实验段,截面比约为 3∶1,具有相同的湍流度量级,LTWT 风洞实验段的湍流度在 0.02% ~ 0.3% 的范围内可调整。LTWT 风洞总体布局如图 4 – 31 所示。

模型吹风实验在 LTWT 风洞的二元实验段中进行,二元实验段尺寸为 1.0m(高) ×0.4m(宽) ×2.8m(长)。风洞二元实验段的中心流 $V = 8$m/s 时,湍流度约为 0.03% ;$V = 15$m/s 时,湍流度约为 0.025% ;$V = 30$m/s 时,湍流度约为 0.02%。

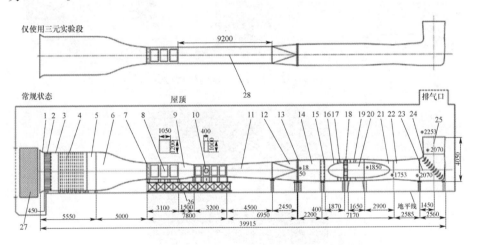

图 4 – 31　西北工业大学低湍流度风洞示意图

1—喇叭口;2—蜂窝组网;3—加长段;4—阻尼组网;5—人孔段;6—第一收缩段;7—湍流格栅;8—三元实验段;9—第二收缩段;10—二元实验段;11—扩张段;12—方圆过渡段;13—柔性减振带;14—过渡段;15—整流消音网格;16—过渡连接段;17—预扭导流片;18—风扇;19—止旋导流片;20—直流电动机整流罩;21—缩扩调节段;22—尾扩段;23—拐弯段;24—导流片;25—排气段;26—支撑系统;27—进气室及进气网窗;28—扩张段(仅使用三元实验段)。

2. 测试设备

测试设备包括 DSY104 电子扫描微压测量系统、二元实验段攻角机构和相应的角度、风速控制与数采计算机系统。

(1) 电子扫描微压测量系统共有 192 个压力测量通道,量程分别为 160 通道 ±2.5kPa、32 通道 ±7.5kPa,测压精度小于 ±0.2% FS,扫描速率 50000 点/s。

（2）二元实验段攻角机构为转轴式构型，攻角范围为 −180°～180°，攻角精度为 ±2′。

（3）风洞的速度控制稳定范围为 5～70m/s，控制精度小于 ±3%。

（4）尾耙高度 300mm，设有 4 个静压测量，91 个总压测量，测压位置中心流动较密。

3. 试验模型及试验结果

作者所在研究团队开展了典型低雷诺数翼型的风洞试验。压力分布的实验值与计算值基本吻合，气动特性曲线的整体趋势一致，如图 4−32～图 4−38 所示。

图 4−32　翼型风洞试验模型设计

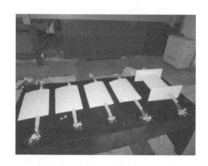

图 4−33　高效临近空间螺旋桨系列专用翼型模型

图 4−34　高效临近空间螺旋桨系列专用翼型模型

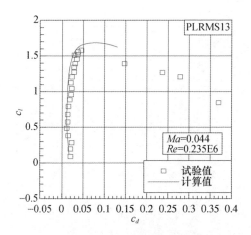

图 4 - 35　风速 15m/s 时的升阻极曲线(见彩图)

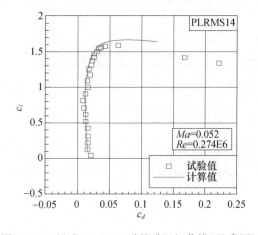

图 4 - 36　风速 17.5m/s 时的升阻极曲线(见彩图)

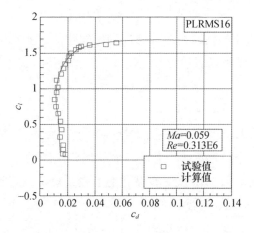

图 4 - 37　风速 20m/s 时的升阻极曲线(见彩图)

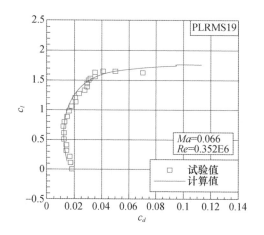

图 4 - 38　风速 22.5m/s 时的升阻极曲线(见彩图)

4.4　常规高空螺旋桨及参数化方法

4.4.1　常用的主要参数化方法

1. Hicks - Henne 参数化方法

螺旋桨翼型上下表面几何扰动是一系列形状函数的线性组合,即

$$\Delta \overline{y_u}(\bar{x}) = \sum_{i=1}^{n_u} \delta_i f_i(\bar{x}) \tag{4-1}$$

$$\Delta \overline{y_l}(\bar{x}) = \sum_{i=n_u+1}^{n_u+n_l} \delta_i f_i(\bar{x}) \tag{4-2}$$

将上述光滑的几何扰动相应地叠加到要优化的初始翼型的上、下表面上,新的翼型几何形状则可以表示为

$$\overline{y_u}(\bar{x}) = \overline{y_{ub}}(\bar{x}) + \Delta \overline{y_u}(\bar{x}) \tag{4-3}$$

$$\overline{y_l}(\bar{x}) = \overline{y_{lb}}(\bar{x}) + \Delta \overline{y_l}(\bar{x}) \tag{4-4}$$

式中:$\bar{x}$、$\bar{y}$ 为翼型的无量纲表面坐标;下标 u 表示上表面;下标 l 表示下表面;f_i 为形状函数;n_u、n_l 分别为叠加于上下表面的形状函数的个数;$\overline{y_{ub}}$、$\overline{y_{lb}}$ 分别为基本翼型的上下表面坐标。其中,各形状函数的权系数 δ_i 就是设计变量。

10 个 Hicks - Henne 函数分别是

$$f_1(\bar{x}) = \bar{x}^{0.25}(1 - \bar{x})e^{-20\bar{x}} \tag{4-5}$$

$$f_i(\bar{x}) = \sin^3[\pi\bar{x}^{e(i)}] \quad i = 2,3,4,5 \tag{4-6}$$

$$e(i) = \frac{\ln(0.5)}{\ln(\bar{x_i})} \quad i = 2,3,4,5 \tag{4-7}$$

$$f_{i+5}(\bar{x}) = -f_i(\bar{x}) \quad i = 1,2,3,4,5 \tag{4-8}$$

$$\bar{x_i} = 0.2,0.4,0.6,0.8 \quad i = 2,3,4,5 \tag{4-9}$$

其中,前 5 个函数布于翼型的上表面,后 5 个函数布于翼型的下表面。

2. CST 参数化方法

采用 CST 方法对翼型进行参数化的表达式如下:

$$上表面: y_u = C(x) \cdot S_u(x) + x \cdot y_{TEu}$$

$$下表面: y_l = C(x) \cdot S_l(x) + x \cdot y_{TEl}$$

式中: y_{TEu}, y_{TEl} 分别为上、下表面后缘的 y 坐标。

类函数定义为

$$C(x) = x^{N1} \cdot (1-x)^{N2} \tag{4-10}$$

型函数的定义为

$$S_u(x) = \sum_{i=0}^{N} A_{u_i} \cdot S_i(x) \tag{4-11}$$

$$S_l(x) = \sum_{i=0}^{N} A_{l_i} \cdot S_i(x) \tag{4-12}$$

$$S_i(x) = \frac{N!}{i!(N-i)!}x^i(1-x)^{N-i} \tag{4-13}$$

式中: $N1$ 和 $N2$ 分别取 0.5 和 1.0; A_{u_i} 和 A_{l_i} 为待定系数; $S_i(x)$ 为 Bernstein 多项式。

3. FFD 参数化方法

自由型变形(Free - Form Deformation,FFD)方法最初由 Sederberg 和 Parry 在 1986 年提出。弹性物体在受到外力作用时,弹性物体会发生相应的弹性变形。FFD 方法参照这一物理现象,将设计对象放置于控制体内,通过移动控制体上的控制顶点,模拟施加在设计对象上的作用力,使得设计对象发生相应的几何变形,从而达到曲面参数化的目的。采用不同的基函数时,对于相同的控制点的改变量,得到的新的设计曲面会有所不同。由于 FFD 方法可以实现较大的变形空间且无须对初始外形进行拟合以及操作简便等优点,因此在气动优化设计中得到广泛的应用。

在 FFD 方法中,需要定义两个坐标系:一个全局坐标系和一个局部坐标系。全局坐标系确定空间点(包括设计曲面以及非设计曲面)的物理坐标,局部坐标系描述控制框架以及框架内部任一点的相对位置关系。

4. 弦长及桨叶角参数方法

1）基于 CST 的几何参数化

目前对桨叶的参数化不是直接进行几何坐标的参数化,而是保持桨叶的剖面翼型不变,通过 CST 方法拟合桨叶的弦长分布和扭转角分布。其实现方式与翼型几何外形参数化类似。需要指出的是,通常桨叶的有效气动部位从相对半径 $r/R = 0.20$ 开始,因此,需先将分布函数的横坐标(展向相对半径)归一化到 $0 \sim 1$,如图 $4 - 39$ 所示。

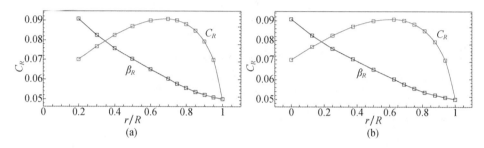

图 4 – 39　螺旋桨桨叶弦长分布与扭转角分布示意图(见彩图)

(a)原始的分布函数;(b)横坐标归一化后的分布函数。

在 CST 方法的基础上,提出了一种适用于桨叶几何分布函数的拟合公式,即

$$C_R = C(x) \cdot S_c(x) + x \cdot C_R(1) + (1 - x) \cdot C_R(0) \qquad (4 - 14)$$

$$\beta_R = C(x) \cdot S_\beta(x) + x \cdot \beta_R(1) + (1 - x) \cdot \beta_R(0) \qquad (4 - 15)$$

式中:$x = r/R$;C_R 为相对于桨叶半径的相对弦长;β_R 为扭转角;S_c 和 S_β 为相应的型函数。

假设弦长分布的阶数为 N_c,扭转角分布的阶数为 N_β,并将桨根与桨尖处的弦长与扭转角作为独立变量。每条分布曲线均有独立的两个类函数指数,则桨叶参数化的设计变量总数为

$$N_v = (N_c + 1 + 2 + 2) + (N_\beta + 1 + 2 + 2) \qquad (4 - 16)$$

2）基于二次函数的参数化

根据典型螺旋桨桨叶弦长分布的特点,在弦长最大点将分布函数定义为两段二次函数。即在已知二次函数的极值点后,又已知另一点坐标(如桨根、桨梢处的弦长),即可完全确定二次函数。记弦长最大点坐标为 (x_{cmax}, C_{Rmax}),桨根处弦长的坐标为 (x_{root}, C_{Rroot}),桨梢处弦长的坐标为 (x_{tip}, C_{Rtip}),则弦长分布可

表示为

$$C_R = \begin{cases} a_1 \ (x - x_{c\max})^2 + C_{R\max} & x \leqslant x_{c\max} \\ a_2 \ (x - x_{c\max})^2 + C_{R\max} & x > x_{c\max} \end{cases} \qquad (4-17)$$

式中：
$$a_1 = \frac{C_{Rroot} - C_{r\max}}{(x_{root} - x_{c\max})^2}$$

$$a_2 = \frac{C_{Rtip} - C_{r\max}}{(x_{tip} - x_{c\max})^2}$$

扭转角的分布可采用桨根剖面扭转角、桨尖剖面扭转角以及扭转角分布函数极值点位置确定二次函数，即已知扭转角分布函数在桨根处的坐标 (x_{root}, β_{root})，桨尖处的坐标 (x_{tip}, β_{tip})，以及极值点横坐标 x_p，则扭转角分布可表示为

$$\beta_R = a_\beta \ (x - x_p)^2 + c_\beta \qquad (4-18)$$

式中：
$$a_\beta = \frac{\beta_{root} - \beta_{tip}}{(x_{root} - x_p)^2 - (x_{tip} - x_p)^2}$$

$$c_\beta = \beta_{root} - a_\beta (x_{root} - x_p)^2$$

由此，该参数化方法的设计变量有 $x_{c\max}, C_{R\max}, C_{Rroot}, C_{Rtip}, \beta_{root}, \beta_{tip}, x_p$ 共 7 个，如图 4-40 所示。

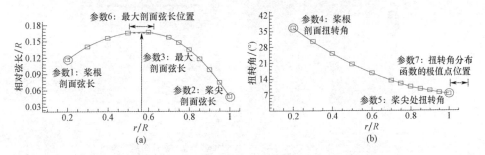

图 4-40　螺旋桨桨叶弦长分布与扭转角分布设计参数（见彩图）

(a) 与弦长相关的参数；(b) 与扭转角相关的参数。

4.4.2　常规的高空桨布局形式

从目前研究现状看，国内外临近空间桨叶外形差异表明：尚未形成临近空间螺旋桨高效率布局的气动机理的统一认识及设计方法。本书给出了几种典型的螺旋桨桨型，如图 4-41～图 4-44 所示。

图 4 – 41　国内自主设计的 2.5m 高空螺旋桨

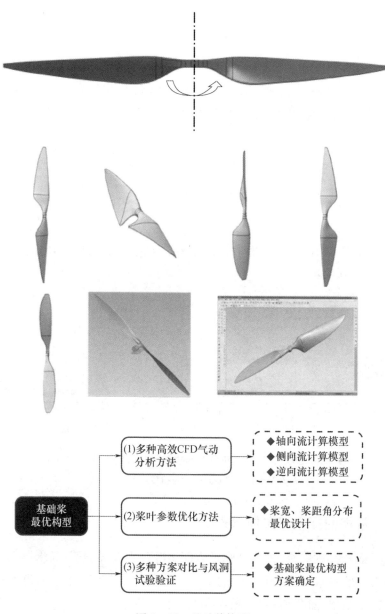

图 4 – 42　基础桨构型

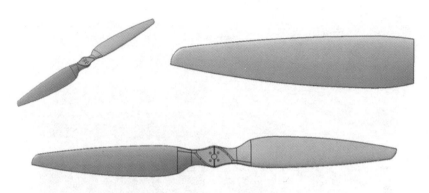

图 4 - 43　CADR2880 高效螺旋桨布局

图 4 - 44　自主研制的多型号临近空间螺旋桨

4.5　新概念高空桨及参数设计方法

传统常规构型的螺旋桨布局,其气动效率已接近物理极限,难以进一步大幅提升,为此研究了几类有助于提升螺旋桨效率的新概念布局,包括桨梢小翼布局、串列桨布局、涵道桨布局、排翼布局、增升装置布局、协同射流布局等。

4.5.1　桨梢小翼布局

桨梢小翼布局是指在螺旋桨桨尖加装小翼的螺旋桨。受飞机机翼的翼梢小翼装置启发,美国 Purdue 大学率先开展了桨梢小翼对小型螺旋桨的气动效率影响研究,初步证明了桨梢小翼的积极效果[11]。小翼的形式多样,如图 4 - 45所示。本书给出了上翘桨梢小翼的几何参数化方法,并系统地研究了关键参数的影响规律。

图 4 - 46 给出了常规基础桨、不同小翼扭转角的小翼桨的表面极限流线情

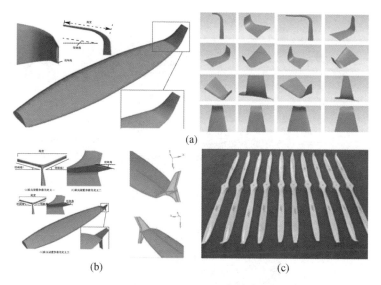

图 4 - 45　各类形式的小翼螺旋桨

(a)上翘小翼;(b)上下分叉小翼;(c)小翼螺旋桨实物模型。

况,可以看出,扭转角为正时,小翼分离流动得到了较好的控制,因而螺旋桨效率获得了提升。

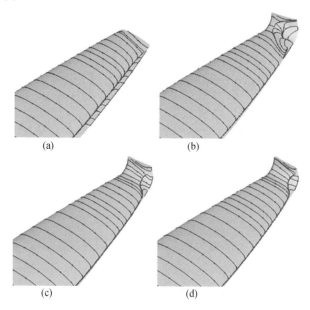

图 4 - 46　桨梢小翼对翼尖流动的控制

(a)基础桨;(b)小翼桨(尖端扭转角 - 2°);

(c)小翼桨(尖端扭转角 0°);(d)小翼桨(扭转角 + 2°)。

桨梢小翼主要几何参数如图 4 – 47 所示,包括小翼高度、小翼尖端扭转角、小翼倾斜角、小翼翼根弦长、小翼翼梢弦长、小翼前缘后掠角。小翼高度为从桨盘平面算起的小翼垂直高度;尖端扭转角为小翼尖端剖面在端面平面内的扭转角,前缘向外扭转为正;小翼倾斜角为小翼直线段质心轴和螺旋桨旋转轴在基准桨质心轴和螺旋桨旋转轴构成的平面上投影的夹角,小翼外倾为正;后掠角为小翼直线段质心轴和螺旋桨旋转轴在垂直于基准桨质心轴的平面上投影的夹角,小翼后倾为正。

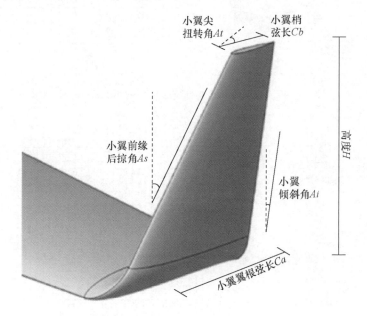

图 4 – 47　桨梢小翼主要几何参数示意图(见彩图)

以某直径 7m 高空螺旋桨为例,详细研究了各主要参数对螺旋桨效率的影响,如图 4 – 48 ~ 图 4 – 53 所示。

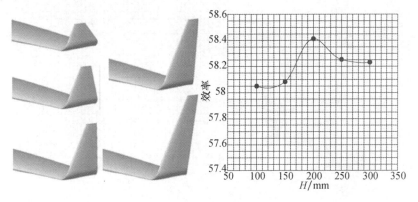

图 4 – 48　小翼高度对螺旋桨效率的影响(见彩图)

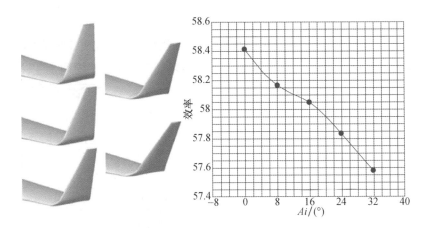

图 4-49 小翼倾斜角对螺旋桨效率的影响(见彩图)

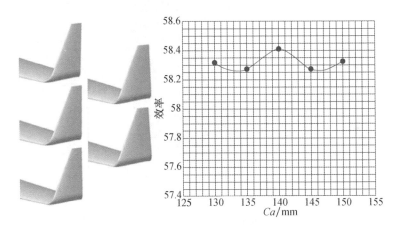

图 4-50 小翼翼根弦长对螺旋桨效率的影响(见彩图)

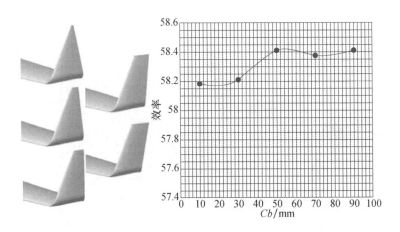

图 4-51 小翼翼梢弦长对螺旋桨效率的影响(见彩图)

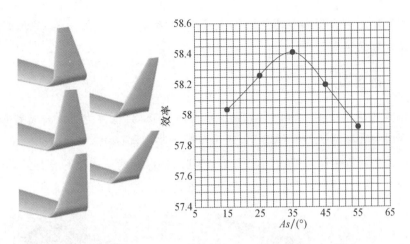

图 4 − 52　小翼前缘后掠角对螺旋桨效率的影响(见彩图)

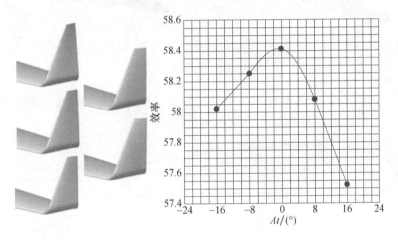

图 4 − 53　小翼尖端扭转角对螺旋桨效率的影响(见彩图)

桨梢小翼布局的效率最大提升量为 $1\% \sim 2\%$。主要参数对螺旋桨效率的影响规律如下：

（1）随着小翼高度的增加,螺旋桨效率先升高再降低,最佳高度点大致在 $4\% R \sim 8\% R$（R 为螺旋桨半径）。

（2）随着小翼倾斜角增加,螺旋桨效率降低,小翼无外倾时效率最高。

（3）小翼翼根弦长对螺旋桨效率几乎没有影响。

（4）随着小翼翼梢弦长增加,螺旋桨效率不断升高,并趋于平稳。

（5）随着小翼前缘后掠角增加,螺旋桨效率先升高再降低,最佳后掠角为 $30° \sim 40°$。

(6)随着小翼尖端扭转角增加,螺旋桨效率先升高再降低,最佳小翼尖端扭转角在0°左右。

4.5.2　排翼布局

排翼布局是指桨叶剖面具有两段翼的气动布局,也称为类增升装置布局。对于两段翼布局临近空间螺旋桨,通过在螺旋桨中部(40%半径~80%半径),将原有的单段翼型桨叶修改为两段翼型桨叶,并保持两段翼桨叶合并后桨叶总弦长分布不变,以期望提高螺旋桨效率。排翼布局外形如图4-54所示。

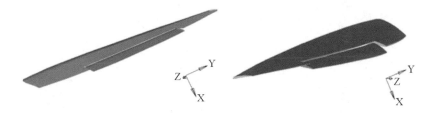

图4-54　排翼布局外形

排翼布局的参数化方法如图4-55所示,主要参数有排翼与主翼之间的间隙、排翼与主翼之间的重叠区、排翼扭转角、排翼弦长。

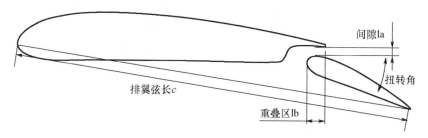

图4-55　排翼布局螺旋桨剖面参数化方法

排翼布局主要参数对效率的影响规律如图4-56~图4-58所示,总结如下:

(1)随着重叠区长度的减小,排翼布局螺旋桨的气动效率逐渐增加且趋于平缓,当重叠区长度为$0.03c$时类增升装置螺旋桨布局的气动效率最高。

(2)随着扭转角增加,排翼布局螺旋桨的气动效率先增加后减小,当扭转角在4°时气动效率最高。

(3)随着间隙减小,排翼布局螺旋桨的气动效率逐渐增加且趋于平缓,当间隙在$0.02c$时气动效率最高。

　　研究表明,排翼布局螺旋桨的效率并没有比常规基础螺旋桨高,而螺旋桨旋转时产生的巨大离心力使得排翼布局结构复杂度高、可靠性低。

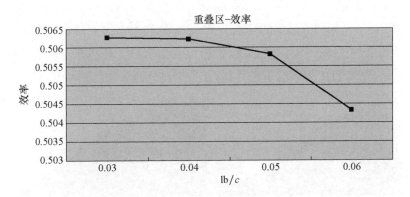

图 4 – 56　重叠区对排翼布局螺旋桨气动效率的影响曲线图

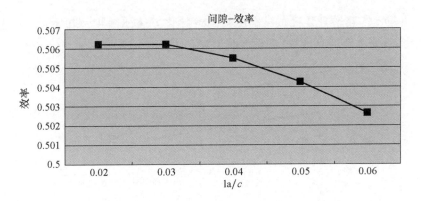

图 4 – 57　间隙对排翼布局螺旋桨气动效率的影响曲线图

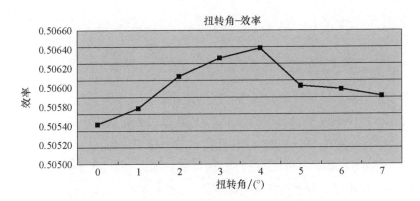

图 4 – 58　扭转角对排翼布局螺旋桨气动效率的影响曲线图

4.5.3 Gurney 襟翼布局

本节主要探讨加装 Gurney 襟翼的增升装置布局螺旋桨。Gurney 襟翼布局是指在原有常规基础螺旋桨的基础上,通过在螺旋桨下表面后缘附近布置一块平板,安装方式为垂直于翼型弦线,如图 4-59 所示。其基本原理是通过合理的 Gurney 襟翼设计,抑制低雷诺数翼型层流分离现象,改善剖面升阻特性。

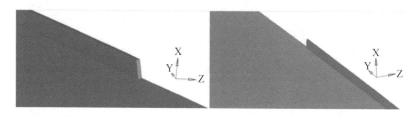

图 4-59　Gurney 襟翼增升装置布局螺旋桨模型图

Gurney 襟翼增升装置布局螺旋桨的参数化方法如图 4-60 所示。主要参数有 Gurney 襟翼的高度、厚度和展向位置。

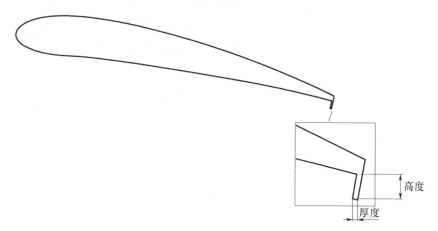

图 4-60　Gurney 襟翼增升布局螺旋桨剖面参数化方法

Gurney 襟翼布局螺旋桨的主要研究结论如下:

(1) 随着 Gurney 襟翼高度的增加,临近空间螺旋桨气动效率呈先增加后减小趋势。襟翼高度在 $1\%c \sim 2\%c$ 时,螺旋桨效率达到最高;

(2) 当在桨叶外侧布置 Gurney 襟翼时,螺旋桨气动效率始终没有基础桨高,原因是 Gurney 襟翼只有在高升力系数条件下,才能有效提高站位翼型的升阻比;

(3) 当在桨叶内侧布置 Gurney 襟翼时,螺旋桨气动效率最大提升约 0.5%。

4.5.4　串列桨布局

串列布局螺旋桨是指两副桨叶前后排列,转速和方向相同的螺旋桨。其基本原理是后桨利用前桨尾流,减少尾流损失,以此提高螺旋桨效率。

下面介绍串列桨布局的参数化方法。在基础螺旋桨桨叶的基础上,保持桨叶扭转角不变,将弦长分布按比例缩小,形成前后桨叶。记 S_{cq} 和 S_{ch} 分别为形成前后桨叶的缩放因子,缩放因子定义为缩放桨弦长与基准桨弦长之比。为便于研究,令 $S_{ch} = 1 - S_{cq}$。对于前后桨叶的相对位置,采用 2 个参数确定:前后间距 d_{qh} 和交错角 ϕ_{qh},如图 4 - 61 所示。图 4 - 61(c)为沿来流方向的俯视图,规定 $\phi_{qh} > 0$ 表示前桨的相位角大于后桨的相位角。综上,串列桨布局的主要参数是前桨缩放因子 S_{cq}、桨间距 d_{qh}、交错角 ϕ_{qh}。图 4 - 62 和图 4 - 63 分别为不同缩放因子形成的桨叶示意图和不同前后桨间距示意图。

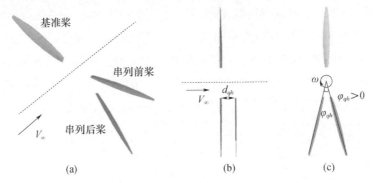

图 4 - 61　串列螺旋桨几何参数化总体示意图(见彩图)

(a)基准桨与串列桨对比示意图;(b)侧视图;(c)俯视图。

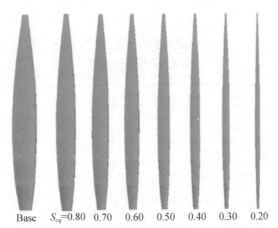

图 4 - 62　基准桨叶与不同缩放因子形成的桨叶示意图

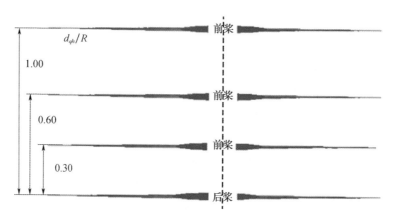

图4-63 不同前后桨间距的示意图

图4-64 显示不同前后桨间距下,螺旋桨气动效率随前桨缩放因子的变化规律,图中 Blade1 和 Blade2 分别表示串列螺旋桨的前桨和后桨,Blade12 表示整个串列螺旋桨,Baseline 表示基础螺旋桨。图4-65 显示不同前后桨间距下,前后桨各自所消耗的功率随前桨缩放因子的变化规律。图4-66 显示不同缩放因子下,螺旋桨气动效率随前后桨间距的变化规律。图4-67 显示不同缩放因子下,前后桨各自所消耗的功率随前后桨间距的变化规律。图4-68 给出了效率随交错角的变化规律。图4-69 给出了功率随交错角变化规律。

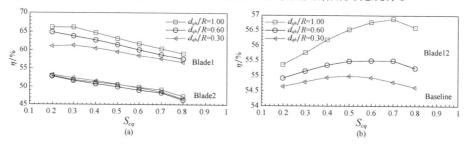

图4-64 效率随前桨缩放因子的变化(见彩图)

(a)前/后桨;(b)串列桨。

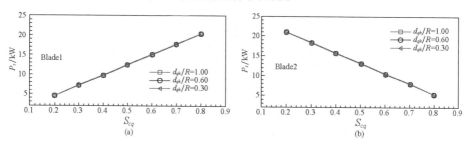

图4-65 功率随前桨缩放因子的变化(见彩图)

(a)前桨;(b)后桨。

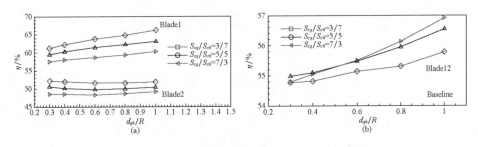

图 4 - 66　效率随前后桨间距的变化(见彩图)

(a)前/后桨;(b)串列桨。

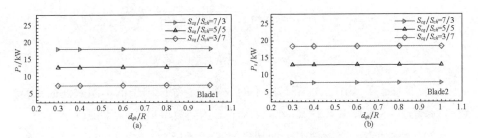

图 4 - 67　功率随前后桨间距的变化(见彩图)

(a)前桨;(b)后桨。

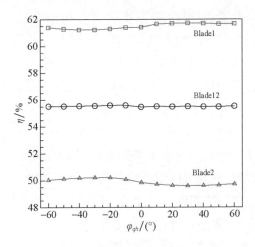

图 4 - 68　效率随交错角变化(见彩图)

串列布局螺旋桨关键参数对螺旋桨气动性能的影响规律为:

(1) 前桨效率均大大高于后桨效率,前桨的气动效率随前桨缩放因子增加而降低,后桨的气动效率随前桨缩放因子增加而降低,即后桨的气动效率随后桨缩

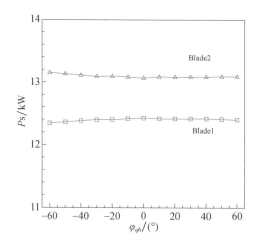

图 4 - 69   功率随交错角变化(见彩图)

放因子增加而提高。由此,前桨与后桨的效率随着缩放因子的不同此消彼长,导致串列螺旋桨的整体效率在某一缩放因子下达到效率最高(桨间距一定)。

(2)效率随着前桨缩放因子增加先提高后降低,当桨间距较小时($d_{qh}/R = 0.3$),大约在缩放因子为 0.5 时达到效率最高(与基准桨相比提高了 0.43%),随后下降;当桨间距进一步增大到 $d_{qh}/R = 0.6$,在缩放因子达到 0.5 后,效率达到最高并保持基本不变(与基准桨相比提高了 0.93%),直到缩放因子达到 0.7,效率开始下降;当桨间距增大到 $d_{qh}/R = 1.0$ 时,缩放因子达到 0.7 左右才达到效率最高(与基准桨相比提高了 2.35%)。从极限的角度分析,当前桨缩放因子取 0 或 1 时,串列螺旋桨退化为基础桨,此时的螺旋桨气动效率即基准桨的效率,则必然存在某个缩放因子达到最高效率。

(3)随着前桨缩放因子增加,前桨所需功率也增加,后桨相应减小。在相同的缩放因子下,桨间距对前后桨叶功率的消耗影响很小。

(4)前桨的气动效率随桨间距增加而提高,而后桨的气动效率随桨间距几乎不变。同时,随着前后桨间距增加,前后桨所需功率均几乎不变。由此,串列螺旋桨的整体效率随着桨间距的增加而提高。

(5)当交错角在 -30° 左右时,前桨效率达到最低,而后桨效率达到最高;当交错角在 +30° 左右时,前桨效率达到最高,而后桨效率达到最低;当交错角在 -20° 左右时,串列桨的整体气动效率最高,比没有交错角时提高 0.1%。

(6)交错角为 0 时,前桨消耗功率最大,而后桨消耗功率最小,前桨消耗功率随交错角的绝对值增加而略有减小,后桨刚好相反。

4.5.5　涵道桨布局

涵道螺旋桨也称导管螺旋桨,它是指被导管包围着的螺旋桨,如图 4 - 70 所示。涵道螺旋桨是介于开式螺旋桨和风扇之间的推进装置。涵道的存在带来了许多好处,它改变了螺旋桨下游的滑流状态,增大了滑流面积,减小了滑流速度和滑流动能损失,从而较多地将螺旋桨桨盘后面的动能转化为压力能。涵道壁面改善了螺旋桨桨尖区域的绕流特性,减少了桨尖损失。涵道的入口前缘形成较大的负压区,产生了附加压力。

图 4 - 70　涵道螺旋桨示意图

涵道螺旋桨的几何参数有桨尖间隙、桨盘位置、唇口外形等。桨尖间隙是指螺旋桨桨尖与涵道内侧壁面之间的距离。桨盘位置是指螺旋桨桨盘在涵道内的位置。主要影响规律如下:

(1)桨尖间隙是涵道桨的一个高敏感几何参数。桨尖间隙越小,涵道桨整体拉力越大,涵道作用越明显,功率载荷也越高,气动性能明显提升。当间隙大于某一个临界值时,涵道效果迅速降低。需要注意的是:在实际工程应用中,因材料、制造工艺、桨叶振动、变形及挥舞等因素,过小的桨尖间隙使得桨叶在高速旋转时易与涵道内壁产生接触,影响螺旋桨工作时的安全性,因此,桨尖间隙的选择应综合考虑各方面因素。

(2)桨盘位置对高空涵道变距桨气动性能存在显著影响。桨盘位置过于靠前,导致唇口整流作用减弱,涵道出现壅塞且流动品质较差;适当加深桨盘位置可以充分发挥唇口整流作用,提高高空涵道变距桨整体气动性能,获得较高的气动效率。

(3)在一定范围内,涵道唇口饱满度越大,高空涵道变距桨的涵道效果越好,整体效率越高,气动性能更优;若涵道唇口饱满度过大,则唇口前缘高压值过大,可能导致整体气动性能降低;若将唇口部分分为前段、中后段两部分,则气动性能对于中后段饱满度变化的敏感性比前段更高。

4.5.6　协同射流桨布局

1. 协同射流原理及试验验证

协调射流(Co-Flow Jet,CFJ)控制技术最早由美国迈阿密大学查戈成教授提出,其理论模型如图4-71所示,在翼型上表面前缘负压区开吹气口进行吹气,在后缘高压区开吸气口进行吸气,且吹气口和吸气口方向均为当地翼型表面切向,同时吹气口与吸气口中间部分翼型表面向内侧挪动开口大小的距离;在翼型内部布置泵和管道,将吸入的气体输送到吹气口处,保持吹气量和吸气量相等,实现气流的循环利用。通过吹吸气,显著提高绕翼型的环量分布,同时有效克服翼型上表面的逆压梯度,从而显著提高翼型的升阻比特性,改善翼型失速特性提高失速迎角。另外,选择在前缘负压区吹气,后缘高压区吸气,原因是即使不存在外力条件也能从高压区向负压区发生自然流动,因而稍加流动控制即可达到事半功倍的效果。

相比于其他流动控制技术,CFJ技术具有以下特点:①有效抑制流动分离,显著提高升力系数;②显著降低阻力,在小攻角状态甚至能产生负阻力(即推力),极大提高升阻比特性;③明显改善失速特性,显著提高失速迎角;④能量利用率高,对推进系统造成的动力损失小;⑤适用范围广,易于实施。CFJ流动控制技术具有很高实用价值和广阔应用前景,将有可能成为未来的研究热点之一。

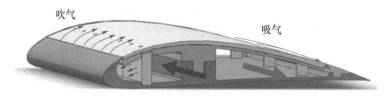

图4-71　协同射流控制技术理论模型示意图[48]

美国迈阿密大学利用增压罐和真空管模拟吹吸气,进行了协同射流翼型的风洞试验,如图4-72所示。图4-73表明协同射流翼型的升力系数显著提升,阻力显著降低,甚至出现了"负阻力"。西北工业大学研制了协同射流翼型原理样机,首次实现了包含微型风机、内部管道的协同射流翼型风洞试验,如图4-74所示。图4-75同样证明协同射流技术的增升减阻效果显著。

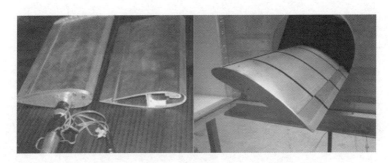

图 4 – 72　美国迈阿密大学协同射流翼型风洞试验[48 – 49]

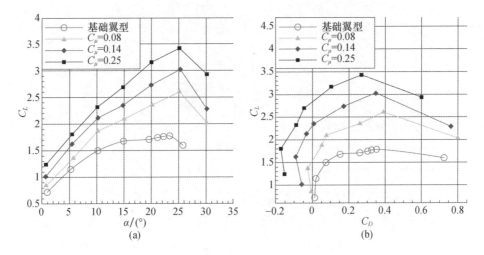

图 4 – 73　美国迈阿密大学协同射流翼型风洞试验结果(见彩图)

(a)升力曲线;(b)升阻极曲线。

图 4 – 74　西北工业大学协同射流翼型风洞试验

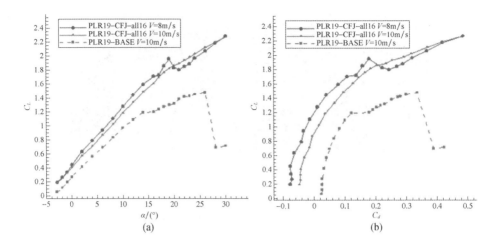

图 4-75 西北工业大学协同射流翼型风洞试验结果(见彩图)

(a)升力曲线;(b)升阻极曲线。

2. 关键参数及影响规律

以 NACA6415 为基准翼型研究了射流动量系数、开口尺寸和位置(如图 4-76 ~ 图 4-79)等关键参数对翼型升力系数、有效阻力系数、有效升阻比和气泵功率系数的影响规律。主要结论如下：

(1)随着射流动量系数增加,有效升阻比先增后减,而气泵功率系数的总体趋势是增加的。最大有效升阻比对应的射流动量系数随迎角增加而增大。大迎角状态下,流动分离使得射流动量系数对翼型气动性能的影响规律更加复杂。当流动分离被完全抑制后,影响规律与小迎角附着流动状态相似。

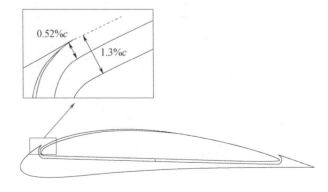

图 4-76 最小和最大吹气口尺寸示意图

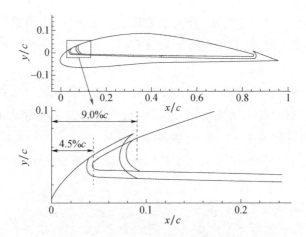

图 4 - 77　最小和最大吹气口位置示意图

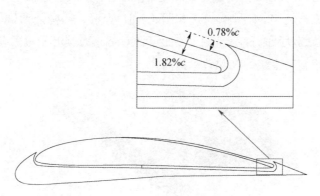

图 4 - 78　最小和最大吸气口尺寸示意图

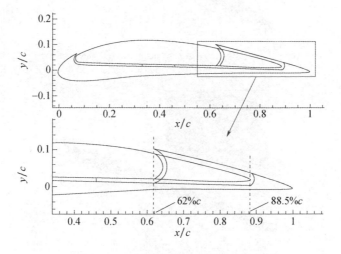

图 4 - 79　最小和最大吸气口位置示意图

（2）随着吹气口尺寸增加，升力系数几乎不变，有效阻力系数和气泵功率系数存在一个最小值，从而存在一个有效升阻比最大值，该最大值对应的吹气口尺寸随迎角增加而减小。

（3）随着吸气口尺寸增加，升力系数几乎不变，有效阻力系数和气泵功率系数逐渐减小，有效升阻比先增加，后很快趋于平稳。为避免吸气口内壁出现分离，吸气口尺寸应不小于$1\%c$（c为翼型弦长）。

（4）吹气口位置和吸气口位置对翼型气动性能和气泵功率系数的影响较小。

3. 协同射流螺旋桨及其设计

在协同射流翼型研究工作基础上，西北工业大学进一步开展了基于协同射流技术的临近空间螺旋桨高增效方法研究，分别构建了常规布局和桨梢小翼布局的协同射流螺旋桨，如图4-80和图4-81所示。在构建协同射流螺旋桨时，将射流装置分段布置在桨叶上，如此可针对每小段桨叶给出最优的参数，进而使得整个螺旋桨系统的气动效率最高。

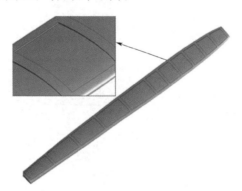

图4-80　常规布局协同射流螺旋桨

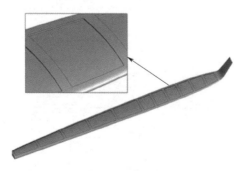

图4-81　桨梢小翼布局协同射流螺旋桨

桨梢小翼布局螺旋桨、常规布局协同射流螺旋桨、桨梢小翼布局协同射流螺旋桨较基础桨效率分别提升 1.8%、5.4%、8.4%,可见协同射流技术可大幅提升螺旋桨效率。值得注意的是,桨梢小翼布局协同射流螺旋桨的效率提升并非是桨梢小翼、协同射流二者效率提升量的简单线性叠加,而是"1 + 1 > 2"的现象。

协同射流螺旋桨大幅提升效率的主要原因是极大提高了剖面有效迎角(图 4 - 82),使得升力更多投影到拉力方向,更少投影到扭矩方向,如图 4 - 83 所示。

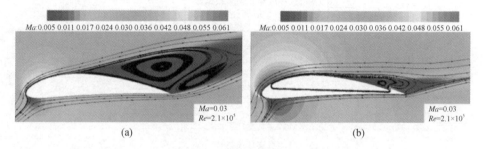

图 4 - 82　常规翼型和协同射流翼型的流线示意图(见彩图)

(a)常规翼型;(b)协同射流翼。

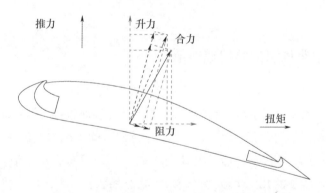

图 4 - 83　螺旋桨叶素单元受力分析示意图

4.6　高空桨效率验证方法

为了验证高空螺旋桨效率,西北工业大学建立了一套试验验证体系(图 4 - 84),包括 CFD 计算、缩比模型常规风洞试验、缩比模型变密度风洞试验、变海拔高度螺旋桨车载试验、飞艇搭载螺旋桨性能测试,并提出了多数据源螺旋桨效率评估方法。

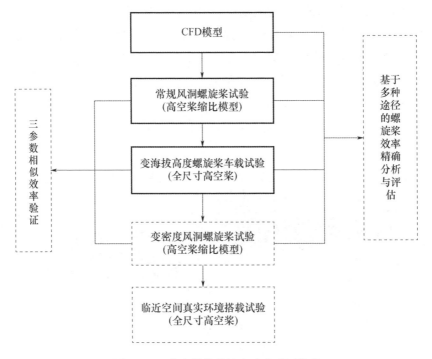

图 4 – 84　高空螺旋桨效率试验验证体系

4.6.1　高空桨风洞试验相似理论

根据空气动力学相似理论,除了几何外形相似,螺旋桨缩比模型与高空真实环境全尺寸螺旋桨之间必须满足三个参数相似:前进比、雷诺数、桨尖马赫数。由这些相似参数,可以获得高空工况与风洞试验工况之间的对应关系。假设下标"1"表示高空真实环境下的几何参数、大气参数、状态参数,下标"2"表示风洞试验环境下的几何参数、大气参数、状态参数。

（1）前进比相似,有

$$\frac{V_1}{Ns_1 D_1} = \frac{V_2}{Ns_2 D_2} \tag{4 – 19}$$

（2）雷诺数相似,有

$$\frac{\rho_1 C_1 \sqrt{\left(V_1^2 + \left(\pi D_1 Ns_1 \dfrac{r}{R}\right)^2\right)}}{\mu_1} = \frac{\rho_2 C_2 \sqrt{\left(V_2^2 + \left(\pi D_2 Ns_2 \dfrac{r}{R}\right)^2\right)}}{\mu_2} \tag{4 – 20}$$

将式(4 – 19)代入式(4 – 20),可得

$$\frac{\rho_1 C_1 \sqrt{\left(V_1^2 + \left(\pi \frac{Ns_2 D_2 V_1}{V_2} \frac{r}{R}\right)^2\right)}}{\mu_1} = \frac{\rho_2 C_2 \sqrt{\left(V_2^2 + \left(\pi D_2 Ns_2 \frac{r}{R}\right)^2\right)}}{\mu_2}$$

$$(4-21)$$

则有

$$\frac{C_1}{C_2} = \frac{\rho_2 \mu_1 \sqrt{\left(V_2^2 + \left(\pi D_2 Ns_2 \frac{r}{R}\right)^2\right)}}{\rho_1 \mu_2 \sqrt{\left(V_1^2 + \left(\pi \frac{Ns_2 D_2 V_1}{V_2} \frac{r}{R}\right)^2\right)}}$$

$$= \frac{\rho_2 \mu_1 V_2}{\rho_1 \mu_2 V_1} \frac{V_1 \sqrt{\left(V_2^2 + \left(\pi D_2 Ns_2 \frac{r}{R}\right)^2\right)}}{V_2 \sqrt{\left(V_1^2 + \left(\pi \frac{Ns_2 D_2 V_1}{V_2} \frac{r}{R}\right)^2\right)}}$$

$$(4-22)$$

$$= \frac{\rho_2 \mu_1 V_2}{\rho_1 \mu_2 V_1} \frac{\sqrt{\left(V_1^2 V_2^2 + V_1^2 \left(\pi D_2 Ns_2 \frac{r}{R}\right)^2\right)}}{\sqrt{\left(V_1^2 V_2^2 + V_1^2 \left(\pi D_2 Ns_2 \frac{r}{R}\right)^2\right)}}$$

$$= \frac{\rho_2 \mu_1 V_2}{\rho_1 \mu_2 V_1}$$

弦长比值与直径比值相等,因此有

$$\frac{D_1}{D_2} = \frac{\rho_2 \mu_1 V_2}{\rho_1 \mu_2 V_1} \qquad (4-23)$$

(3)桨尖马赫数相似,有

$$\frac{Ns_1 D_1}{a_1} = \frac{Ns_2 D_2}{a_2} \qquad (4-24)$$

将式(4-19)代入式(4-24),得

$$\frac{V_1}{V_2} = \frac{a_1}{a_2} \qquad (4-25)$$

式中:V 为速度;Ns 为转速;D 为螺旋桨直径;ρ 为空气密度;μ 为黏性系数;a 为空气声速。

由此可知,螺旋桨风洞试验需遵循的参数相似准则如下。

前进比相似:

$$\frac{V_1}{Ns_1 D_1} = \frac{V_2}{Ns_2 D_2} \qquad (4-26)$$

雷诺数相似：

$$\frac{D_1}{D_2} = \frac{\rho_2 \mu_1 V_2}{\rho_1 \mu_2 V_1} \qquad (4-27)$$

桨尖马赫数相似：

$$\frac{V_1}{V_2} = \frac{a_1}{a_2} \qquad (4-28)$$

对于高空桨，主要特征是雷诺数很低（小于 30 万），粘性影响显著。因此，缩比模型的风洞试验首先保证前进比、雷诺数相似。将式（4-28）代入式（4-27），可得

$$\frac{D_1}{D_2} = \frac{\rho_2 \mu_1 a_2}{\rho_1 \mu_2 a_1} = \frac{\rho(H_2)\mu(H_1)a(H_2)}{\rho(H_1)\mu(H_2)a(H_1)} \qquad (4-29)$$

可知，在全尺寸螺旋桨直径 D_1 风洞试验环境（H_2）确定的情况下，缩比模型直径 D_2 与模拟高度 H_1 是一一对应的，而与速度无关。

图 4-85 分别给出了试验环境高度为 0.5km、4km 时，三参数模拟的高度与直径比值的关系曲线。若在地面 0.5km 高度三参数模拟 20km 真实工况，则缩比模型直径与全尺寸螺旋桨直径的比值为 1/12。

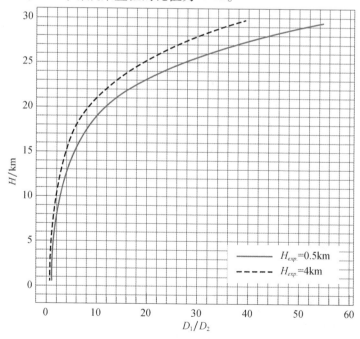

图 4-85　试验环境高度分别为 0.5km 和 4km 时，三参数
模拟高度与 D_1/D_2 的变化曲线

图 4 - 86 分析了不同风洞试验模拟高度下,7m 高空桨的风洞试验缩比桨直径与真实工况高度的关系。地面常规环境下,满足 7m 高空桨在 20km 高度工况三参数相似模拟的缩比桨直径约为 0.58m,缩放比例达 12：1。当缩比桨直径放大至 1m 时,常规风洞试验无法满足三参数相似,而变密度风洞在 6km 模拟高度下可满足三参数相似;若缩比桨直径放大至 1.6m,则变密度风洞在 10km 高度下可满足三参数相似。

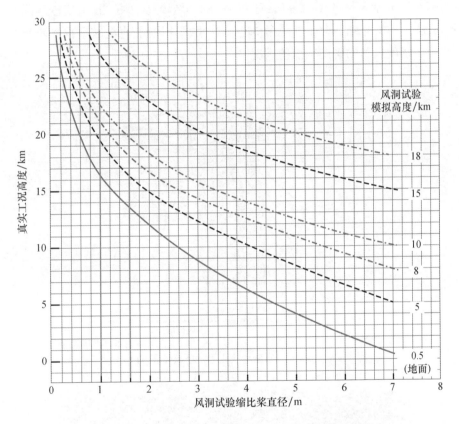

图 4 - 86　不同风洞试验模拟高度下,7m 高空桨风洞试验
缩比桨直径与真实工况高度的关系曲线(见彩图)

4.6.2　缩比桨风洞试验验证

根据 4.6.1 节的分析,在常规风洞中模拟 20km 高度工况,螺旋桨缩比模型的直径通常很小,一方面加工制造的误差精度难以保证,另一方面模型尺寸太小使得螺旋桨受整流罩干扰的影响较大。为此,常规风洞中的高空桨试验通常

只能满足前进比—雷诺数相似。研究表明:对于桨尖马赫数较低(<0.5)的情况,桨尖马赫数相似的条件是否满足,对测量的拉力系数、功率系数和效率影响并不大(对效率的影响在1%以内),常规风洞基本能够满足效率验证需求;但如果桨尖马赫数较高(>0.6),则由于压缩性效应不可忽略,测量获得的拉力系数、功率系数和效率与真实工况存在较大偏差,此时利用变密度风洞进行效率测试是必要的。从测量方法来讲,常规风洞和变密度风洞并无差别,如图4-87所示为基于六分量天平的测力方法,如图4-88所示为基于拉力/扭矩传感器的测力方法。本书介绍西北工业大学NF-3大型低速风洞、青岛航空技术研究院高空台变密度风洞的螺旋桨试验情况。

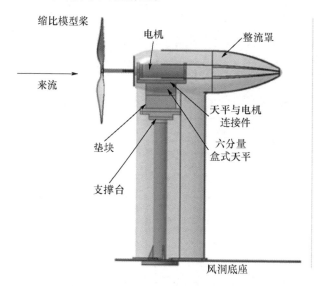

图4-87 基于六分量盒式天平的螺旋桨测力方法

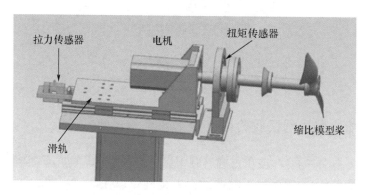

图4-88 基于拉力/扭矩传感器的螺旋桨测力方法(见彩图)

1. 西北工业大学 NF - 3 大型低速风洞螺旋桨试验

西北工业大学 NF - 3 大型低速风洞是一座具有三个可更换试验段的低速直流式风洞(图 4 - 89)。风洞全长 80m,全钢结构,风扇电机功率 1120kW。螺旋桨测力试验在三元试验段进行,该试验段的长 × 宽 × 高 = 12m × 3.5m × 2.5m,切角为 0.6m,截面为切角矩形,风洞收缩比为 11,可满足最大直径 1.2m 的螺旋桨缩比模型试验。图 4 - 90 为驱动螺旋桨的工业电机及控制系统,图 4 - 91 为专门研制的高精度六分量盒式测力天平,图 4 - 92 为螺旋桨缩比模型安装于风洞试验段中。

图 4 - 89　西北工业大学 NF - 3 大型低速风洞

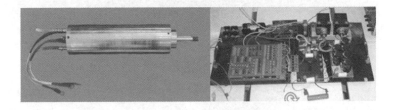

图 4 - 90　电机与控制系统

图 4 - 91　高精度螺旋桨测力六分量天平

2. 青岛航空技术研究院高空平台变密度风洞螺旋桨试验

青岛航空技术研究院在高空试验平台基础上,进行了变密度风洞改造,可实现 0 ~ 20km 的高空大气环境模拟,如图 4 - 93 所示。改造后的风洞通过了中

图4-92　螺旋桨缩比模型安装于NF-3风洞试验段

国航空计量技术研究所的流场品质检测。图4-94为螺旋桨测力采用的测试设备。图4-95为螺旋桨缩比模型安装于变密度风洞试验段。图4-96为控制室。

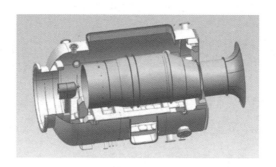

图4-93　高空台变密度风洞改造

扭矩传感器

拉力传感器

试验电机

图4-94　高空台变密度风洞试验测试设备

图 4 - 95　螺旋桨缩比模型安装于变密度风洞试验段

图 4 - 96　变密度风洞控制室

4.6.3　变海拔高度车载试验

为了获得全尺寸螺旋桨的真实性能,西北工业大学建立了 2 套变海拔高度车载螺旋桨试验台,1 套用于大尺寸螺旋桨的性能测试,1 套用于小尺寸螺旋桨的性能测试,可实现 0~4km 高度范围的螺旋桨真实性能测试。

1. 全尺寸螺旋桨车载试验

利用第 3.4.1 中车载实验系统,以某 6.8m 高空螺旋桨为例,验证该车载试验系统给的精度。图 4 - 97、图 4 - 98 分别给出了西安地区(海拔高度 0.5km)、青海地区(海拔高度 3.6km)在风速 10m/s 条件下的拉力、扭矩测试结果与 CFD 计算值对比,两次测试结果一致,且与 CFD 计算值吻合。

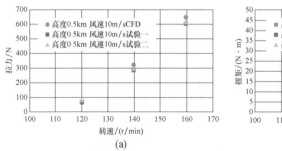
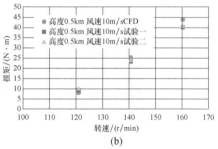

图4-97 风速10m/s螺旋桨气动性能试验结果与CFD结果对比

（西安地区,高度0.5km）

(a)拉力;(b)扭矩。

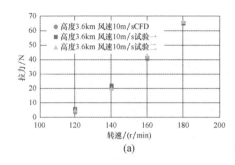
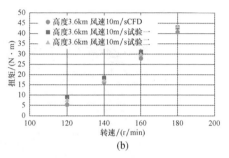

图4-98 风速10m/s螺旋桨气动性能试验结果与CFD结果对比

（青海地区,高度3.6km）

(a)拉力;(b)扭矩。

2. 小尺寸螺旋桨车载试验

小尺寸螺旋桨车载试验台如图4-99所示,可用于1.5m直径以下螺旋桨性能测试试验。图4-100为自研的动态拉扭复合测量天平。

图4-99 小尺寸螺旋桨车载试验平台

图 4 - 100　动态拉扭复合测量天平

以某直径 1m 的螺旋桨模型为例,验证该试验台的精度。图 4 - 101 表明,在西安地区 10m/s 风速时,车载试验台测得的拉力、扭矩与 NF - 3 风洞试验吻合较好,最大平均相对误差 5% 以内。

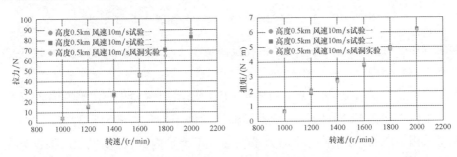

图 4 - 101　风速 10m/s 螺旋桨气动性能车载试验与风洞试验结果对比(见彩图)

(西安地区,高度 0.5km)

4.6.4　平台搭载螺旋桨性能测试

平台搭载螺旋桨性能测试指利用平流层飞艇平台及其软硬件条件,搭载高空螺旋桨的相关测试系统,进行高空桨临近空间真实环境下的风速、风向、转速、推力、扭矩等试验测试,获得典型高度、风速、风向、桨距角下的高空螺旋桨推力—转速、扭矩—转速、功率—转速、效率—前进比等性能曲线,验证、校核高空螺旋桨临近空间真实环境下实际性能。相比缩比模型风洞试验和车载试验,平台总体更关注全尺寸螺旋桨在高空真实工况下的性能,因此平台搭载螺旋桨进行气动性能测试也是必要的。

高空桨搭载试验的测试系统组成及其工作原理如图 4 - 102 所示。主要测试模块功能如下:

(1)飞行状态采集与存储系统通过温度传感器、压力传感器测量当地大气

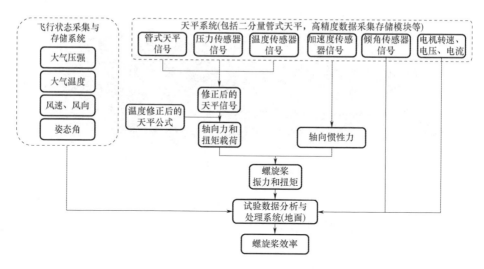

图4-102　高空桨搭载试验的测试系统组成及其工作原理

温度和压强,通过风速、风向测量装置获得飞艇飞行速度和方向,通过角度传感器获得飞艇姿态。

(2)二分量管式应变天平如图4-103所示,其测量电机-螺旋桨组合所受的轴向力和扭矩,通过温度、压力和惯性力修正来获得推力和扭矩。二分量天平采用中空的管式结构,将动力系统悬置于天平内部,长度尺寸需根据推进系统结构空间具体进行设计,直径和法兰尺寸可适当增大,以保证其强度、刚度和自振频率满足试验要求,如图4-104所示。

图4-103　二分量管式应变天平样机结构示意图及实物图(中科院光电院)

(3)高精度数据采集存储模块如图4-105所示,其用于提高天平系统的集成度和可靠性,主要包括天平信号采集器、倾角传感器、温度传感器、压力传感器、加速度传感器、温控模块、USB数据存储模块。平台返回地面后,取出数采模块,利用数据分析与处理系统读取试验数据,并进行测试数据分析与处理,获得高空桨效率试验测试数据。

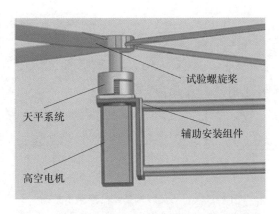

图 4 - 104　天平系统在飞艇平台的装配模型图

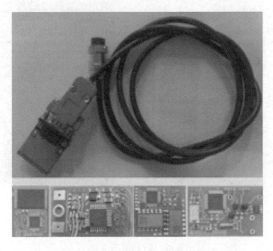

图 4 - 105　高精度数据采集存储模块

针对不同搭载平台、不同搭载方式,分别讨论了 4 类搭载试验方案及其优缺点,包括飞艇腹部搭载高空桨、飞艇单侧搭载高空桨、飞艇尾部搭载高空桨、高空气球搭载高空桨。

飞艇腹部搭载高空桨方案是通过辅助安装组件在飞艇腹部加装 1 套高空桨和 1 套天平系统,如图 4 - 106 所示。

飞艇单侧搭载高空桨方案是通过辅助安装组件在飞艇平台两侧各加装 1 套高空桨,在其中 1 侧安装 1 套天平系统,用于性能测试,如图 4 - 107 所示。

飞艇尾部搭载高空桨方案是通过辅助安装组件在飞艇尾部加装 1 套高空桨和 1 套天平系统,如图 4 - 108 所示。

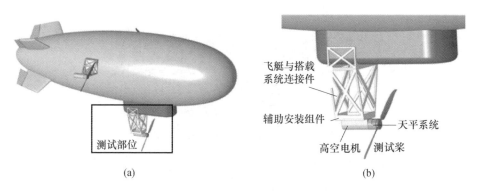

(a)   (b)

图 4 – 106　飞艇腹部搭载高空桨示意图

(a)测试部位;(b)测试部位局部放大。

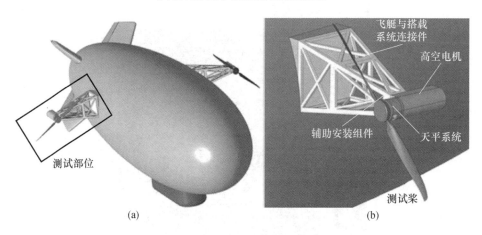

(a)   (b)

图 4 – 107　飞艇单侧搭载高空桨示意图

(a)测试部位;(b)测试部位局部放大。

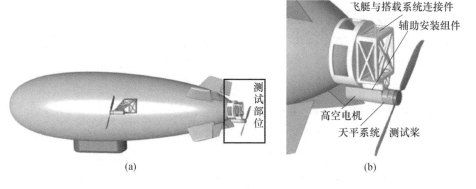

(a)   (b)

图 4 – 108　飞艇尾部搭载高空桨示意图

(a)测试部位;(b)测试部位局部放大。

　　高空气球搭载高空桨方案是通过辅助安装组件在高空气球下方加装 1 套高空桨和 1 套天平系统,如图 4 – 109 所示。

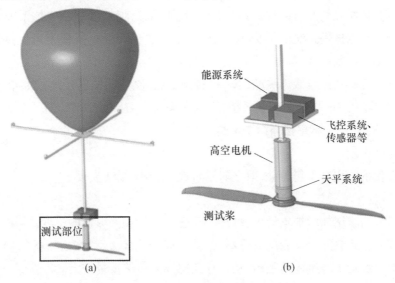

图 4 – 109　高空气球搭载高空桨示意图
(a)测试部位;(b)测试部位局部放大。

以某 7m 高空桨为例,分析了不同搭载试验方案的优缺点。

1. 方案一:飞艇腹部搭载 7m 桨

优点:

(1) 搭载系统相对飞艇独立,对飞艇平台改动较小,易于实现。

(2) 测试桨推进系统与飞艇之间的辅助安装件只需考虑承受重力,结构重量相对尾部搭载方式要轻。

(3) 高度、风速可控性好,测量精度较高。

缺点:

(1) 没有替换原有推进系统,飞艇不仅要承担 1 套 7m 高空桨搭载系统的重量,还要承担飞艇与搭载系统连接件的重量。

(2) 腹部支撑架高度 5m 以上,飞艇腹部吊舱在艇库中必须保证足够的高度,才能满足试验螺旋桨和天平系统的安装。

2. 方案二:飞艇腹部搭载 7m 桨

优点:

(1) 有效载荷需求较低(载荷需求 =1 套搭载系统重量 – 1 套原有推进系统重量)。

（2）高度、风速可控，且测量精度较高。

缺点：

（1）替换飞艇原有的推进系统，对飞艇平台改动较大（包括飞控系统）。

（2）两侧推进系统的推力不一致，要求飞艇平台通过其他手段保持稳定，增加了飞艇控制难度。

（3）飞艇两侧重量不平衡（仅一侧替换飞艇原有的推进系统），如果加装 1 套同样重要的 7m 高空桨搭载系统，则成本提高。

3. 方案三：飞艇尾部搭载 7m 桨

优点：

搭载系统相对飞艇独立，对飞艇平台改动较小，易于实现。

缺点：

（1）飞艇尾部增加重量大，增加了飞艇稳定性和操纵性的难度。

（2）螺旋桨处于飞艇尾流分离区，受飞艇干扰较大，为减弱干扰影响，需尽可能增加螺旋桨与艇尾的距离，从而导致尾部支撑架重量较大。

（3）非定常尾流导致螺旋桨前方的风速稳定性不好，精度难以保证，试验数据参考价值不大。

4. 方案四：高空气球搭载 7m 桨

优点：

不再依赖于飞艇平台总体研制进度和验证艇的载重限制。

缺点：

（1）试验成本高。需根据搭载试验所需任务载荷和试验计划，专门进行高空气球方案设计，加上制造材料、氦气、高空风机系统、储能电池、飞行状态传感器等的采购，费用非常高。

（2）载重要求高，达到 300kg（1 套 7m 桨高空搭载系统载重要求 120kg + 1 套锂离子储能电池 150kg + 1 套飞控系统/传感器/支撑架等 30kg，其中锂离子储能电池重量 150kg = 15kW × 2.5h ÷ 0.25kWh/kg）。

（3）螺旋桨旋转带动气球自转、高空自然风引起的螺旋桨侧流等因素，影响测量精度。

（4）单气球平台搭载试验过程中，只能在上升阶段进行试验，高度持续则增加，不能像飞艇那样可在较长的时间内，保持相对稳定的高度和速度，即高度、速度控制能力非常有限。

（5）管式天平、电机转轴的轴向需承受螺旋桨、变距机构重量，增加了天平设计难度和结构重量,同时电机转轴、法兰、螺栓等都需要特别加强,载重要求大大高于飞艇平台搭载。

4.6.5　多数据源螺旋桨效率评估方法

效率是临近空间螺旋桨研制中的核心技术指标,因此,效率必须进行权威验证。目前可获得的几种数据源及其特点如下:

(1)数据源 1。三参数相似模拟 CFD 计算。效率精度≤5%,精度较低,但成本较风洞试验低,数据量最大。

(2)数据源 2。两参数相似模拟常规风洞试验。效率精度≤5%,精度较低,成本高于 CFD 计算但远低于结冰风洞试验,数据量较少。

(3)数据源 3。三参数相似模拟结冰风洞试验。效率精度≤1%,精度最高,成本远高于常规风洞试验,数据量最少。

(4)数据源 4。全尺寸螺旋桨车载试验。效率精度≤8%,精度较低,海拔 4km 以下全尺寸螺旋桨真实性能。

(5)数据源 5。临近空间真实环境飞行试验。由平台总体提供,采用推阻平衡或应变片方案获得稳定飞行状态下的性能数据,包括高度、大气温度、大气压强、飞行速度、螺旋桨拉力、螺旋桨转速、螺旋桨功率。

本书充分利用上述多种数据源,通过构建高精度变可信度代理模型,建立螺旋桨效率评估方法,如图 4-110 所示。

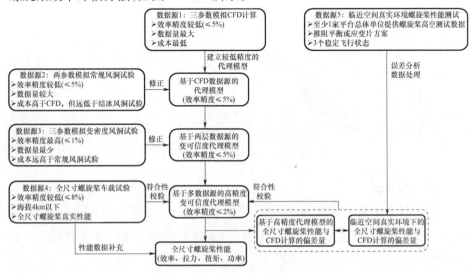

图 4-110　多数据源螺旋桨效率评估方法

4.7 典型的设计与验证实例

本节介绍利用本章所述高空桨设计方法进行的高空无人机螺旋桨、飞艇螺旋桨设计实例,并进行了效率缩比模型风洞试验验证或全尺寸螺旋桨性能车载试验。

4.7.1 6.8m/30kW 飞艇动力螺旋桨方案设计、风洞试验及车载试验

1. 设计要求

设计工况:高度 20km,速度 10 ~ 20m/s。

设计目标:轴流工况下气动效率最高,侧流工况下时均拉力最大。

约束条件:电机额定输出功率 26kW、额定扭矩 49Nm。

2. 设计结果

螺旋桨直径 6.8m,叶片数 2。图 4 – 111 和图 4 – 112 分别显示螺旋桨外形及剖面弦长分布、扭转角分布。

图 4 – 111　6.8m/30kW 螺旋桨外形

3. 试验验证

为验证设计结果满足设计要求,进行了螺旋桨效率缩比模型风洞试验,同时利用全尺寸螺旋桨变海拔高度车载试验获得了不同海拔高度下的螺旋桨真实性能。

图 4 – 113 为风洞试验用的直径 1m 螺旋桨缩比模型。图 4 – 114 为螺旋桨

效率风洞试验验证,利用西北工业大学 NF-3 风洞进行了轴流和侧流状态的测力试验。其中,侧流偏角 15°~90°,风速 8~20m/s。图 4-115 分别给出了轴流和侧流(15°)的试验结果。

利用变海拔高度车载试验台进行了全尺寸螺旋桨的气动性能测试,如图 4-116 所示。图 4-117 和图 4-118 分别给出了不同海拔高度(西安地区 0.5km,青海地区 3.6km)下的螺旋桨拉力、扭矩测试值与 CFD 计算值,两者趋势一致。

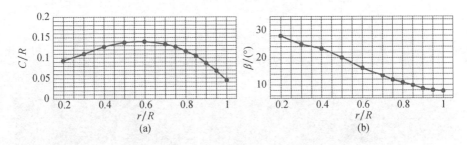

图 4-112　6.8m/30kW 螺旋桨弦长分布和扭转角分布

(a)弦长分布;(b)扭转角分布。

图 4-113　6.8m/30kW 螺旋桨缩比模型(D1m)

(a)　　　　　　　　　　　　(b)

图 4-114　6.8m/30kW 螺旋桨缩比模型风洞试验(NF-3)

(a)轴流;(b)侧流 15°。

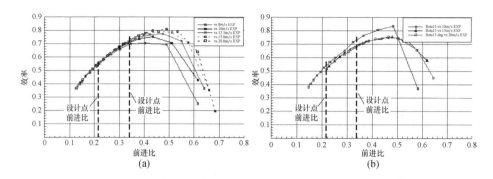

图 4 - 115 6.8m/30kW 螺旋桨缩比模型风洞试验结果(NF - 3)(见彩图)

(a)轴流;(b)侧流15°。

图 4 - 116 6.8m/30kW 全尺寸螺旋桨车载试验(见彩图)

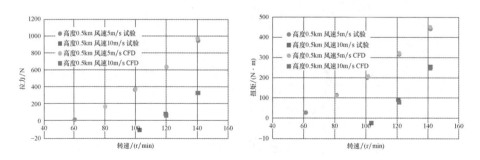

图 4 - 117 6.8m/30kW 全尺寸螺旋桨车载试验结果(西安地区)(见彩图)

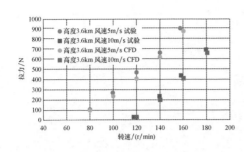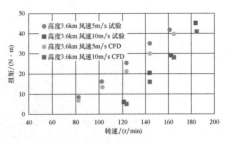

图 4 - 118　6.8m/30kW 全尺寸螺旋桨车载试验结果(青海地区)

4.7.2　7m/10kW 桨梢小翼螺旋桨方案设计与风洞试验

1. 设计要求

设计工况:高度 20km,速度 10 ~ 20m/s。

设计目标:设计工况范围内气动效率最高。

约束条件:电机额定输出功率 10kW、额定扭矩 258Nm。

2. 设计结果

螺旋桨直径 7m,叶片数 2。为了获得更高的气动效率,采用桨梢小翼布局。图 4 - 119 显示螺旋桨外形及基础桨叶剖面的弦长分布、扭转角分布。

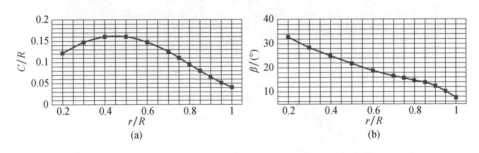

图 4 - 119　7m/10kW 螺旋桨弦长分布和扭转角分布

(a)弦长分布;(b)扭转角分布。

3. 试验验证

为验证设计结果满足设计要求,分别进行了螺旋桨效率缩比模型常规风洞试验和变密度风洞试验。

图 4 - 120 为风洞试验用的直径 0.8m 螺旋桨缩比模型。图 4 - 121 为螺旋桨效率风洞试验验证,分别利用西北工业大学 NF - 3 风洞进行两参数(前进比、雷诺数)模拟、青岛航空技术研究院变密度风洞进行三参数(前进比、雷诺数、桨尖马赫数)模拟。图 4 - 122 给出了两种风洞下的试验结果。

图 4 - 120　7m/10kW 螺旋桨外形

(a)　　　　　　　　　　　　　(b)

图 4 - 121　7m/10kW 螺旋桨缩比模型风洞试验

(a)常规风洞试验;(b)变密度风洞试验。

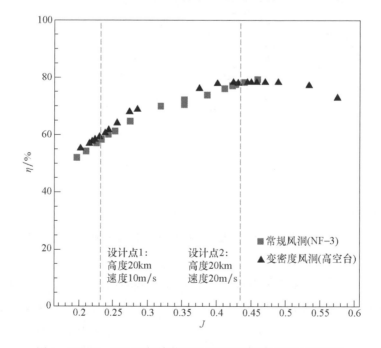

图 4 - 122　7m/10kW 螺旋桨缩比模型风洞试验结果(见彩图)

4.7.3　2.5m/3kW 高空螺旋桨方案设计与风洞试验

1. 设计要求

设计工况:①高度 20km、速度 28.5m/s;②高度 10km、速度 13.7m/s。

设计目标:设计工况下的螺旋桨功率最低。

约束条件:螺旋桨拉力≥65N;电机额定扭矩 27Nm。

2. 设计结果

螺旋桨直径 2.5m,叶片数 2。图 4 - 123 和图 4 - 124 分别显示螺旋桨外形及基础桨叶剖面的弦长分布、扭转角分布。

图 4 - 123　2.5m/3kW 螺旋桨外形

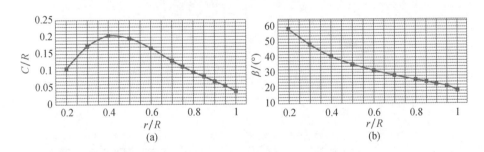

图 4 - 124　2.5m/3kW 螺旋桨弦长分布和扭转角分布

(a)弦长分布;(b)扭转角分布。

3. 试验验证

为验证设计结果满足设计要求,进行了螺旋桨效率缩比模型风洞试验。

图 4 - 125 为风洞试验用的直径 0.7m 螺旋桨缩比模型。图 4 - 126 为螺旋桨效率风洞试验验证,利用西北工业大学 NF - 3 风洞进行两参数(前进比、雷诺数)模拟。图 4 - 127 分别给出了高度为 20km 和 10km 设计点处的风洞试验结果。

图 4 - 125   2.5m/3kW 螺旋桨缩比模型(D0.7m)

图 4 - 126   2.5m/3kW 螺旋桨缩比模型风洞试验(NF - 3)

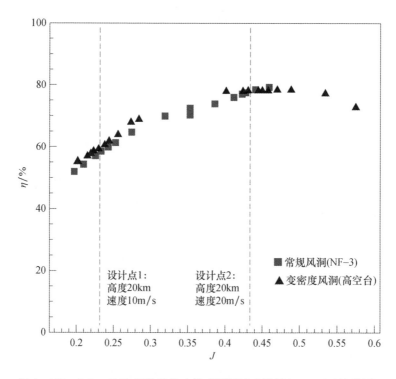

图 4 - 127   2.5m/3kW 螺旋桨缩比模型风洞试验结果(NF - 3)(见彩图)

第 5 章

大桨径轻质螺旋桨结构设计、工艺和测试方法

在临近空间大气环境下,螺旋桨的绕流雷诺数一般在 1 万 ~ 10 万数量级,由于 1 万 ~ 10 万数量级的临界低雷诺数效应问题,螺旋桨桨叶的升阻特性将显著降低约 50%,甚至更多,导致气动效率显著降低。为了提高临近空间螺旋桨的气动效率,飞艇高空螺旋桨一般采用两叶桨,大直径、大相对厚度和细长的桨身外形,细长体特征导致螺旋桨的挥舞刚度较差,提高固有频率较难,因此这类螺旋桨结构设计难点在于高固有频率与低质量之间的权衡。

飞艇螺旋桨采用了大桨径、厚翼型和宽弦长的几何特征,其体积比较大,采用金属材料制作,造成螺旋桨重量很大。目前玻纤/碳纤维复合材料已经得到广泛的应用,其具有很强的各向异性力学性能,并且可以根据受载情况进行剪裁设计,制造的结构件重量很轻,强度/刚度较高。因此,飞艇螺旋桨都采用了复合材料,以提高比强度/比刚度。

飞艇螺旋桨工作于高度 20km 的临近空间,其环境适应性不容忽视,在选材、设计、制造和最后测试试验中,也都是围绕环境适应性开展研究工作。同时该螺旋桨与有人驾驶飞机、无人机等螺旋桨也有很大区别,飞机的螺旋桨动力在飞行过程中一直在工作,因此大部分时间在额定点工作,而飞艇为了节省能量,可以漂浮,其螺旋桨只在顶风和机动飞行时才工作,造成飞艇螺旋桨转速范围要比飞机的宽很多。本章最后讨论了飞艇螺旋桨的测试试验方法。

5.1 复合材料螺旋桨结构布局形式和选材设计

与其他结构件设计相同,复合材料螺旋桨设计从结构布局和结构形式以及

选材开始,结构布局主要围绕将螺旋桨零件组成一个有机的受力整体工作,结构形式的研究重点在零件的复合材料构造上。在选材设计上,该类螺旋桨转速要比风电螺旋桨转速高很多,离心力相对大,并且要求严格的重量限制,因此,要采用强度更高的碳纤维材料,低成本的玻璃纤维材料无法满足要求。

5.1.1 螺旋桨结构布局与结构形式

螺旋桨结构布局设计要考虑拆装方便,能承受很大的离心力,重量轻,制造成本低等原则性要求。结构形式则完全要结合工艺实现去考虑,复合材料结构不能像金属件那样补加工连接位置,采用紧固件连接的,必须事先设计好连接位置,其设计特点是需要将结构与工艺进行一体化设计,使纸面的设计能成为最终产品。另外在选择供应商时,要考虑其擅长的结构形式,以提高成品的合格率。

1. 螺旋桨结构布局

目前,飞艇螺旋桨常见的结构布局有两种:一种是两片桨叶桨毂对插的结构布局,如图 5-1 和图 5-2 所示;另一种是两片桨叶中间用金属连接的结构布局,如图 5-3 和图 5-4 所示。前一种结构布局优点是桨毂和桨叶一体成型,重量轻,安装方便,制造成本低,采用一个模具可以做成同一种桨叶,对插安装后就可形成法兰端面与电机机械连接,离心力可以在桨叶上自平衡;不足是桨距角无法调整。第二种结构布局优点是桨距角可以调整,可以在地面考核高空旋转状态的离心力;不足是安装不太方便,制造成本较高,重量较大,桨叶离心力会造成桨毂产生较大应力。

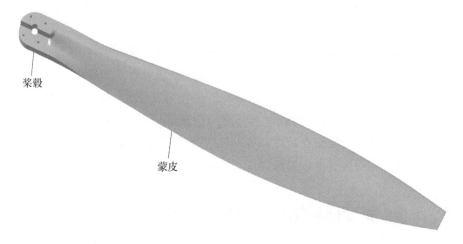

桨毂

蒙皮

图 5-1 桨毂对插式螺旋桨图

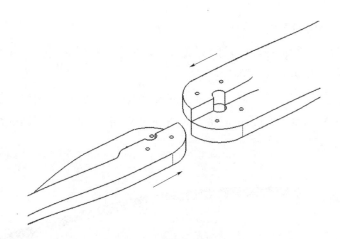

图 5 - 2　桨毂对插示意图

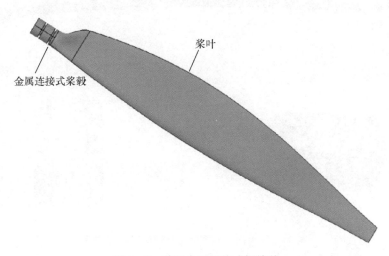

桨叶

金属连接式桨毂

图 5 - 3　桨毂金属连接式螺旋桨

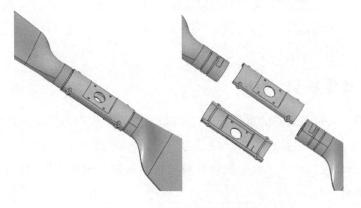

图 5 - 4　桨毂金属连接示意图

2. 螺旋桨结构形式

对于采用碳纤维复合材料的螺旋桨,在质量约束下提高强度、刚度和固有频率,常见的结构形式有两种:

（1）空芯结构,中间采用Ⅰ或Ⅱ梁腹板提供支撑,蒙皮使用层合板、材料为复合材料预浸料(编织物和单向带),泡沫夹芯梁腹板,桨毂采用铝蜂窝夹芯,如图5-5所示。

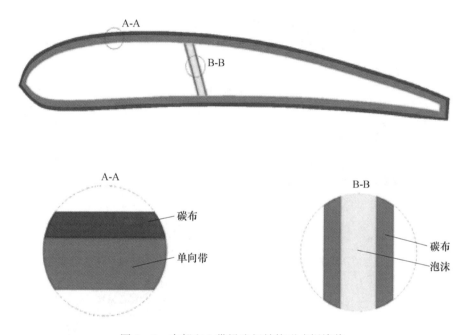

图5-5　内部空心带梁腹板结构形式螺旋桨

（2）内部填充结构,蒙皮使用层合板、材料为复合材料预浸料(编织物和单向带)、桨毂采用铝蜂窝夹芯,整个螺旋桨内部填充泡沫,可以有贯穿梁(或者无贯穿梁),如图5-6所示。

5.1.2　螺旋桨选材设计

随着人们对飞行器的重量要求越来越严格,以及飞行器的工作环境越来越恶劣,加上复合材料具有各向异性的力学特性,比强度和比模量都比金属材料高数倍,所以人们已经开始把复合材料应用到大型主承力构件如机翼、尾翼和螺旋桨上。

复合材料是由两种或多种不同性质的材料用物理和化学方法在宏观尺度

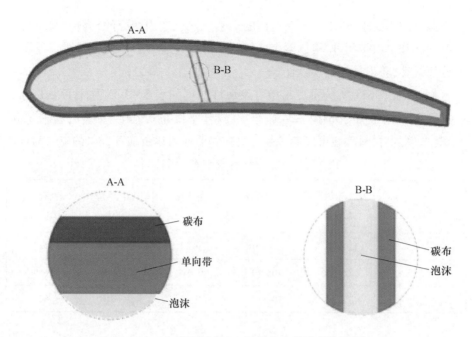

图 5－6 内部填充泡沫有梁腹板结构形式螺旋桨

上组成的具有新性能的材料。复合材料按应用的性质可分为功能复合材料和结构复合材料两大类。功能复合材料是具有特殊功能的材料,如导电复材、烧蚀复材、摩阻复材等。结构复合材料由基体和增强材料两种成分组成,基体采用各种树脂或金属、非金属材料,增强材料采用各种纤维或颗粒材料。其中,增强材料起主导作用,基本控制其刚度和强度性能;基体起辅助作用,固定和支撑纤维材料,传递纤维之间的载荷,保护纤维防止磨损或腐蚀,改善复合材料的某些性能。纤维增强复合材料是使用最多的结构复合材料,具有很高的比刚度和比强度,具有可设计性,并且制造工艺简单、成本低。

目前比较常用的纤维增强材料有碳纤维复合材料和玻璃纤维复合材料,碳纤维比强度/比刚度高,但韧性稍差,成本高,玻璃纤维韧性好,成本低,但比强度/比刚度低。一般飞机上螺旋桨或旋翼多采用了碳纤维复合材料,而风电等螺旋桨不注重重量应用中多采用玻璃纤维复合材料。

飞艇螺旋桨由于重量约束强,也使用碳纤维增强复合材料,加之该螺旋桨需要在临近空间使用,环境温度苛刻,需要采用能耐这种温度环境的树脂体系,同时为了制作方便,基本都使用了预浸料成型。

比较常用的国产碳纤维预浸料有航空 621 所系列、威海光威系列、北京金多维系列等,进口的有日本东邦和东丽等。所选预浸料树脂应能满足临近空间环境温度使用要求,可以根据制造商的工艺成熟度选用相应的材料。预浸料一般有织物和单项带两种,可以混合使用,也可以单独使用,需要进行层合板设计和分析计算,获得最佳铺层设计。

例如,航空 621 所的预浸料型号及属性数据如表 5-1 所列,HT7/LT 为复合材料 T700 单向带、G814/3234 碳布预浸料(平纹布 0°/90°)为复合材料 T300 编织物。更多材料属性可以参考复合材料手册或者以供应商提供的参数为准。

表 5-1　复合材料螺旋桨材料属性

材料	纵向弹模 E_{11}/Pa	横向弹模 E_{22}/Pa	泊松比 μ	剪切模量 G_{12}/Pa	密度 $\rho/(\mathrm{kg/m^3})$
单向带	120×10^9	7.3×10^9	0.32	4.7×10^9	1580
编织物	70×10^9	70×10^9	0.062	4.1×10^9	1650
泡沫	70×10^6	70×10^6	0.25	19×10^6	52

5.2　复合材料螺旋桨有限元建模和外载荷计算方法

高空飞艇复合材料螺旋桨长期变转速运转,受到载荷较为复杂,主要有旋转的离心力、重力和空气动力等外载荷。螺旋桨在高空主要以高转速旋转,因此受到的离心力较大,而低空主要以大扭矩旋转,因此受到气动力产生的弯矩较大。根据该类螺旋桨的受力特点,要分析需要计算分析的典型工况。

5.2.1　螺旋桨典型工况分析

以某型螺旋桨为例,该桨的设计工况为:螺旋桨转速 520r/min、工作高度 18000m、来流风速 10m/s。由于高空飞艇螺旋桨都为细长体,在 520r/min 转速下会对桨叶根部施加一个巨大的离心力。同样,由于桨叶细长气动力和重力也会对根部施加一个较大的弯矩。

对于螺旋桨这种单边固支结构应为削层结构,这种结构一般都是对根部进行单边固定约束,载荷在结构上一般呈现均匀分布,因此削层结构都是根部受力较大,尖部较小。根据这样的受力方式,经过优化的最优结果结构应该呈现出根部较厚、尖部较薄的结构形式,这为后续的结构优化提供了一些方向。

5.2.2　复合材料螺旋桨有限元建模

1. 复合材料有限元建模方法

复合材料螺旋桨是由若干层复合材料层合板粘接而成的,基于层状复合材料在建模上主要分为以下三种形式:基于区域的建模方法、基于铺层的建模方法和基于铺层的实体单元建模。这三种建模方式目的都是建立类似图 5-7 中的模型。

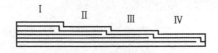

图 5-7　复合材料模型简化图

在基于区域的壳单元建模中,壳单元会被划分为多个区域,每个区域拥有一种铺层,如图 5-8 所示。

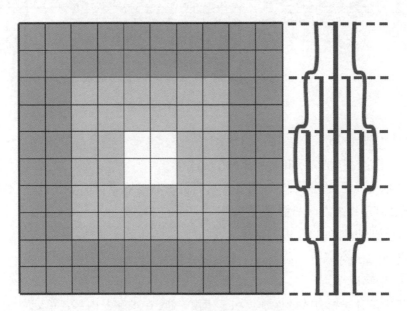

图 5-8　基于区域的复合材料建模

（1）基于区域的建模方法。

① 生成壳单元。

② 指定材料坐标系和材料属性(复合材料为正交各向异性)。

③ 指定模型各区域的铺层信息,每个区域都有一个铺层顺序和铺层厚度。

④ 施加边界条件和载荷。

163

⑤ 求解计算。

基于区域的复合材料建模的优点是模型一目了然;缺点是当建模划分的区域很多时,建模相当耗时。

(2) 基于铺层的建模方法。

基于铺层的模型直接与制造工艺挂钩,它的建模方式和复合材料的加工过程是对应的。每一层都有指定的形状、厚度、材料和角度,整个结构由这些铺层按照设计的顺序依次粘接而成,如图 5-9 所示。

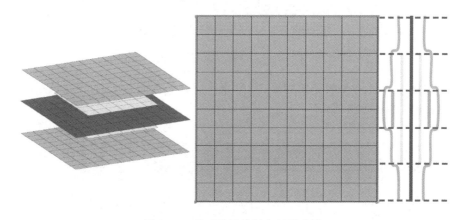

图 5-9　基于铺层的复合材料建模

① 生成壳单元。

② 指定材料坐标系和材料属性。

③ 生成每层的形状,每一层复合材料的形状参照设计的形状进行裁剪,赋予各层厚度、纤维方向和粘接顺序。

④ 按照设计的顺序进行粘接。

⑤ 施加边界条件和载荷。

⑥ 求解计算。

以上两种建模方式的区别仅在于建模过程,在求解器内部各单元对应的材料模型是一样的,根据需要进行取舍。

(3) 基于铺层的实体单元建模。

① 生成实体单元,每一层复合材料由一层实体单元描述,如图 5-10 所示。

② 指定单元材料坐标。

③ 指定模型中所有用到的各层材料的宏观材料模型。

④ 对每一层定义对应的实体材料。

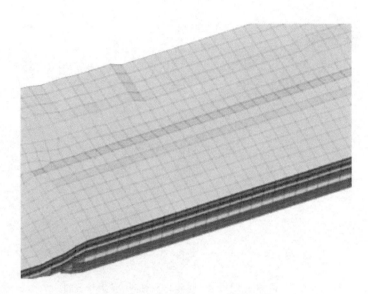

图 5 – 10　基于铺层的实体单元建模

⑤ 制定各单元的实体材料。

⑥ 施加边界条件和载荷。

⑦ 求解计算。

这种实体描述更精细地对应复合材料的三维状态。但由于各层材料普遍很薄,这种模型往往要使用大量的实体单元。所以仅适用于需要精细分析的复合结构节点等部位。

2. 飞艇复合材料螺旋桨有限元建模

（1）几何建模。

飞艇高空螺旋桨一般由桨叶、桨毂和梁（也可能有泡沫夹芯）三部分组成,其中桨叶是气动计算中产生拉力的主要部件,在 3D 建模时需要精确描述。桨叶是由距离旋转中心位置20% ~ 100%的12个翼型剖面确定的,每两个翼型剖面之间光顺连接成蒙皮表面,如图 5 – 11 所示。每个翼型剖面由对应的标准翼型、弦长和扭转角确定。桨毂的基本参数有桨毂厚度、半径,安装孔圆心位置、半径,定位孔圆心位置、半径等。

（2）网格划分与材料属性赋予。

精确的 3D 模型建立好之后,以空芯结构螺旋桨为例（内部填充泡沫结构也一样）,使用有限元软件对螺旋桨进行建模。首先,进行壳单元的划分,尽量多使用四边形单元,在几何形状复杂的区域使用少量三角形单元进行过渡。然

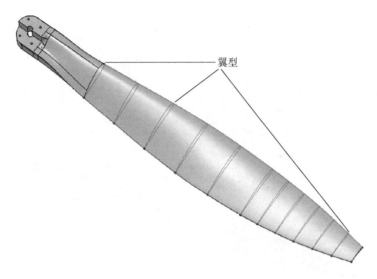

翼型

图 5 - 11   由 12 个翼型剖面光顺连接成桨叶表面

后,在壳单元基础上进行复合材料建模,对于复合材料螺旋桨来说一般使用基于区域或基于铺层的方式建模。图 5 - 12 为使用基于铺层的方式建模。在泡沫存在的地方建立体单元。

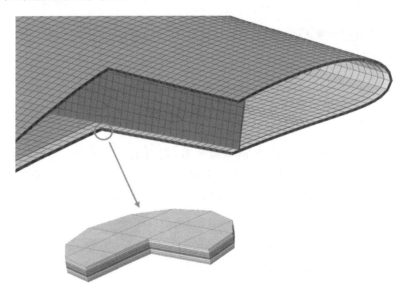

图 5 - 12   基于铺层建模的复合材料螺旋桨局部放大图

将表 5 - 1 中的复合材料属性赋予对应的壳单元,将泡沫属性赋予体单元,其中复合材料为正交各向异性材料,泡沫为各向同性材料。

（3）施加约束与载荷。

螺旋桨桨叶安装在驱动电机输出轴法兰盘上，4 个螺栓孔的 y 向和 z 向位移被约束，$U_y = U_z = 0$，端面的 x 向位移被约束，$U_x = 0$，如图 5 – 13 所示。

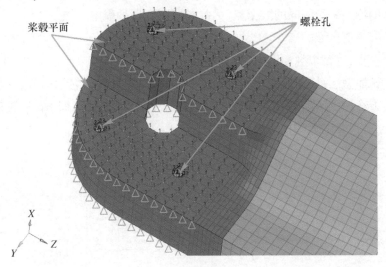

图 5 – 13　桨毂约束

5.2.3　外载荷计算方法与数据交换方法

在第 5.2.1 节中已经对螺旋桨的典型工况和受力进行了分析。螺旋桨在工作时主要受气动载荷、惯性力和重力三种载荷的相互耦合影响，故计算时需要同时给螺旋桨施加重力、惯性力和气动力，其中气动力的精确加载较为复杂，使用多点挑方法将气动力加载到结构有限元上，下面进行详细讨论。

气动载荷是螺旋桨受力中最为复杂，经过多年的计算和试验验证，采用雷诺平均 N – S 方程作为主控方程。对于来流速度垂直于桨盘的情况，在固连于螺旋桨的非惯性旋转坐标系下观察流体的绝对运动，流动是准定常的，计算只需对一片桨叶进行，其他桨叶的影响通过旋转对称边界条件实现。为了更好地捕捉尾涡及实现旋转对称边界条件，采用嵌套网格技术。

由于气动网格和结构划分不一致，要实现耦合计算，需要在不同网格之间进行数据交换，数据交换的好坏直接影响到耦合分析的结果。数据交换过程中要保证：①气动力插值要满足力的等效传递；②位移插值要满足结构表面的光顺性；③耦合过程中要满足能量的守恒；④避免病态矩阵引起的数值不稳定和尽可能高的计算效率。

可以采用局部形式的插值方法,提高计算效率和稳定性;插值区域大小根据结构表面的曲率动态确定,排除了可能引起振荡的插值点,保证了变形后表面的光顺性;用多点挑的方法传递气动载荷,保证了力的等效;对气动力的传递和位移的传递采用相同的数据点,尽可能保证耦合过程中的能量守恒。

（1）插值区域的确定。

第一步,对每个气动网点,找到与其相邻的最近结构单元(e),如图 5 - 14 所示。具体做法是:①对每个气动节点找到与其距离最近的结构节点;②找出包含最近结构点的所有结构单元,依次求出气动点与每个结构单元的垂直距离,距离最小者即为所找结构单元。

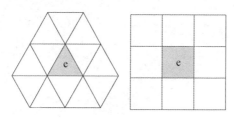

图 5 - 14　嵌套网格总体示意图

第二步,根据最近结构单元(e)与其相邻单元之间的二面角确定插值区域。具体做法是:①把最邻近结构单元纳入插值范围,然后依次求出当前单元与其相邻单元间的二面角,如果夹角小于 α(如果 α 的取值过大可能会引入一些干扰点,过小会使插值范围太小,都会影响到插值后曲面的光顺性,书中的做法是根据曲面的曲率和网格的粗细多次尝试后选定一个合适的值),则找出构成二面角的两个单元的公共节点;②把所有包含公共节点的单元纳入插值范围,插值范围内所有单元包含的全部节点(三边形网格最多包含 12 个节点,四边形网格最多包含 16 个节点),即为最后的插值区域。

（2）气动力的插值。

插值区域确定以后,气动力的传递用多点挑方法。为了解决空间插值问题,对原方法由二维推广到三维。多点挑方法基本思想是离气动点最近的结构多分配一些载荷,反之少分配一些。对于气动点 j,假设与其相距 L_i 的结构点之间存在一个气动的虚拟悬臂梁,结构点分配到载荷 P_i 时的变形能为

$$U_i = \frac{1}{6E_j}P_i^2 L_i^3 \tag{5-1}$$

式中:E_j 为梁的抗弯强度。于是整个系统的变形能为

$$U = \sum_{i=1}^{N} U_i \tag{5-2}$$

分配到结构点上载荷应使系统的变形能最小,并且满足静力等效原则,有

$$
\begin{cases}
\sum_{i=1}^{N} P_i = P_j \\[2mm]
\sum_{i=1}^{N} P_i \cdot x_i = P_j \cdot x_j \\[2mm]
\sum_{i=1}^{N} P_i \cdot y_i = P_j \cdot y_j \\[2mm]
\sum_{i=1}^{N} P_i \cdot z_i = P_j \cdot z_j
\end{cases} \tag{5-3}
$$

建立拉格朗日函数,即

$$G(\lambda,\lambda_x,\lambda_y,\lambda_z) = \sum_{i=1}^{N} \left(\frac{1}{6E_j} P_i^2 L_i^3 - \lambda P_i - \lambda_x P_i \overline{x_i} - \lambda_y P_i \overline{y_i} - \lambda_z P_i \overline{z_i} \right) \tag{5-4}$$

$$
\begin{cases}
\overline{x_i} = x_i - x_j \\[2mm]
\overline{y_i} = y_i - y_j \\[2mm]
\overline{z_i} = z_i - z_j
\end{cases} \tag{5-5}
$$

令

$$\frac{\partial}{\partial P_i} G(\lambda,\lambda_x,\lambda_y,\lambda_z) = 0 \tag{5-6}$$

并令 $3E_j = 1$,得

$$P_i L_i^3 = \lambda + \lambda_x \overline{x_i} + \lambda_y \overline{y_i} + \lambda_z \overline{z_i} \tag{5-7}$$

代入静力等效条件得

$$
\begin{bmatrix}
\sum_{i=1}^{N} L_i^{-3} & \sum_{i=1}^{N} \overline{x_i} L_i^{-3} & \sum_{i=1}^{N} \overline{y_i} L_i^{-3} & \sum_{i=1}^{N} \overline{z_i} L_i^{-3} \\[3mm]
\sum_{i=1}^{N} x_i L_i^{-3} & \sum_{i=1}^{N} x_i \overline{x_i} L_i^{-3} & \sum_{i=1}^{N} x_i \overline{y_i} L_i^{-3} & \sum_{i=1}^{N} x_i \overline{z_i} L_i^{-3} \\[3mm]
\sum_{i=1}^{N} y_i L_i^{-3} & \sum_{i=1}^{N} y_i \overline{x_i} L_i^{-3} & \sum_{i=1}^{N} y_i \overline{y_i} L_i^{-3} & \sum_{i=1}^{N} y_i \overline{z_i} L_i^{-3} \\[3mm]
\sum_{i=1}^{N} z_i L_i^{-3} & \sum_{i=1}^{N} z_i \overline{x_i} L_i^{-3} & \sum_{i=1}^{N} z_i \overline{y_i} L_i^{-3} & \sum_{i=1}^{N} z_i \overline{z_i} L_i^{-3}
\end{bmatrix}
\begin{bmatrix}
\lambda \\[2mm] \lambda_x \\[2mm] \lambda_y \\[2mm] \lambda_z
\end{bmatrix}
=
\begin{bmatrix}
P_j \\[2mm] P_j \cdot x_j \\[2mm] P_j \cdot y_j \\[2mm] P_j \cdot z_j
\end{bmatrix}
$$

$$\tag{5-8}$$

求得 $\lambda_x, \lambda_y, \lambda_z$，即可得到气动网点 j 上的载荷 P_j 分配到结构点上的载荷 P_i。

（3）位移的插值。

插值区域确定以后，位移的插值用 TPS 方法。薄平板样条 $W(x,y,z)$ 被认为是通过给定节点位移 W_i 的一无限平板。与弯曲变形和平面载荷相关的静态平衡微分方程为

$$D\nabla^4 W = q \qquad (5-9)$$

式中：D 为平板弹性系数；q 为平板的分布载荷。整理以后得

$$W(x,y,z) = a_0 + a_1 x + a_2 y + a_3 z + \sum_{i=1}^{N} F_i r_i^2 \ln r_i^2 \qquad (5-10)$$

$$r_i^2 = (x-x_i)^2 + (y-y_i)^2 + (z-z_i)^2 \qquad (5-11)$$

$N+4$ 个未知数可由下面两式确定，即

$$\sum_{i=1}^{N} F_i = \sum_{i=1}^{N} x_i F_i = \sum_{i=1}^{N} y_i F_i = \sum_{i=1}^{N} z_i F_i = 0 \qquad (5-12)$$

$$W_j = a_0 + a_1 x_j + a_2 y_j + a_3 z_j + \sum_{i=1}^{N} F_i r_{ij}^2 \ln r_{ij}^2 \quad j=1,2,\cdots,N \quad (5-13)$$

求得插值系数以后代入 $W(x,y,z)$ 即可得到气动节点的位移。

图 5-15 为某型 6.8m 螺旋桨在海拔 20km 处受气动力变形后位移插值结果。

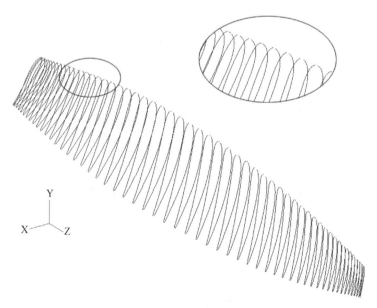

图 5-15　位移插值后的桨叶表面

5.3　碳纤维复合材料螺旋桨优化设计方法

复合材料结构优化设计是一项学科交叉非常明显的研究方向,该方向涉及了许多基础性工作,不但有复合材料领域的基础知识,还涉及数学建模、力学建模、优化方法等其他领域的基础知识,是一项综合性很强的研究工作。复合材料结构优化目的是使结构更加合理,在满足强度刚度基础上,结构模态合理,安全可靠,质量更轻。

目前的螺旋桨结构常使用基于削层结构的复合材料结构优化方法,以下说明该方法在碳纤维复合材料螺旋桨优化设计中的应用,并结合 5.6 节中内部空芯和内部填充泡沫两种结构形式的优化算例用于详细说明。

5.3.1　基于削层结构的一维复合材料结构优化方法

1. 方法的基本假设与原则

基于削层结构的一维复合材料层合板优化方法的基本假设如下:

(1) 假设结构是根部厚、尖部薄的,厚度由根部向尖部逐渐过渡。

对于螺旋桨、机翼等单边固支结构应为削层结构,这种结构一般都是对根部进行单边固定约束,载荷在结构上一般呈现均匀分布,因此削层结构都是根部受力较大、尖部较小,因此根据这样的受力方式经过优化的最优结果结构都是根部较厚、尖部较薄。

(2) 假设纤维都是连续的。

纤维的不连续不仅会切断传力路径(原本由纤维传递的载荷会转移到基体上进行传递),导致区域连接处的应力集中,也会增加连接件的数量,影响结构的整体性能,甚至工艺上的不可行。

但是这种假设也存在特例,在机翼这一典型的削层结构中,如果机翼中部需要加挂导弹等重载荷,就需要对其加挂部位进行局部的加固优化,对集中载荷部分的复合材料层数就会增加,在总体上复合材料的纤维就无法保证连续。但是对于螺旋桨等大部分没有外部载荷的削层结构来说,这个假设是十分合理的。

在考虑纤维连续性的同时,也要对复合材料加工工艺设计原则进行分析[50]。对于复合材料设计有几个关键的基本原则:

(1) 在满足受力的情况下,铺层方向数应尽量少。为了简化设计工作和加工工程的工作量。一般多选择0°、±45°和90°四个铺向角,以应对轴向、剪切以及横向载荷。

（2）为了有效降低层间应力,同一铺向角的单层不宜过多集中在一起,最大层数为4~6层。

（3）为使复合材料的基体沿各个方向均不受载,其任一方向的最小铺层比例应大于或等于10%。

本节接下来主要研究了在复合材料削层结构的多区域铺层顺序优化中如何设计优化模型,使其既能减少优化变量的个数,又可以保证铺层纤维的连续性,从而提高优化效率,同时还需要考虑加工工艺设计原则,保证在实际加工的可行性。

2. 基于削层结构的一维优化模型

从方法的基本假设可以看出,削层结构的铺层厚度分布特点是根部厚、尖部薄,厚度由根部向尖部递减。因此一维优化模型将整个待优化区域沿横向划分为多个子区域(区域1,2…,n),这样的划分可以将不同厚度分隔开来,如图5－16所示。其中将根部的区域即厚度最厚的区域作为优化的关键区域,而其他优化子区域均为非关键区域。为了保证纤维的连续性,以及削层结构的特性,所有的复合材料铺层都是由关键区域开始,铺向非关键区域,该铺层到某一子区域停止后不允许出现在后续区域之中,即区域1的厚度大于等于区域2的厚度……,同时后面区域铺层方案只能是从前一个区域铺层的方案中进行删减不能增加。

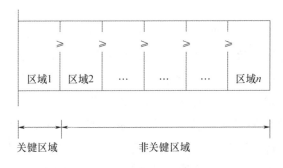

图5－16　削层结构一维区域划分

如图5－17所示,基于削层结构的复合材料螺旋桨一维精细化优化模型的几何形状示意图,从左向右通过铺层递减的方式,在保持纤维的连续性基础上又实现了削层结构从厚到薄的厚度变化趋势。

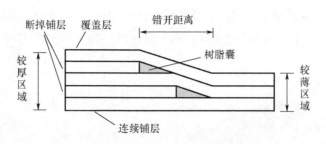

图 5 - 17　复合材料一维削层结构的几何形状

3. 一维模型的变量选取

根据一维优化模型的特点,同时为了减少变量个数,本节提出了一个铺层组的概念,铺层组是将铺层方案中在一起的同一铺向角的若干单层层合板看作为一个铺层组,见图 5 - 18 所示。针对一维模型中的关键区域与铺层组的定义选取如下几个变量:铺层组铺向角变量 θ,铺层组层数变量 T,铺层组铺层距离变量 L。

(1)铺层组铺向角变量 θ:表示每个铺层组的铺向角。根据复合材料的设计原则,铺层方案的铺向角选择为 $0°$、$±45°$和 $90°4$ 个铺向角。

(2)铺层组层数变量 T:表示每一个铺层组集中在一起的具有同一铺向角和铺层距离的单层层合板的层数。根据复合材料设计原则,同一个铺向角的单层合板不能过多地集中在一起,层数上限可以设置为 4 层,以防止同一角度的铺层过多的集中。

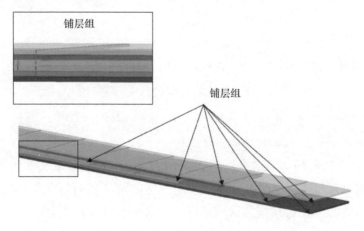

图 5 - 18　铺层组示意图

(3)铺层组铺层距离变量 L:用以确定每一铺层组的铺层长度,其示意图 5 - 19 所示。铺层距离取值为 $0 \sim n$。如果取 0,则表示该铺层组不存在;取 1,则表示该铺层组只铺到区域 1 即只有关键区域有该铺层组;取非零值(如取 i)时,表示区域 1 到区域 i 有该铺层组。因此,非关键区域的铺层距离只需要用设计变量 L 描述。

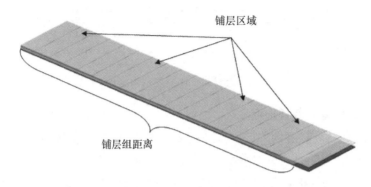

铺层区域

铺层组距离

图 5-19　铺层区域划分及铺层组铺层距离

通过这三个变量的设计我们就可以实现整个一维同级纤维连续性模型的数学描述。

4. 一维优化方法的数学优化模型

数学优化模型可表示为

$$
\begin{cases}
\min \quad M(T,\theta,L) \\
T = \{t_1, t_2, \cdots, t_p\} \\
\theta = \{\theta_1, \theta_2, \cdots, \theta_p\} \\
L = \{l_1, l_2, \cdots, l_p\} \\
\text{s. t.} \quad g_i(T,\theta,L) \leqslant 0 (i=1,2,\cdots,k) \\
t_j \in [0,1,\cdots,4](j=1,2,\cdots,p) \\
\theta_j \in [0,-45,45,90](j=1,2,\cdots,p) \\
0 \leqslant l_j \leqslant n(j=1,2,\cdots,p)
\end{cases}
\tag{5-14}
$$

式中:$\min M(T,\theta,L)$ 表示层合板质量最小的目标函数;质量 M 为 T、θ 和 L 的函数;T 为各铺层组铺层层数;θ 为各铺层组的铺向角;L 为各铺层组的铺层距离;t_j 为第 j 个铺层组铺层层数;θ_j 为第 j 个铺层组的铺向角;l_j 为第 j 个铺层组的铺层距离;$g_i(T,\theta,L) \leqslant 0$ 为结构约束条件,根据实际约束进行设计;k 表示约束的个数。

与传统的分级优化模型相比有如下几个特点,如表 5-2 所列。

表 5 - 2　一维优化模型与现有的分级优化模型的比较

	现有的复合材料结构 多级/分级优化模型	本书提出的一维优化模型
优化问题	结构被划分为 n 个一维区域	每个区域的铺层上限为 m 层
变量	铺层厚度、角度与顺序	铺层厚度、角度与顺序
优化模型中的设计变量	铺层厚度与分层比例	铺层组、铺层组的铺向角、铺层组距离变量
设计变量个数	较多,$n \times m$ 个	较少,$3m$ 个
设计变量个数对子区域数量的敏感性	敏感,设计变量随着子区域数量的增加而快速增长	不敏感,与子区域数量无关
纤维连续性	难以保证设计结果的纤维连续性	可以保证
算法的实现性	算法实现较为繁琐	算法实现较为容易

5.3.2　基于削层结构的二维复合材料结构优化方法

1. 向导式纤维连续性模型

在 5.3.1 节中我们已经解决了在横向方向纤维连续性问题,本节将选择向导式纤维连续性模型来解决纵向方向的纤维连续性问题。

向导式纤维连续性模型[51](Guide - Based Blending Model, GBBM)是另一种简单的纤维连续性模型,对于处理大型复合材料结构的纤维连续性问题取得了较好的效果,如图 5 - 20 所示。

图 5 - 20　参考层合板示意图

GBBM 定义为:对于两个相邻层合板,如果一个层合板的铺层是通过删除另一个较厚层合板的最外的某些连续铺层得到的,则两个相邻的层合板称为内连续;反之,如果一个层合板的铺层是通过删除另外一个较厚层合板的最内的某些连续铺层得到的,则两个相邻的层合板称为外连续。

为了简化纤维连续性问题,对所有优化子区域引入一个参考层合板,即所有区域的铺层都通过一定的方式从该参考层合板中获得,包括删除该参考层合板内的一定连续铺层,便可得到纤维连续性模型。引入向导层合板的最大优点是整个结构只需要优化一个层合板的结构和每个区域的层数,而不是每个优化区域的铺层结构,大大降低了设计变量的数目,并能很好地保证纤维的连续。

2. 基于削层结构的二维优化模型

基于削层结构的二维模型是在一维模型的基础上将优化区域沿纵向再分成多个区域(区域1、2⋯m)即组成一个 $m \times n$ 的二维区域,如图 5-21 所示。在纵向使用向导式纤维连续性模型对关键区域进行优化。优化前先设定一个参考层合板组,所有子关键区域都由引导层合板组随机减少铺层组来获得。这样的优化模型可以很好地保证在纵向方向的纤维连续性。在横向方向依旧沿用上一节的一维优化模型,根据对应关键区域的铺层组优化结果,对铺层组层数、铺层组铺向角、铺层组铺层距离进行优化。

3. 二维模型的变量选取

沿用 5.3.1 节的三个设计变量对本节提出的参考层合板进行优化,关键区域的铺层方案都来源于参考层合板,根据二维优化模型选取如下几个变量:参考层合板铺层组铺向角变量 θ,参考层合板铺层组层数变量 T,参考层合板铺层组铺层距离变量 L,如图 5-21 所示。

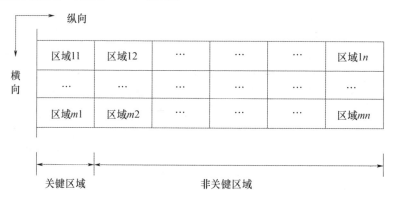

图 5-21 削层结构二维区域划分

（1）参考层合板铺层组铺向角变量 θ：表示每个铺层组的铺向角。根据复合材料的设计原则，铺层方案的铺向角选择为 $0°$、$\pm45°$ 和 $90°$ 四个铺向角。

（2）参考层合板铺层组层数变量 T：用以表示每一个铺层组集中在一起的具有同一铺向角和铺层距离的单层层合板的层数。根据提到的复合材料设计原则，同一个铺向角的单层合板不能过多地集中在一起，层数上限可以设置为 4 层，以防止同一角度的铺层过多的集中。

（3）参考层合板铺层组铺层距离变量 L：用以确定参考层合板每一铺层组在长度方向上细分的每一区域的铺层长度。与一维模型不同，二维模型中 L 是一个二维数组变量，其取值与为 0 到 n。取 0 表示参考层合板该铺层组不存在；取 1 表示参考层合板该铺层组只铺到对应子关键区域；取非零值，如取 q 时，表示只有对应区域 1 到区域 i 有该铺层组即对应的纵向区域铺层长度为 q。

4. 二维优化方法的数学优化模型

$$\begin{cases} \min \quad M(T,\theta,L) \\ T = \{t_1, t_2, \cdots, t_p\} \\ \theta = \{\theta_1, \theta_2, \cdots, \theta_p\} \\ L = \left\{ \begin{matrix} l_{11} & \cdots & l_{1p} \\ \vdots & \ddots & \vdots \\ l_{m1} & \cdots & l_{mp} \end{matrix} \right\} \\ \text{s. t.} \quad g_i(T,\theta,L) \leqslant 0 \, (i=1,2,\cdots,k) \\ t_j \in [0,1,\cdots,4] \, (j=1,2,\cdots,p) \\ \theta_j \in [0,-45,45,90] \, (j=1,2,\cdots,p) \\ \quad 0 \leqslant l_{ij} \leqslant n \, (i=1,2,\cdots,m)(j=1,2,\cdots,p) \\ l_{ij+1} \leqslant l_{ij} \leqslant n \, (i=1,2,\cdots,m)(j=1,2,\cdots,p) \end{cases} \tag{5-15}$$

式中：$\min M(T,\theta,L)$ 表示层合板质量最小的目标函数；质量 M 为 T、θ 和 L 的函数；T 为各铺层组铺层层数；θ 为各铺层组的铺向角；L 为各铺层组的铺层距离；t_j 为第 j 个铺层组的铺层层数；θ_j 为第 j 个铺层组的铺向角；l_j 为第 j 个铺层组的铺层距离；$g_i(T,\theta,L) \leqslant 0$ 为结构约束条件，根据实际约束进行设计；k 为约束的个数。

相较于一维优化方法，二维优化方法对模型在横向方向上继续进行区域划分，虽然优化变量比一维方法增加了，但是二维方法可以对模型进行更加精细化地优化，在面对更加复杂的载荷工况时，可以更加细致地调整各子区域的铺层厚度,在保证纤维连续性的前提下,使得质量进一步减轻。表 5 - 3 为两种模型设计变量比较。

表 5 - 3　两种精细化优化方法设计变量比较

优化方法	一维同级优化	二维同级优化
优化问题	将待优化区域纵向分为 n 个子区域	将待优化区域纵向分为 n 个区域,同时沿横向分为 m 个区域,一共形成 $m \times n$ 个子区域
设计变量	铺层组铺层层数变量:p 铺层组铺向角变量:p 铺层组距离变量:p	铺层组铺层层数变量:p 铺层组铺向角变量:p 铺层组距离变量:$p \times q$
设计变量总数	$3p$	$p \times (2 + q)$

5.4　复合材料螺旋桨工艺设计

螺旋桨研制过程中存在着轻质量与大刚度需求之间的矛盾,碳纤维复合材料成型与严格的外形公差之间的矛盾,大桨径与高固有频率之间的矛盾,同时对固有频率、结构质量有着严格的要求。为了使加工出的产品能满足设计指标,需要对复合材料螺旋桨进行工艺设计,使加工出的产品实物性能尽可能接近设计指标。

5.4.1　模具设计

根据多年来的研究经验,球墨铸铁模具温升膨胀系数与碳纤维的最为接近,但制造难度较大,主要是需经过木模设计、木模制造、沙箱设计、沙箱制造、主模铸造、模具数控加工等工序,整个工期长,牵扯参研单位多,工艺繁琐,不可控因素很多。特别是大工件铸造单位比较少,数控加工更需要较大机床。

采用球墨铸铁模具,主要是为了尽可能保证螺旋桨外形公差小,同时在模具设计上使用上述的一些补偿手段。

目前的大桨径复合材料螺旋桨制造过程中外形误差难以避免。主要原因是由于模具和碳纤维在中温环境中的膨胀系数有差别,冷却后碳纤维制品有较大的变形,造成碳纤维螺旋桨外形误差较大。另外,根部的连接螺栓孔的预埋件容易错位,需要重新在模具上小孔定位,并采用实心预埋铝合金件,桨叶加工完成后进行配钻。另外,目前采用的上下表面两片合模的工艺方法,有些粘接地方为线线接触,造成粘接强度较差。因此需要在模具设计时采用翻边、凸台等补偿措施,进一步增大粘接面积,从而提高整副桨的粘接强度。

在模具设计中,主要工作是在更为精细的设计中间梁腹板的模具上。由于螺旋桨的上下壳体是变厚度,同时厚度变化不是缓慢柔和变化,而是呈台阶状,这样中间腹板在设计上就需要严格计算每个剖面上限和下限量,同时要考虑胶层的厚度。通过多年的研究,得出的经验是胶层的厚度一般为 1 ~ 2mm。若在控制外形时采用了较大的下限量,容易造成中间腹板梁和上下壳体之间的粘接胶层过厚,导致粘接强度降低。合模后螺旋桨内部的粘接情况不可见,只能采用胶膜等固体黏接剂,通过上下模具合模预紧力保证胶层能固化到位。

模具设计完成后,首先进行铸造用的木模设计,开始模数控加工,然后进行铸造铝合金翻箱设计,再进行翻箱制造,铸造模具,最后对铸造的模具进行数控加工,数控加工完成后对模具表面刨光,用铸工胶进行砂眼填充,并加工相应的翻边和凸台,完成模具预装配检查,最终如图 5-22 和图 5-23 所示。

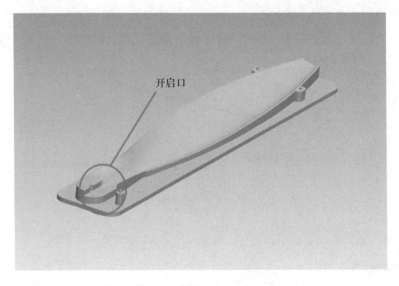

开启口

图 5-22　上表面半模具

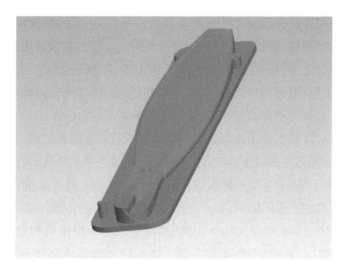

图 5 – 23　下表面半模具

5.4.2　工艺方案

　　为了保证螺旋桨的结构质量指标和固有频率指标,整个螺旋桨需要采用中空结构,并在内部设计一贯穿桨根和桨尖的腹板梁,如此在不增加质量的情况大幅度提高该桨的挥舞刚度和扭转刚度。按照中空结构方案,整个桨叶需要采用二次成型工艺方法,首先对上、下两个半壳体以及中间梁腹板分别成型,然后用胶膜进行胶接后进行上下合模,最后回炉中温固化,详细的三个零件结构见图 5 – 24 ~ 图 5 – 26 所示。

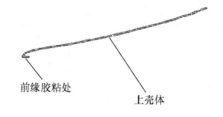

图 5 – 24　壳体典型剖面结构图

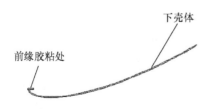

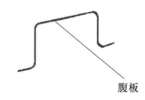

图 5 – 25　下壳体典型剖面结构图　　　图 5 – 26　中间腹板梁典型剖面结构图

　　分别将 3 个零件加压成型后，上下壳体前后缘，梁腹板 4 角上粘接胶膜粘剂。将上、下壳体和梁腹板三件在模具中合模成型，如图 5 – 27 和图 5 – 28 所示。二次成型制造工艺流程图如图 5 – 29 所示。

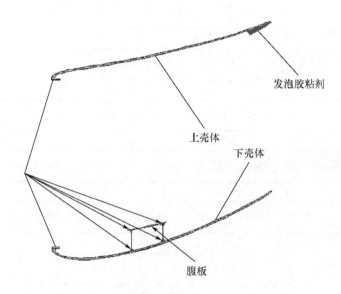

图 5 – 27　复合材料螺旋桨典型剖面胶接结构图

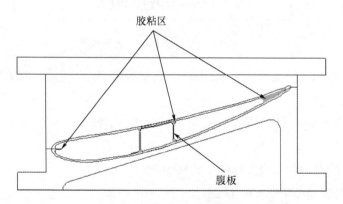

图 5 – 28　复合材料螺旋桨结构合模成型示意图

5.4.3　制造工艺控制

　　复合材料桨叶工艺拆分为 3 个零件，即上、下壳体和腹板梁。设计加工上、下壳体和腹板梁的成型模具各一套。其中两个上、下壳体模具组合可形成胶粘工装。首先用预浸料铺层—热压罐固化的方法分别制造出壳体和腹板梁，然后

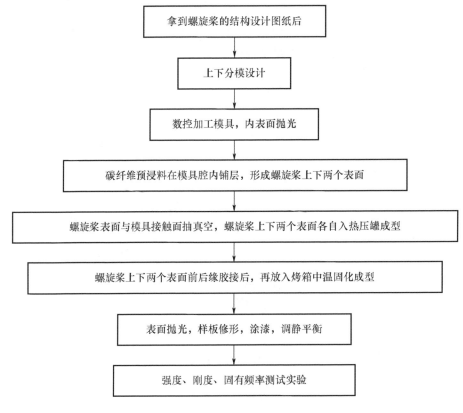

图5-29 二次成型制造工艺流程图

将上、下壳体和腹板梁放置在组合模内,高温胶接,而后两片桨叶装配调试,最后进行表面处理。

碳纤维复合材料壳体成型采用热压罐工艺,如图5-30所示,工艺参数如下:

(1)全程抽真空,真空度高于0.096MPa。

(2)升温速率1℃/min,降温速率小于1℃/min。

(3)升至85℃后恒温30min后加压,压力0.4MPa;继续升温到125℃,恒温120min。

(4)恒温结束后开始降温,降温到60℃以下卸压,出罐。

(5)桨叶胶接合型采用合模烘箱工艺,工艺规程如下:①合模组合安置于电热烘箱内,从室温开始加热,升温速率为0.6~1℃/min。②升至125℃后恒温120min后,停止加热,自然冷却到50℃以下出炉。

图 5 - 30　热压罐

5.4.4　工艺试验

为了验证模具、工艺方案和工艺控制的可行性和合理性,保证产品质量,需要进行工艺试验验证。按照上述工艺对螺旋桨进行试制,并进行外形误差测试、固有频率试验,最后破坏性地剖开后观察粘接情况,从而固化工艺规程、沉淀工艺经验,提高制造人员的熟练度。每当新产品试制时,都需要进行工艺试验,以保证产品质量。

5.5　复合材料螺旋桨结构特性与环境试验方法

在完成复合材料螺旋桨研制后,需要进行结构特性试验,主要测试桨叶外形与理论外形误差、桨叶平衡、强度、刚度和固有频率等。另外对于这种高空螺旋桨来说,环境适应性是产品通用质量特性的重要组成部分,因此,需要进行地面模拟临近空间的高低温、低气压、紫外线和臭氧老化等环境试验。螺旋桨作为飞艇推进系统部件之一,需要完成整系统的地面联调试验。本节主要讨论这些测试试验方法。

5.5.1　结构外形误差测试试验

由于桨叶的外形直接影响螺旋桨的性能,因此桨叶的外形都是经过精心设计的。为了检验实际加工出来的桨叶外形与理论外形的误差是否在工程误差范围之内,需要对桨叶外形进行误差检测。常用的测试方法有样板检测和三维非接触扫描仪检测。其中,样板检测是按照理论外形线切割 3 个典型翼型剖面的样板,分别位于距旋转中心不同位置处桨径。利用专用夹具将装配好的桨叶以旋转平面和平台平行的形式固定在平台上,利用上下样板和塞尺,测量桨叶的实际外形尺寸与理论外形的误差,如图 5－31 所示。另外还可以用扫描仪对加工出的螺旋桨进行扫描测量获取实际外形,再将其与理论数模进行对比分析处理获取外形误差。

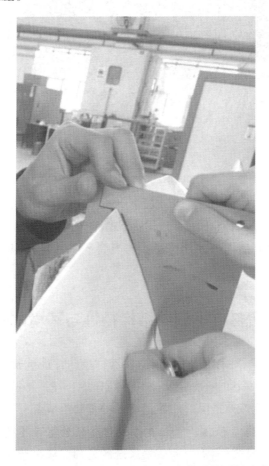

图 5－31　利用上下样板和塞尺进行外形差测量试验

5.5.2　静平衡调试试验

螺旋桨转速高,若桨叶重量不对称则会产生较大振动,为了减小这种不平衡力造成的振动,需要调整螺旋桨的静平衡以尽可能消除螺旋桨旋转时的不平衡力。一般将桨叶装配成螺旋桨置于静平衡试验架上,在力矩较小桨叶的桨尖处增加可调节配重直至螺旋桨保持水平,如图 5 - 32 所示。对配重进行称量,经计算得出并记录螺旋桨的不平衡量,螺旋桨不平衡量不能大于某一确定的值,该值可参照 GB/T 9239.1—2006/ISO1940 - 1:2003 中的方法进行计算。

图 5 - 32　静平衡试验(见彩图)

5.5.3　强度试验

通过在地面给螺旋桨施加等效的高空拉力水平的静态加载方式或地面超转试验,来考核其强度。采用与给定设计点下螺旋桨拉力相等的砝码吊装在螺旋桨 75% 桨径处,测量加载前后频率变化情况,确定螺旋桨是否破坏,如图 5 - 33所示。地面超转试验,是通过计算高空最大载荷下桨叶应力水平,以该应力水平反算地面相应的转速,再以此转速进行地面超转试验。通过比较试验前固有频率差值和刚度变化确定螺旋桨是否超出强度极限。

图 5 - 33　强度试验

5.5.4　刚度试验

通过在地面给螺旋桨施加等效的高空拉力水平的静态加载方式来获取螺旋桨在给定载荷下的桨尖变形量。将螺旋桨装配固定在平台上,在两侧螺旋桨桨叶 75% 半径处依次施加不同砝码拉力,直到设计工况下最大拉力载荷,测量各拉力下的桨叶尖部挥舞方向的位移值,如图 5 - 34 所示。平台总体会对最大推力下螺旋桨桨尖位移最大值做出相应的限制。

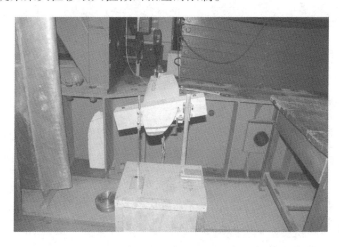

图 5 - 34　刚度试验

5.5.5　固有频率和模态试验

固有频率和模态测试可作为螺旋桨在高空环境下额定转速内是否发生共振的判断标志,也可作为螺旋桨结构破坏的判断标志。因此在交付前和强度试验前后都需要对螺旋桨固有频率进行测量。常采用锤击法激振方式,测试螺旋桨的一阶固有频率。在地面水平台架上安装螺旋桨,用指定大小的夹紧力矩将螺旋桨固支在专用夹具上。安装测试系统的加速度传感器,使用 LMS 测试系统测量螺旋桨的固有频率。试验过程中应尽量保证试验条件一致,特别是根部固定的边界条件,减少环境干扰。

5.5.6　高低温/低气压试验

通过环境箱模拟高空环境,从而验证现有螺旋桨的结构和工艺能否满足高低温低气压环境适应性。目测螺旋桨桨叶是否有缺陷,并对各螺旋桨各部位进行照相。将试验件置于环境试验箱内,以 10kPa/min 速率降压,并使用摄像机观察检测不同气压值下的螺旋桨桨叶有无明显变形现象。气压达到 5kPa 后,降温至 −70℃ 保持 180min,每 30min 记录桨叶中部温度,箱内温度及压力。以10kPa/min 速率升压,恢复至常温常压,此过程中使用摄像机观察检测不同气压值下的螺旋桨桨叶有无明显变形现象,随后保持 30min,关闭试验箱控制柜,打开环境箱门,拆除设备。取出螺旋桨试验件检测,照相,如图 5 − 35 所示。

图 5 − 35　高低温低气压环境试验箱及其操纵面板

对试验后螺旋桨桨叶进行目视查验,螺旋桨桨叶气动外形应保持完好,无开胶和破裂等现象出现。最后进行螺旋桨固有频率测试,与试验前固有频率进行比较,差值不超过规定的值即认为螺旋桨满足环境适应性要求,如图 5 - 36 所示。

图 5 - 36 固有频率试验

5.5.7 紫外线臭氧老化试验

检验高空螺旋桨所使用的复合材料及其涂层材料在臭氧环境和紫外下的耐候适应性,其表面是否会损坏(观察),力学性能是否受影响。试验器材包括紫外耐气候试验箱、电液伺服疲劳试验机、臭氧环境实验箱、高空螺旋桨样片、相机、摄像机。

紫外线老化试验需要准备好带防护涂层和无涂层的试验件,并进行紫外照射试验和材料力学性能试验。试验过程为:将试验件编号、分组,并测量试验段尺寸;悬挂在紫外耐气候试验箱内,待箱内温度达到 60℃后,开启紫外灯,紫外线强度保持 70W/m²,连续照射 6 天(144h),如图 5 - 37 所示。照射结束后,取一部分试验件目视观察试验件表面是否存在涂层脱落或试验件损伤情况;取余下试验件进行材料力学性能试验;材料力学性能试验为位移控制方式,加载速度 1mm/min,加载至试验件破坏,记录载荷。

臭氧老化试验,需要目测螺旋桨复合材料及其涂层材料,是否具有临近空间环境的臭氧耐候性。对于同材料和同涂层的样件,目视检查是否有缺陷

图 5 - 37　紫外线老化试验

（裂纹等），并对样片各部位进行照相；将试件置于环境实验箱内，以不大于 $10\mu g/m^3/min$ 的速率将箱内臭氧浓度降至 $806\mu g/m^3$，使用摄像机观察臭氧浓度降低过程中，样片有无明显的变形现象，并保存相关影像资料；臭氧浓度达到后，保持 180min；然后以不大于 $10\mu g/m^3/min$ 的速率将箱内臭氧浓度恢复至正常值，使用摄像机观察臭氧浓度恢复过程中，螺旋桨样片桨叶有无明显的变形现象，并保存相关影像资料；臭氧浓度到达正常值后稳定 30min，关闭臭氧环境试验箱控制柜，打开环境箱门，拆除设备；将螺旋桨样片环境箱中取出，在正常的试验大气条件下达到稳定状态；检测试验后螺旋桨各样片是否有气泡、起皱、脱落、发粘等缺陷（裂纹等）和变形，并对各样片各部位重新进行照相。

5.5.8　推进系统联调试验

在完成螺旋桨自身的试验测试后，需要与电机、矢量机构等组成整个推进系统，进行地面联调试验，保证各单元之间能协调运转。主要测试推进系统接口特性、转速特性、矢量转向特性、控制和监测特性等功能是否能运行正常，其中包括电机的机械接口、电气接口和通信接口、电压适应范围、转速控制精度、矢量机构转向范围及控制精度等各方面的测试，如图 5 - 38 所示。

图 5 – 38　推进系统联调试验台架示意图

5.6　典型的设计实例

5.3 节阐述了基于削层结构的一维和二维复合材料结构优化方法,为了验证基于削层结构复合材料层合板优化方法的可行性,本节将以基于削层结构的一维复合材料结构优化方法为例,使用桨毂对插式结构布局,分别使用内部空芯结构和内部填充泡沫结构对同一工况下某型螺旋桨进行复合材料结构优化设计,并对结果进行对比分析,验证优化设计方法对于实际工程方案的可行性。

两个算例都使用现有的商业软件演示,3D 建模使用 Catia,气动计算使用 Ansys 软件包下的 ICEM 和 Fluent 模块,复合材料结构优化使用 HyperWorks 软件包下的 HyperMesh、OptiStruct 和 HyperStudy 模块,优化过程的实现如下:

（1）使用 Catia 对螺旋桨进行几何建模。

（2）使用 ICEM 进行流体网格划分,Fluent 进行气动力求解。

（3）使用 HyperMesh 对结构有限元进行前处理,施加设计工况的载荷与约束。

（4）使用 OptiStruct 作为结构求解器。

（5）通过 HyperStudy 软件调用 OptiStruct 进行循环求解,使用遗传算法进行寻优。

5.6.1　某 2.2m 空心螺旋桨设计实例

优化螺旋桨的外形如图 5-39 所示,该螺旋桨结构在实际工程中所使用的复合材料性能如表 5-1 所列。该算例的优化目标为螺旋桨质量最小,为了保证复合材料层合板不被破坏,避免螺旋桨在结构设计中由于变形过大而削弱气动效率,约束条件为在载荷的作用下复合材料的最大位移不超过 2mm,结构在 X、Y 和 XY 方向的应变不超过 3000 微应变。同时,对于旋转机械,为了避免共振,一般建议桨叶的一阶固有频率与转频(1P)、桨叶穿越频率(nP,n 为叶片数)保持 ±12% 的距离。结构布局为桨毂对插式。结构形式为内部空芯带梁腹板结构形式。设计工况为高度 18km、来流风速 0m/s、转速 1200rpm。

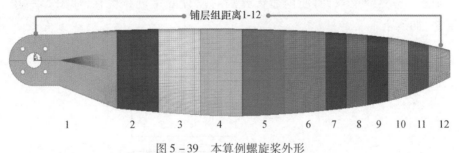

铺层组距离1-12

1　　2　　3　　4　　5　　6　7　8　9　10　11　12

图 5-39　本算例螺旋桨外形

（1）其数学模型为

$$
\begin{cases}
\min \quad M(T,\theta,L) \\
T = \{t_1,t_2,\cdots,t_{10}\} \\
\theta = \{\theta_1,\theta_2,\cdots,\theta_{10}\} \\
L = \{l_1,l_2,\cdots,l_{10}\} \\
\text{s.t.} \quad \text{dis} \leqslant 2\text{mm} \\
\qquad\quad \text{freq} \geqslant 50\text{Hz} \\
\varepsilon_x \leqslant [\varepsilon_x]_{\max} = 3000 \\
\varepsilon_y \leqslant [\varepsilon_y]_{\max} = 3000 \\
\varepsilon_{xy} \leqslant [\varepsilon_{xy}]_{\max} = 3000 \\
t_j \in [0,1,\cdots,4](j = 1,2,\cdots,10) \\
\theta_j \in [0,-45,45,90](j = 1,2,\cdots,10) \\
0 \leqslant l_j \leqslant 12(j = 1,2,\cdots,10)
\end{cases}
\tag{5-16}
$$

式中:$M(T,\theta,L)$ 为层合板的质量;T 为各铺层组铺层层数;θ 为各铺层组的铺向角;L 为各铺层组的铺层距离;dis 为结构的最大位移;freq 为桨叶第一阶固有频率;ε_x、ε_y、ε_{xy} 为三个方向上的微应变;t_j 为第 j 个铺层组的铺层层数;θ_j 为第 j 个铺层组的铺向角;l_j 为第 j 个铺层组的铺层距离。优化目标为螺旋桨质量最小,约束条件为 X、Y 和 XY 方向的应变不超过 3000 微应变,最大位移不超过 2mm,一阶固有频率大于 50Hz。

（2）优化过程。

将螺旋桨沿长度方向划分成 12 个区域,如图 5 – 39 所示。每个区域内的铺层角度和铺层数相同,并且每个区段的铺层方案取决于每个铺层组的铺层区域和铺层数,铺层沿截面区域分成 10 组,每组最多铺 4 层。按照数学模型在 HyperStudy 中定义设计变量(铺层组层数、铺层组的铺向角和铺层组距离)、目标函数和边界约束条件,使用遗传算法对设计变量进行优化,如图 5 – 40 ~ 图 5 –44所示。

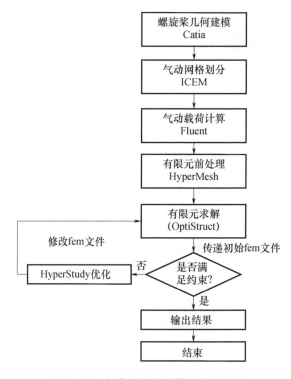

图 5 – 40　复合材料螺旋桨设计流程图

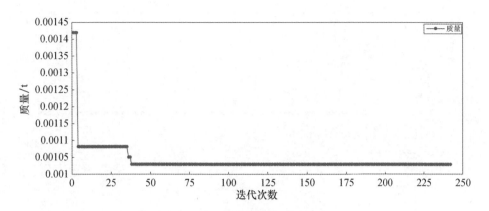

图 5 – 41 螺旋桨质量变化曲线

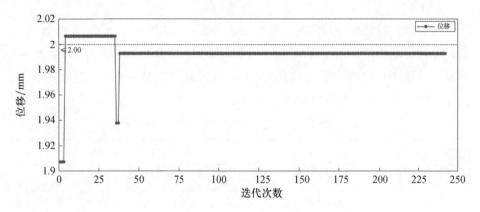

图 5 – 42 螺旋桨最大位移变化曲线

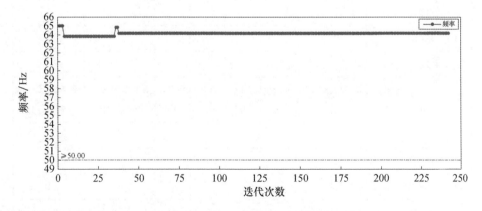

图 5 – 43 螺旋桨频率变化曲线

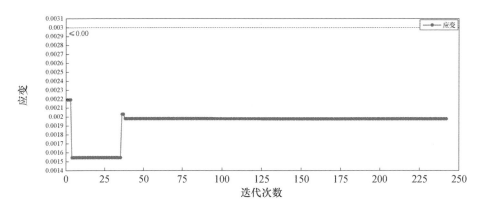

图 5 - 44　螺旋桨应变变化曲线

（3）优化结果。

经过优化后的模型最终的优化结果如表 5 - 4 和表 5 - 5 所列,最终优化结果的位移云图如图 5 - 45 所示,应变云图如图 5 - 46 所示,应力云图如图 5 - 47 所示。从图中可以看出最大位移为 1.993mm,最大应变为 994.8 微应变,频率高于 50Hz,最终螺旋桨的质量为 1.035kg。

表 5 - 4　优化后各区域铺层厚度、角度和铺层顺序

位置	1	2	3	4	5	6	7	8	9	10	11	12
层数	11	7	7	5	5	5	5	5	5	5	5	5
1.	编织物	编织物	编织物	编织物	编织物	编织物	编织物	编织物	编织物	编织物	编织物	编织物
2.	单向带	单向带	单向带	单向带	单向带	单向带	单向带	单向带	单向带	单向带	单向带	单向带
3.	单向带	单向带	单向带									
4.	单向带											
5.	单向带											
6.	编织物/45°	编织物/45°	编织物/45°	编织物/45°	编织物/45°	编织物/45°	编织物/45°	编织物/45°	编织物/45°	编织物/45°	编织物/45°	编织物/45°
7.	单向带											
8.	单向带											
9.	单向带	单向带	单向带									
10.	单向带	单向带	单向带	单向带	单向带	单向带	单向带	单向带	单向带	单向带	单向带	单向带
11.	编织物	编织物	编织物	编织物	编织物	编织物	编织物	编织物	编织物	编织物	编织物	编织物

表 5 – 5 梁腹板铺层顺序

层数	5	5	5	5	5	5	5	5	5	5
1	编织物	编织物	编织物	编织物	编织物	编织物	编织物	编织物	编织物	编织物
2	编织物	编织物	编织物	编织物	编织物	编织物	编织物	编织物	编织物	编织物
3	编织物	编织物	编织物	编织物	编织物	编织物	编织物	编织物	编织物	编织物
4	编织物	编织物	编织物	编织物	编织物	编织物	编织物	编织物	编织物	编织物

图 5 – 45 螺旋桨桨叶位移云图

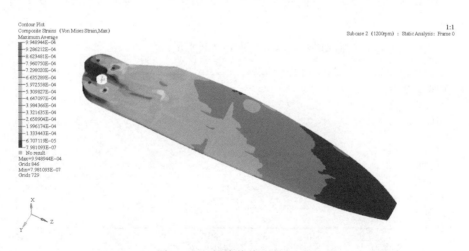

图 5 – 46 螺旋桨桨叶应变云图

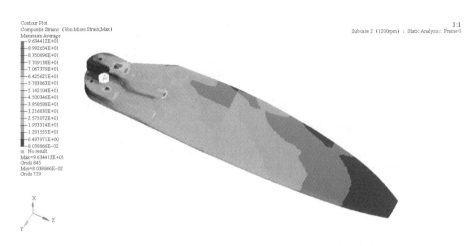

图 5-47　螺旋桨桨叶应力云图

（4）结果分析。

从上面的优化结果可以看出，最终优化方案满足设计要求，并且结构的最大应变没有超过安全许用应变。从优化结果可以看出，结构为明显的根部厚尖部薄的削层结构形式，符合螺旋桨的结构形式特点，优化结果满足工程需求。

5.6.2　某2.2m内部填充泡沫螺旋桨设计实例

该实例的结构形式为内部填充泡沫的结构形式，其他条件和5.6.1节相同。

（1）优化迭代过程如图5-48~图5-51所示。

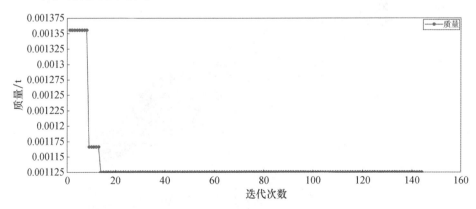

图 5-48　螺旋桨质量变化曲线

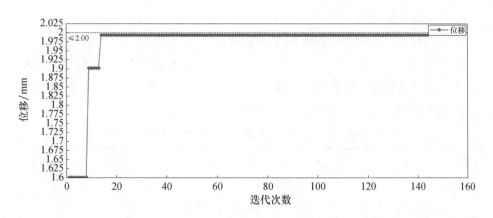

图 5 - 49　螺旋桨位移变化曲线

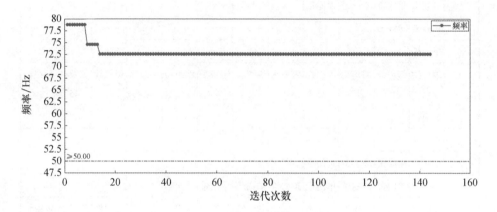

图 5 - 50　螺旋桨频率变化曲线

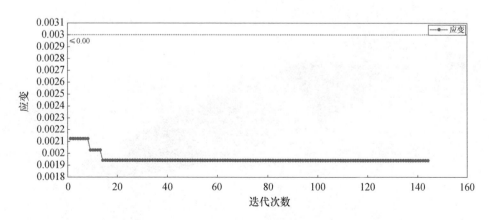

图 5 - 51　螺旋桨应变变化曲线

（2）优化结果。

经过优化后的模型最终的优化结果如表5-6所列,最终优化结果的位移云图如图5-52所示,应变云图如图5-53所示,应力云图如图5-54所示。从图中可以看出最大位移为1.995mm,最大应变为1682微应变,频率高于50Hz,最终螺旋桨的质量为1.126kg。表5-6中未标注角度的为0°铺层。

表5-6 优化后各区域铺层厚度、角度和铺层顺序

位置	1	2	3	4	5	6	7	8	9	10	11	12
层数	11	9	7	7	5	5	5	5	3	3	3	3
1	编织物	编织物	编织物	编织物	编织物	编织物	编织物	编织物	编织物	编织物	编织物	编织物
2	单向带	单向带	单向带	单向带	单向带	单向带	单向带	单向带				
3	单向带	单向带	单向带	单向带								
4	单向带	单向带										
5	单向带											
6	编织物/45°	编织物/45°	编织物/45°	编织物/45°	编织物/45°	编织物/45°	编织物/45°	编织物/45°	编织物/45°	编织物/45°	编织物/45°	编织物/45°
7	单向带											
8	单向带	单向带										
9	单向带	单向带	单向带	单向带								
10	单向带	单向带	单向带	单向带	单向带	单向带	单向带	单向带				
11	编织物	编织物	编织物	编织物	编织物	编织物	编织物	编织物	编织物	编织物	编织物	编织物

图5-52 螺旋桨桨叶位移云图

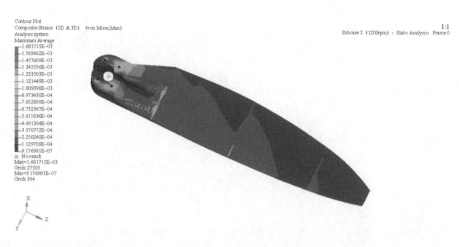

图 5 – 53　螺旋桨桨叶应变云图

（3）结果分析。

从上面的优化结果可以看出，最终优化方案满足设计要求，并且结构的最大应变没有超过安全许用应变，如图 5 – 54 所示。从优化结果可以看出，结构为明显的根部厚尖部薄的削层结构形式，符合螺旋桨的结构形式特点，优化结果满足工程需求。

从以上两个算例可知两个结构形式均可获得可行的设计方案。

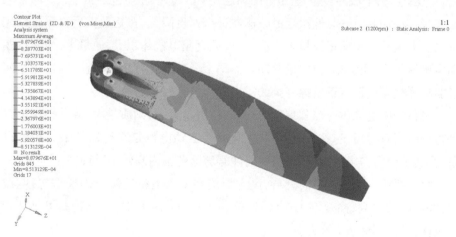

图 5 – 54　螺旋桨桨叶应力云图

第6章
电机设计与测试方法

6.1 推进电机技术要求

电机把飞行器上的电能转换为机械能,带动临近空间飞行器的螺旋桨旋转。飞行器飞行高度不同、风速不同,螺旋桨的转速、扭矩也不同,这就要求电动机的转速和扭矩随之调节。

电机和螺旋桨之间可以采取直驱连接,也可通过一个减速器进行间接驱动连接。直驱连接,电机的转速、扭矩范围和螺旋桨的转速、扭矩范围相一致。间接驱动连接,电机的高转速、低扭矩经减速器进行速度降低、扭矩放大后再输出给螺旋桨。电机的体积质量与扭矩成比例,可见直驱电机体积大、质量大,而间接驱动电机体积小、质量小,但间接驱动还需一个减速器,因此采用直驱连接还是间接驱动连接需根据飞行器螺旋桨的需求具体核算后确定。

飞行器的电能供应与其重量密切相关,供电量大,则质量大,故希望用电设备尽可能高效运行、减少用电需求。螺旋桨驱动电机是飞行器的最大用电设备,在满足动力需求的条件下,应尽可能宽转速范围内高效率运行。

综上所述和1.3.3节的分析,高空螺旋桨推进电机应满足的要求包括:调速性能好;效率高;高效率工作区宽;体积小;质量小;短时大过载;高可靠性和安全性;高空环境适应性好。

6.2 推进电机类型确定

电机将电能转换为机械能,根据电机的基本结构和工作原理,驱动用电可以分为直流电机、异步电机、同步电机、无刷直流电机和开关磁阻电机。

（1）直流电机。

直流电机一般是指有刷直流电机，采用直流电源供电，主磁场可以采用励磁绕组通以直流电流建立，也可以采用永磁体建立，磁极安放在定子上，实现电能向机械能转换的关键部件—电枢绕组安放在转子上，转子铁芯采用硅钢片叠压而成。直流电机具有控制简单、调速性能优良的特点。但由于其电刷和换向器的机械换向结构，制约了它的转速和功率进一步提高；电机工作时的换向火花会造成高频电磁干扰；电刷和换向器的接触可靠性直接影响电机的正常工作；电刷存在磨损，需要定期更换，提高了维护成本。

（2）异步电机。

异步电机是工业中应用十分广泛的一类电机，定、转子铁心由硅钢片叠压而成，电枢绕组安放在定子上，转子上装有铜或铝导条构成的鼠笼绕组或由漆包线绕制的绕组。采用交流电源给异步电机电枢绕组供电，产生旋转的电枢磁场，转子绕组中的感应电流也形成一个与电枢磁场同步旋转的磁场，电枢磁场带动转子磁场旋转，将电能转换为机械能。异步电机结构简单，运行可靠耐用，维修方便。与直流电机相比，异步电机没有电刷与换向器之间的机械磨损，转速和功率可以提高。异步电机采用矢量控制方式，可以获得与直流电机相媲美的可控性和调速范围。

异步电机工作时需要电源提供无功功率来建立磁场，功率因数低。异步电机需要变频器来实现调速，驱动、控制系统复杂。

（3）同步电机。

同步电机的定子和异步电机一样，主磁场可以采用励磁绕组通以直流电流建立，也可以采用永磁体建立，磁极一般安放在转子上。采用交流电源给同步电机电枢绕组供电，产生旋转的电枢磁场，电枢磁场带动转子磁场旋转，将电能转换为机械能。理想的气隙磁感应强度分布波形和电枢电流波形是正弦波。电励磁同步电机励磁绕组供电需要电刷和滑环，永磁同步电机转子视磁路结构不同而加工工艺繁杂程度不同。相比异步电机，同步电机结构复杂，但扭矩相同时，同步电机转子损耗少，功率因数和效率更高。采用变频调速控制方式，同步电机可以获得与直流电机相媲美的可控性和调速范围，但需要精确的转子位置信息以实现电枢绕组电流的正弦波。

（4）无刷直流电机。

无刷直流电机的定子和同步、异步电机一样，转子上安装的永磁体建立主磁场,理想的气隙磁感应强度分布波形和电枢电流波形是方波。无刷直流电机用电子换相电路取代了有刷直流电机的机械换向结构,既克服了有刷直流电机机械换向带来的缺点,又保留了有刷直流电机宽阔且平滑的良好调速特性。和永磁同步电机相比,无刷直流电机的调速控制对转子位置信息要求不高,控制系统简单,可靠性高。由于采用方波电流驱动,电枢绕组一样时,可以比永磁同步电机输出更大的电磁扭矩。方波电流和方波气隙磁感应强度的谐波丰富,效率会比永磁同步电机略低,但比异步电机要高。

(5) 开关磁阻电机。

开关磁阻电机作为一种新型电机,相比其他类型的驱动电机,其本体结构最为简单,定、转子均为普通硅钢片叠压而成的双凸极结构,转子上没有绕组,定子上装有简单的集中绕组,具有结构简单坚固、可靠性高、成本低、效率高、温升低、易于维修等诸多优点。开关磁阻电机具有直流调速系统可控性好的优良特性,同时因其结构简单而适用于高温等恶劣环境。但开关磁阻电机存在扭矩波动大、系统非线性特性、控制系统复杂以及对直流电源会产生很大脉冲电流等缺点,并且开关磁阻电机的电磁扭矩只有磁阻扭矩,没有励磁扭矩,其功率密度不高,相同扭矩下体积大、重量大。

综上所述,根据螺旋桨电推进系统对电机的要求,无刷直流电机是较佳的选择,采用磁能积高的稀土永磁材料用作无刷直流电机的磁极,可进一步减小电机的体积和重量,提升电机的功率密度。

6.3 无刷直流电机设计

6.3.1 无刷直流电机结构及工作原理[120]

1. 结构

无刷直流电机的基本组成包括电机本体、控制器和转子位置传感器三部分,如图6-1所示。

1) 电机本体

无刷直流电机本体由定子和转子组成。定子为电枢,定子铁芯由硅钢片叠制而成。常用的三相无刷直流电机定子绕组为三相对称绕组,可以接成星(Y)形或三角形,然后与控制器中的逆变器开关管相连。转子铁芯可由硅钢片叠制

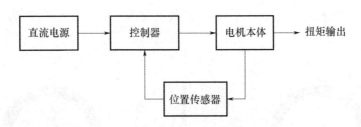

图 6-1　无刷直流电机组成框图

而成,也可采用整体式。转子磁极多采用矫顽力及剩余磁感应强度较高的稀土
永磁材料制成。

　　无刷直流电机常见的定子绕组结构有三种,如图 6-2 所示。图 6-2(a)为
分数槽集中绕组,每极每相槽数 q 为分数,绕组线圈绕在一个齿上,其优点是嵌
线容易、绕组端部尺寸小,缺点是绕组系数低。图 6-2(b)为无槽绕组,定子绕
组均匀分布于定子铁芯内表面,由于定子没有槽,不产生齿槽扭矩,转速稳定性
好,振动小、噪声低,缺点是有效气隙远大于有槽电机的有效气隙,气隙磁感应
强度低,体积增大,扭矩密度降低。图 6-2(c)为整数槽绕组,每极每相槽数 q
为整数,其优点是绕组系数高,缺点是绕组端部尺寸大、嵌线较难,该结构形式
在无刷直流电机中广泛应用。

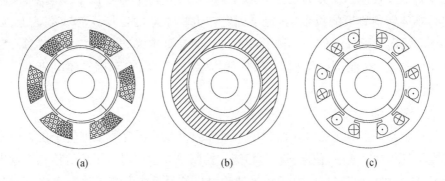

(a)　　　　　　　　　(b)　　　　　　　　　(c)

图 6-2　定子绕组结构形式

(a)整数槽绕组;(b)无槽绕组;(c)分数槽集中绕组。

　　无刷直流电机常见的转子结构有三种:表贴式、嵌入式和环形式,如图 6-3
所示。图 6-3(a)为表贴式,在转子铁芯外粘贴稀土永磁体。图 6-3(b)为嵌入
式,在转子铁芯中嵌入稀土永磁体。为防止离心力将永磁体甩出,转子外套有
保护套,保护套材料常用不导磁的金属材料、高分子材料或碳纤维复合材料。
图 6-3(c)为环形结构,稀土永磁体制成一个整环,套在转子铁芯外,该转子结

构加工工艺简单,但受加工水平所限,环状永磁体尺寸不能太大,制约了电机的输出扭矩。

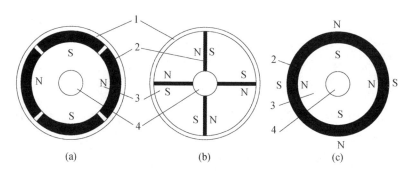

图 6-3　转子结构图

(a)表贴式;(b)嵌入式;(c)环形式。

1—保护套;2—稀土永磁体;3—铁芯;4—转轴。

2）转子位置传感器

转子位置传感器的作用是检测转子磁极相对于定子绕组的位置信号,为逆变器提供正确的换相信息。

转子位置传感器分为定子和转子两部分,其转子与电机本体同轴,反映电机本体转子磁极的位置,其定子固定在电机本体的定子铁芯或端盖上,以检测和输出转子位置信号。转子位置传感器有霍尔式、电磁式、光电式等。其中霍尔式位置传感器的结构简单、性能可靠、成本低,在无刷直流电机上广泛应用。

3）控制器

控制器主要由逆变器和控制单元两部分组成。逆变器根据转子位置信号给定子各相绕组通电,使电机产生扭矩。控制单元主要对转子位置传感器输出信号、转速扭矩调节信号、电机正反转和停机信号等控制指令进行逻辑处理和综合,为逆变器开关器件的驱动电路提供选通信号和斩波信号,实现电动机的正反转、停机控制、转速扭矩控制以及过压与过流保护等。

2. 工作原理

无刷直流电机逆变器主电路的拓扑结构确定了电枢绕组的通电模式。图 6-4 所示为无刷直流电机的一种电气原理图,图中逆变器采用三相桥式电路,通电模式一般采用两相导通三相六状态。

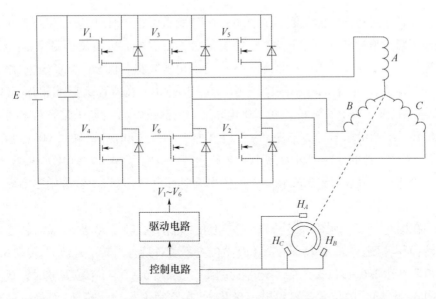

图 6-4　无刷直流电动机电气原理图

当转子位于图 6-5(a)所示位置 1 时,转子位置传感器输出磁极位置信号,经过控制单元逻辑变换后驱动逆变器的功率开关管 V_1、V_6 导通,电流流通路径为:电源正极→V_1 管→A 相绕组→B 相绕组→V_6 管→电源负极,即绕组 A、B 通电,电流从 A 相流进、B 相流出,电枢磁势 F_a 所在位置如图 6-5(a)所示,与转子磁势 F_f 相距 120°电角度。电枢磁势 F_a 与转子磁势 F_f 相互作用产生电磁转矩,拖动转子顺时针方向转动。

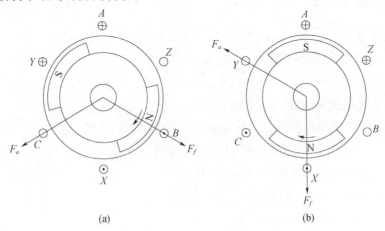

(a)　　　　　　　　　　　　(b)

图 6-5　无刷直流电机工作原理示意图

(a)位置 1;(b)位置 2。

当转子转过 60°电角度,到达图 6 − 5(b)所示位置 2 时,位置传感器输出信号经逻辑变换后使开关管 V_6 截止,V_2 导通,V_1 保持导通,电流流通路径为:电源正极→V_1 管→A 相绕组→C 相绕组→V_2 管→电源负极,即绕组 A、C 通电,电流从 A 相流进、C 相流出,电枢磁势 F_a 由图 6 − 5(a)中所在位置跳变到图 6 − 5(b)所示位置,又与转子磁势 F_f 相距 120°电角度。电枢磁势 F_a 与转子磁势 F_f 相互作用使转子继续沿顺时针方向转动。依次类推,当转子顺时针每转过 60°电角度时,功率开关管的导通逻辑为:$V_6V_1 \rightarrow V_1V_2 \rightarrow V_2V_3 \rightarrow V_3V_4 \rightarrow V_4V_5 \rightarrow V_5V_6 \rightarrow V_6V_1 \cdots$,电枢磁势 F_a 与转子磁势 F_f 相互作用产生顺时针电磁扭矩,使转子始终沿顺时针方向连续转动。

在图 6 − 5(a)到图 6 − 5(b)的 60°电角度范围内,转子磁势 F_f 顺时针连续转动,而电枢磁势 F_a 保持图 6 − 5(a)中位置不动。只有当转子磁势 F_f 转动 60°电角度到达图 6 − 5(b)位置时,电枢磁势 F_a 才从图 6 − 5(a)中位置顺时针跃变至图 6 − 5(b)中的位置。可见电枢磁势 F_a 在空间不是连续旋转,而是一种跳跃式旋转,每个步进角是 60°电角度。

当转子每转过 60°电角度时,逆变器开关管之间就进行一次换流,电枢磁势位置就改变一次。转子每转过 360°电角度(一对磁极),电机有 6 个磁状态,每一状态都是两相绕组导通,每相绕组中流过电流的时间相当于转子旋转 120°电角度,每个开关管的导通角为 120°电角度,故该逆变器为 120°导通型,这种通电模式称为两相导通三相六状态。

6.3.2 数学模型

无刷直流电机的气隙磁场、电流是非正弦的,感应电动势中包含较多的高次谐波,在分析其控制系统时,一般选择直接利用电机本身的相变量来建立数学模型。

为了简明起见,做如下假设:

(1)气隙磁感应强度在空间呈梯形(近似为方波)对称分布。

(2)齿槽效应和换相过程的影响忽略不计。

(3)电枢反应对气隙磁通的影响忽略不计。

(4)磁路不饱和,忽略磁滞和涡流损耗。

(5)三相绕组及其电流对称。

1. 电压方程

电压平衡方程可表示为

$$\begin{bmatrix} u_A \\ u_B \\ u_C \end{bmatrix} = \begin{bmatrix} R_A & 0 & 0 \\ 0 & R_B & 0 \\ 0 & 0 & R_C \end{bmatrix} \begin{bmatrix} i_A \\ i_B \\ i_C \end{bmatrix} + \begin{bmatrix} L_A & M_{AB} & M_{AC} \\ M_{BA} & L_B & M_{BC} \\ M_{CA} & M_{CB} & L_C \end{bmatrix} \frac{\mathrm{d}}{\mathrm{d}t} \begin{bmatrix} i_A \\ i_B \\ i_C \end{bmatrix} + \begin{bmatrix} e_A \\ e_B \\ e_C \end{bmatrix} \quad (6-1)$$

式中：u_A、u_B、u_C 为定子绕组三相电压（V）；i_A、i_B、i_C 为定子绕组三相电流（A）；e_A、e_B、e_C 为定子绕组三相电动势（V）；L_A、L_B、L_C 为定子绕组三相自感（H）；M_{AB}、M_{AC}、M_{BC}、M_{BA}、M_{CA}、M_{CB} 为定子绕组三相互感（H）；R_A、R_B、R_C 为定子绕组三相电阻（Ω）。

基于前面的假设，有

$$\begin{cases} R_A = R_B = R_C = R_a \\ L_A = L_B = L_C = L \\ M_{AB} = M_{AC} = M_{BC} = M_{BA} = M_{CA} = M_{CB} = M \end{cases} \quad (6-2)$$

电机三相对称绕组星形连接，没有中线，则有

$$i_A + i_B + i_C = 0 \quad (6-3)$$

得到最终的电压方程为

$$\begin{bmatrix} u_A \\ u_B \\ u_C \end{bmatrix} = \begin{bmatrix} R_a & 0 & 0 \\ 0 & R_a & 0 \\ 0 & 0 & R_a \end{bmatrix} \begin{bmatrix} i_A \\ i_B \\ i_C \end{bmatrix} + \begin{bmatrix} L-M & 0 & 0 \\ 0 & L-M & 0 \\ 0 & 0 & L-M \end{bmatrix} \frac{\mathrm{d}}{\mathrm{d}t} \begin{bmatrix} i_A \\ i_B \\ i_C \end{bmatrix} + \begin{bmatrix} e_A \\ e_B \\ e_C \end{bmatrix}$$

$$(6-4)$$

无刷直流电动机的等效电路如图 6-6 所示，每相由定子绕组电阻 R_a、电感 $L-M$ 和电动势 e 串联组成。

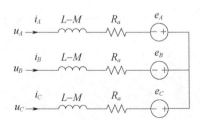

图 6-6　无刷直流电机的等效电路图

2. 电磁转矩方程

电磁转矩方程为

$$T_e = \frac{P_e}{\omega} = \frac{e_a i_a + e_b i_b + e_c i_c}{\omega}$$

$$T_{em} = \frac{P_{em}}{\omega} = \frac{e_A i_A + e_B i_B + e_C i_C}{\omega} \qquad (6-5)$$

式中：T_{em} 为电磁转矩（N·m）；P_{em} 为电磁功率（W）；ω 为机械角速度（rad/s），$\omega = \frac{2\pi n}{60}$；$n$ 为电机转速（r/min）。

3. 机械运动方程

机械运动方程为

$$T_{em} - T_L - c\omega = J\frac{\mathrm{d}\omega}{\mathrm{d}t} \qquad (6-6)$$

式中：T_L 为负载扭矩（N·m）；c 为阻尼系数（N·s/m）；J 为电机的转动惯量（kg·m²）；t 为时间（s）。

4. 电动势

无刷直流电机定子每相绕组电动势波形近似为梯形波，如图6-7所示。为了减小扭矩脉动，电动势波形的平顶宽度应大于等于120°电角度。三相绕组的电动势依次相差120°电角度。

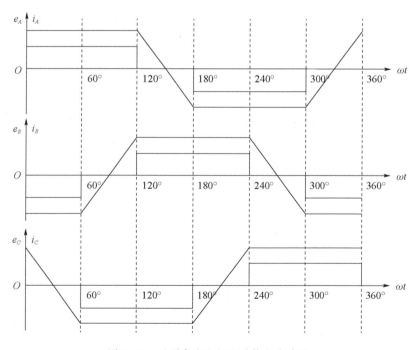

图6-7 无刷直流电机电动势电流波形

电枢绕组单根导体切割磁场产生的感应电动势为

$$\begin{cases} e = Blv \\ v = \pi D \dfrac{n}{60} \end{cases} \qquad (6-7)$$

式中:B 为导体切割的气隙磁感应强度强度(T);l 为导体切割磁场的有效长度(m);v 为导体垂直切割磁场的速度(m/s);D 为电枢直径(m)。

设电枢绕组每相串联匝数为 W_{Φ},则一相绕组的感应电动势幅值为

$$E_{\Phi} = 2eW_{\Phi} = \frac{Bl\pi W_{\Phi}n}{30} \qquad (6-8)$$

6.3.3　无刷直流电机设计方法

无刷直流电机本体设计包括电磁设计和结构设计。电磁设计是根据技术指标要求,确定电机定转子结构形式,选定有关材料,进行磁路计算、电路计算、损耗及功率、转矩计算,得到满足电磁性能指标的初步电磁方案。结构设计是根据技术指标和初步电磁方案,进行电机的机械结构确定、零部件设计和加工要求确定等,必要时要进行相关的机械强度和温升等分析计算。结构设计和电磁设计相互影响,需不断进行电磁方案和结构方案的调整优化,最终确定电动机本体的设计方案。在此主要介绍无刷直流电机的电磁设计,结构设计可参考其他电机进行。

无刷直流电机的电磁设计一般有磁路法、电磁场数值计算法和场路结合法三种方法。

磁路法在电机方案估算、初始方案设计和类似结构的方案比较时更为实用。积累了一定设计经验,获得较准确的磁路计算修正系数后,磁路法计算精度可以满足工程实际的需要。但对新的磁路结构拓扑,由于缺乏经验难以获得较准确的修正系数,设计结果可能会出现较大偏差。

电磁场数值计算法可以提高无刷直流电机设计计算的准确性。电磁场数值计算法种类很多,其中,有限元法以其计算精度高、适用复杂结构、能求解非线性问题等优点在电机电磁场计算中广泛应用。对无刷直流电机进行电磁场有限元计算,首先需要无刷直流电机的定转子尺寸及材料,而这些参数正是电磁设计所要确定的,在无刷直流电机电磁方案的初步设计时,无法使用电磁场有限元法。

随着计算机技术和电磁场数值计算商用软件的发展,现在无刷直流电机的电磁设计更多地采用场路结合法。先用磁路法和预估的参数进行无刷直流电

机初步的定转子尺寸及材料确定,再用电磁场有限元法计算磁场,将磁场计算结果代入磁路法用以电磁方案的调整和性能计算,最终用电磁场有限元法校核电机性能,可兼顾计算过程的简单化和计算结果的准确性。场路结合法的无刷直流电机设计流程如图 6-8 所示。

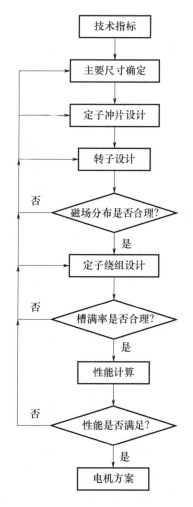

图 6-8　场路法电机电磁设计流程

6.3.4　无刷直流电机电磁设计

1. 主要尺寸确定

1）主要技术指标[121]

无刷直流电机电磁设计开始之前需明确的主要技术指标包括电源电压、输出功率、转速、效率等参数。螺旋桨的转速变化带来了无刷直流电机的输出扭矩和功率变化,需选择某一转速作为额定工作点,该转速对应的电源电压、输出扭矩和功率分别作为额定电压 U_N、额定扭矩 T_{2N} 和额定功率 P_N。

(1) 额定电压 U_N。

飞机上低压直流电源额定电压为 28V,高压直流电源额定电压为 270V。电机功率一定,电压越高,电流越低,供电线路上损耗越小,可提高电推进系统的效率,但高电压需要更多的电池串联。因此额定电压应根据临近空间飞行器采用的电源系统来确定。

电源电压以一定范围给出时,需明确不同电压下对无刷直流电动机的输出功率和转速要求。

(2) 额定功率 P_N。

螺旋桨在输入功率一定的情况下,随着飞行高度和风速的变化,其推力也在不断变化。为满足螺旋桨推力不断变化的需求,驱动电动机的转速和扭矩也需不断调节。

图 6-9 是某螺旋桨与电机的转速—扭矩特性。图中曲线 1、2 为螺旋桨在某工作高度范围内对应一定风速范围的极限转速—扭矩特性,曲线 3 为额定电压下电机系统(直驱电机或间接驱动中经减速箱)输出的转速—扭矩特性。

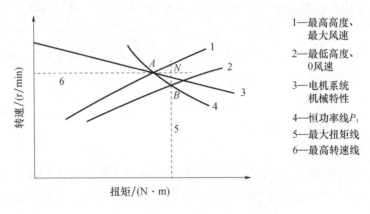

图 6-9　螺旋桨与电机的转速—扭矩特性

若螺旋桨在一定高度、风速范围内输入功率恒定,等于曲线 4 所示的功率值 P_1,则由曲线 1 和曲线 4 的交点 A 可确定螺旋桨所需的最高转速 n_{max},由曲线 2 和曲线 4 的交点 B 可确定螺旋桨所需的最大扭矩 T_{max}。为满足一定高度、风速范围内螺旋桨能够随时吸收功率 P_1,电机系统的额定功率 P'_N 为

$$P'_N = \frac{2\pi n_{max}}{60} T_{max} \qquad (6-9)$$

电机的额定功率 P_N 为

$$P_N = \frac{2\pi n_{max}}{60\eta_g} T_{max} \qquad (6-10)$$

式中：η_g 为减速箱效率，直驱系统则为 1。

（3）额定转矩 T_{2N}。

无刷直流电机的电磁转矩 T 正比于电枢电流 I_a。螺旋桨扭矩越大，电机电磁转矩越大，电枢电流增加，铜损耗和发热增加。临近空间空气稀薄，电机散热条件差，为确保电机长时安全运行，电机不宜过载运行。因此与螺旋桨吸收功率 P_1 相匹配的电机系统额定转矩 $T'_{2N} = T_{max}$。

电机的额定转矩 T_{2N} 为

$$T_{2N} = \frac{T'_{2N}}{j_g\eta_g} \qquad (6-11)$$

式中：j_g、η_g 分别为减速箱的减速比和效率，直驱系统都为 1。

（4）额定转速 n_N。

无刷直流电机可以采用调压调速和弱磁调速。采用弱磁调速扩速范围有限，并且弱磁后电枢电流升高会引起损耗增加，因此弱磁调速在高空环境中不宜使用。

采用调压调速，为满足螺旋桨吸收功率 P_1 的需求，需将螺旋桨的最高转速设为电机系统的额定转速 n'_N，即 $n'_N = n_{max}$。电机的额定转速 n_N 为

$$n_N = j_g n'_N = j_g n_{max} \qquad (6-12)$$

2）主要尺寸与电磁负荷[121]

（1）主要尺寸。

无刷直流电机的主要尺寸是指电枢直径 D（定子铁心内径）和计算长度 l_{ef}，主要尺寸决定了电机的体积、重量、成本和输出转矩能力。主要尺寸、功率、电磁负荷与转速之间满足式（6-13），即

$$\frac{D^2 L_{ef} n}{P'} = \frac{6.1}{\alpha_i K_W As W B_\delta} = C_A \qquad (6-13)$$

式中：L_{ef} 为电枢计算长度；α_i 为计算极弧系数；K_W 为电枢绕组系数；As 为线负荷；B_δ 为气隙磁感应强度；P' 为计算功率；C_A 为电机常数。

线负荷 As 是指沿电枢直径圆周方向每单位长度中的安培导体数，即

$$As = \frac{mN_aI_a}{a\pi D} \tag{6-14}$$

式中:m 为电枢绕组相数;N_a 为每相总导体数;I_a 为电枢绕组相电流(A);a 为并联支路数。

电机短时运行,其计算功率为

$$P' = \frac{1+3\eta}{4\eta}P_N \tag{6-15}$$

电机长时连续运行,其计算功率为

$$P' = \frac{1+2\eta}{3\eta}P_N \tag{6-16}$$

式中:η 为电动机额定点的效率。

(2) 长径比。

电枢铁芯计算长度 L_{ef} 和电枢直径 D 的比值称为长径比 λ。若 λ 较大,则电机细长,绕组端部较短,铜线的利用率高,铜耗小,效率提高;若 λ 较大,则转动惯量小,适用于高速电机。选择长径比 λ 值时,主要考虑电机的重量、效率、转子的机械强度和转动惯量等要求,一般取值范围为 $1 \sim 4$。

(3) 电磁负荷。

电机电磁有效部分的体积可近似的用 D^2L_{ef} 表示。电机计算极弧系数和绕组系数的取值变化范围不大,由式(6-13)可知,电机额定功率与额定转速一定时,电机体积基本由电磁负荷 AB_δ 确定。电磁负荷 AB_δ 越高,电机的体积越小,重量越轻,功率密度越高。但电磁负荷 AB_δ 的选择要根据具体性能指标和运行环境等因素综合考虑。例如,冷却条件好时,电机的 AB_δ 可以比冷却条件差时的 AB_δ 高;电机绝缘等级越高,其允许的温升越高,AB_δ 就越高。

线负荷 A 与铜耗相关,气隙磁感应强度 B_δ 与铁耗相关。在 AB_δ 一定时,应合理选择两者的比例关系以均衡电机的铜耗和铁耗,提升效率。若气隙磁感应强度 B_δ 一定,则线负荷 A 越大,电机体积越小,用铁量越小,铁耗减小,但用铜量增加,铜耗增大,绕组温升增高,效率下降。若线负荷 A 一定,则气隙磁感应强度 B_δ 越大,电机体积越小,磁路饱和程度增加,铁耗增加,效率下降。因此,合理确定电磁负荷是电机设计的关键。

长时连续运行、自然风冷的中小型无刷直流电机,一般取线负荷为 $30 \sim 100 A/cm$。电机的气隙磁感应强度 B_δ 主要由永磁材料剩余磁感应强度 B_r 决定,初选时可根据永磁材料和磁极结构选取,通常为 $(0.6 \sim 0.85)B_r$。

（4）气隙长度。

气隙长度的选取对电机的转矩密度极为重要,气隙长度越小,气隙磁感应强度就越大,电机体积越小。但气隙长度越小,对定转子加工要求越高,否则容易造成定子扫膛。气隙长度确定需兼顾电机转矩密度和加工难度。

3) 极槽配合

（1）极对数的选择。

若电机的气隙磁通保持不变,电机极对数增加,则每极磁通减少,绕组端部变短,可有效减小定子轭部厚度和用铜量,减轻电机重量;极对数增加,电枢绕组电感减小,有利于绕组电流换相;然而定子铁耗跟主磁场交变频率有关,极对数增加,磁场交变频率也升高,铁损耗将会显著增加,效率下降;同时电流交变频率的增大使逆变器的开关频率升高,开关损耗增大。因此,极对数的确定要兼顾电机重量和效率。

（2）槽数的选择。

有槽定子结构比无槽定子结构转矩密度大。螺旋桨驱动电机定子采用有槽结构,电枢绕组嵌放在槽中。定子槽数 Z 和每极每相槽数 q 直接相关, $q = Z/(2mp)$。q 决定了电枢绕组的分布系数,γ 次谐波的分布系数 $k_{q\gamma}$ 可表示为

$$k_{q\gamma} = \frac{\sin\left(\dfrac{\gamma q\alpha}{2}\right)}{q\sin\left(\gamma\alpha/2\right)} \qquad (6-17)$$

式中:α 为槽距电角度,$\alpha = p \times 360°/Z$。

表 6-1 给出了 4 极电机,定子槽数 $Z = 24$、36、48 时的每极每相槽数、槽距电角度及 5、7 次谐波分布系数。从表中可知,定子槽数 $Z = 24$、$q = 2$ 时,5、7 次谐波分布系数较大,定子槽数 $Z = 48$、$q = 4$ 时,5、7 次谐波分布系数较小,即槽数 Z 越多,q 越大,谐波分布系数越小,能更有效地削弱高次谐波。

表 6-1 不同槽数的谐波分布系数

槽数 Z	每极每相槽数 q	槽距电角度 α	k_{q5}	k_{q7}
24	2	30°	0.2588	−0.5177
36	3	20°	0.2176	−0.1774
48	4	15°	0.2053	−0.1576

选择较多的槽数,定子铁芯加工和绕组下线工艺较复杂,槽利用率降低;槽数较少时,加工工艺相对简单,绕线工作量小,而且每个齿都比较大,定子的机械强度比较高。故应根据极对数 p,适当选择槽数 Z。

2. 定子设计

1）定子槽形

无刷直流电机常用的定子槽形如图 6 – 10 所示，一般采用梯形槽或底半梨形槽，齿部基本平行。底半梨形槽比梯形槽的槽面积利用率较高，冲模寿命较长，而且槽绝缘的弯曲程度较小，不易损伤。

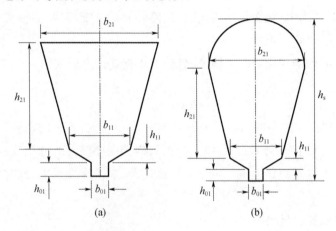

图 6 – 10　常用定子槽形图

（a）梯形槽；（b）底半梨形槽。

定子槽口宽度越小，开槽引起的气隙磁导不均匀越小，齿槽效应越小。由齿槽效应引起的高次谐波幅值也越小，定子和转子的高频附加损耗都会减小，有利于电机效率提高。但是槽口宽度太小，绕组嵌线困难。因此，在考虑加工工艺的情况下，尽可能设计比较小的槽口宽度。

2）定子铁芯材料

定子铁耗计算经验公式为

$$p_{Fe} = c_{Fe} k_0 \left(\frac{B}{B_0} \right)^2 \left(\frac{f}{f_0} \right)^{\alpha} G_{Fe} \tag{6 – 18}$$

式中：c_{Fe} 为经验校正系数；k_0 为在磁感应强度及其交变频率分别为 B_0 和 f_0 时的单位重量损耗；B 为定子铁芯磁感应强度；f 为定子铁芯磁场交变频率；α 为频率折算系数；G_{Fe} 为铁芯的重量。

由式（6 – 18）可知，定子铁耗与铁芯单位重量损耗成正比，与铁芯磁感应强度 B 的平方成正比。由于在电机转速、极对数一定时，铁芯磁场交变频率 f 是确定的，为了降低定子铁耗需要从减小铁芯材料的单位损耗和铁芯磁感应强度入手，如优质硅钢片、由磁粉压制的软磁铁芯和非晶态合金钢片。理想的铁芯材料需要具有良好导磁性能和很低的损耗。

（1）硅钢片。

硅钢片又名电工钢片，是各类电机最常用的导磁材料。硅钢片主要分两大类，一种是晶粒有取向硅钢，另一种是晶粒无取向硅钢。旋转电机一般使用无取向硅钢。无取向硅钢又分为热轧和冷轧两种。由于冷轧硅钢片具有损耗低、质量可靠、厚度均匀、表面平整等优点，且冷轧硅钢节能环保，卷料利用率高，因此基本替代了热轧硅钢片。

铁芯中的磁场变化会产生涡流损耗，涡流损耗计算公式为

$$p_e = \frac{\pi^2}{6\rho\rho_{Fe}}(\Delta_{Fe}Bf)^2 \qquad (6-19)$$

式中：Δ_{Fe}为硅钢片的厚度；ρ为硅钢片的电阻率；ρ_{Fe}为硅钢片的密度。

从式（6-19）中可知，为了降低铁耗，可以选择厚度薄的硅钢片。目前硅钢片厚度已经可以做到0.1mm。硅钢片厚度越薄，加工难度越大、耗时越多、价格越高。

（2）软磁复合材料。

软磁复合材料是对纯铁粉末通过粉末颗粒表面绝缘化和粉末冶金技术处理，与有机材料进行模压获得的铁粉微粒表面覆盖着绝缘层和起粘合作用的有机材料，容易制成形状各异的电机铁芯。和普通软磁材料相比，软磁复合材料的电阻率较高，可大大降低各方向的涡流损耗。但软磁复合材料含有非铁磁材料，其相对磁导率最大值小于1000，瑞典Höganäs公司的3P Somaloy 1000最大相对磁导率为850[123]，比一般的硅钢片低。软磁复合材料的磁滞损耗较高，饱和磁感应强度和机械强度比硅钢片都较低。选用软磁复合材料，将使电机体积增加、效率降低。

（3）非晶合金。

内部原子无序排列的金属或合金称为非晶合金。和传统的硅钢片相比，非晶合金具有高磁导率、低损耗等优异的电磁性能[124]。在功率、转速相同的情况下，使用非晶合金作为电机定子铁芯材料，电机极对数和频率可以更高，具有较高的功率密度和效率。但非晶合金的物理性能较差，加工困难，工艺复杂，生产成本高，且非晶合金的饱和磁感应强度较低，低频条件下减小铁耗的优势不明显。

3. 转子设计

1）转子磁路结构的设计

按定转子的相对位置关系，电机转子分为内转子式和外转子式。电机常用

内转子结构,即定子在外、转子在内,反之为外转子结构,如图 6 - 11 所示。内转子电机的转动惯量较小,外转子电机的转动惯量较大,这两种结构可根据推进系统的总体结构选用。

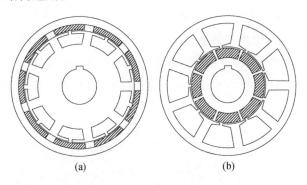

图 6 - 11　无刷直流电动机外转子和内转子结构

(a)外转子结构;(b)内转子结构。

螺旋桨驱动用无刷直流电机常采用图 6 - 3(a)所示的表贴式结构,便于加工。相邻磁极永磁体之间的材料如果不导磁,则为隐极结构;如果导磁,则为凸极结构。

2）永磁材料选择

永磁材料的性能直接决定了无刷直流电机的扭矩密度和应用环境。电机采用的永磁材料一般可分为铝镍钴、铁氧体和稀土永磁材料三类。常用的稀土永磁材料主要为钐钴和钕铁硼。永磁材料的性能对比如表 6 - 2 所列。从表 6 - 2 可知,稀土永磁材料剩余磁感应强度、矫顽力和磁能积高,用在电机中可减小体积重量、提高转矩密度。

表 6 - 2　常用永磁材料对比

性能	铝镍钴	铁氧体	钕铁硼	钐钴
剩余磁感应强度/T	0.9	0.40	1.30	1.04
矫顽力/(kA/m)	110	275	860	750
内禀矫顽力	138	290	955	1900
最大磁能积/(kJ/m³)	60	32	350	200
退磁曲线形状	弯曲	上部为直线 下部弯曲	直线 (高温时下部弯曲)	直线
剩磁温度系数/(%/K)	- 0.02	- 0.18	- 0.12	- 0.03
最高工作温度/℃	550	225	220	350

钕铁硼的剩余磁感应强度、矫顽力和磁能积比钐钴永磁材料的略高,但钐钴的工作温度可高达350℃,钕铁硼的工作温度目前最高只有220℃。因此可结合螺旋桨驱动用无刷直流电机的安装空间和散热条件选择一种稀土永磁材料。

3)永磁体尺寸设计

永磁体的形状与电机磁路结构有关。表贴式结构常采用图6-12所示的瓦片形永磁体,内置式结构常采用矩形永磁体。瓦片形永磁体的尺寸包括轴向长度L_m、厚度h_m(充磁方向)和极弧系数α_i。永磁体的轴向长度一般取铁芯轴向长度。

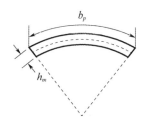

图6-12 径向充磁瓦片形永磁体

(1)极弧系数α_i。

永磁体的极弧系数为极弧长度b_p与极距τ之比,即

$$\alpha_i = \frac{b_p}{\tau} \qquad (6-20)$$

极弧系数变化,永磁体提供磁通的面积也随之变化,从而决定了永磁体提供给电机的磁通大小。每极永磁体所能提供的最大磁通Φ_r可表示为

$$\Phi_r = S_m B_r \qquad (6-21)$$

$$S_m = \alpha_i \frac{\pi D_m}{2p} L_m \qquad (6-22)$$

式中:B_r为剩余磁感应强度;S_m为永磁体面积;D_m为永磁体外径。

由式(6-22)可知极弧系数α_i越大,磁极面积S_m越大,所能提供的磁通Φ越大。但随着极弧系数越大,相邻磁极间的距离越小,漏磁会增加,使永磁体利用率降低。一般极弧系数的取值范围为0.8~1。

(2)永磁体厚度h_m。

永磁体厚度主要决定其提供给电机的磁动势。每极永磁体所能提供的最大磁动势F_c为

$$F_c = H_c h_m \qquad (6-23)$$

式中:H_c为矫顽力。

由式(6-23)可知永磁体越厚,所能提供的磁动势越大,抗电枢磁动势的去磁能力越强。需要根据电枢磁动势的大小来确定永磁体厚度选择的是否合适。

永磁体厚度可根据式(6-24)进行预估,即

$$h_m = \frac{\mu_r}{\dfrac{B_r}{B_\delta} - 1} \times \delta \qquad (6-24)$$

式中:μ_r 为相对回复磁导率;B_r/B_δ 一般取为 1.1 ~ 1.35。

初步确定永磁体的极弧系数 α_i 和厚度 h_m,可确定磁钢工作图中的去磁曲线,经过磁路计算可求出空载和负载工作点,具体方法见 6.3.4 节。根据磁路各部分的饱和情况和工作点的位置,对永磁体尺寸进行调整。一般工作点的磁动势应小于永磁体最大磁动势的1/2。

4) 转轴设计

电机转轴的设计与其他旋转机械转轴设计的基本要求一样,要有足够的强度和刚度,且临界转速和工作转速要有一定的差值,以免发生共振。转轴材料一般采用优质碳素钢或合金钢,在较大直径的电机中可使用空芯轴,以减轻重量、节约成本。为了降低离心力并确保转轴有足够的刚度,转轴尺寸需要合理设计,通常可参考相同转矩电机的转轴直径。

5) 转子磁轭设计

转子磁轭材料通常和定子铁芯材料一致,采用叠片结构,可减小损耗,提高效率。根据转子磁轭磁感应强度的分布情况,在磁感应强度低的部位打孔,以减小重量,提高转矩密度。

4. 空载磁路计算

由于电机中使用的永磁材料退磁曲线大多为曲线,有的还有拐点,直接对磁路进行解析求解较为困难,可以用图解法进行磁路计算。但近年来,由于磁场分布越来越复杂,给磁路计算带来了较大的困难,难以得到准确的计算结果。随着计算机技术的发展,形成了一系列电磁场的数值计算方法,其中应用最广泛的为有限元法,下面分别介绍磁路法和有限元法的磁场分析过程。

1) 磁路法计算[125]

无刷直流电机的磁路包括永磁体、导磁材料和气隙。永磁体提供磁通 Φ_m 和磁动势 F_m,可以等效为磁通源或磁动势源,定子齿以及定转子轭作为导磁材料,和气隙一起等效为外磁路。

（1）永磁体的等效磁路。

设永磁体退磁曲线为 $B = f(H)$，对于钕铁硼材料，退磁曲线与回复线近似重合，都可以等效为一条直线，直线在纵轴上的截距为剩余磁感应强度 B_r，在横轴上的截距为矫顽力 H_c，如图 6-13 所示。

退磁曲线 $B = f(H)$ 表达式为

$$B = B_r - \frac{B_r}{H_c}H = B_r - \mu_m H \qquad (6-25)$$

式中：μ_m 为永磁体磁导率。

对式（6-25）乘以永磁体磁化方向截面积 S_m，可得

$$S_m B = S_m B_r - S_m \mu_m H \qquad (6-26)$$

$$S_m B = S_m B_r - S_m \frac{\mu_m}{h_m} H h_m \qquad (6-27)$$

永磁体内磁导 $\Lambda_m = S_m \frac{\mu_m}{h_m}$，且 $\Phi_m = S_m B$，$F_m = H h_m$，代入式（6-28）中可得

$$\Phi_m = \Phi_r - \Lambda_m F_m \qquad (6-28)$$

根据式（6-28）和磁路欧姆定律 $\Phi = \Lambda F$ 可知，永磁体在磁路中可以等效为一个磁通源 Φ_r 并联一个磁导 Λ_m，如图 6-14 所示。

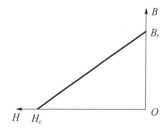

图 6-13　永磁体退磁曲线

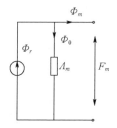

图 6-14　永磁体的等效磁路

（2）外磁路的等效磁路。

永磁体提供给外磁路的磁通 Φ_m 中，与电枢绕组交链的是主磁通 Φ_δ，其余的是漏磁通 Φ_σ，有

$$\Phi_m = \Phi_\delta + \Phi_\sigma = \sigma \Phi_\delta \qquad (6-29)$$

式中：σ 为空载漏磁系数。

主磁通 Φ_δ 对应的磁路为主磁路，主磁通 Φ_δ 经过定子齿、定转子轭和气隙，可表示为 $\Phi_\delta = f(F)$，主磁导 Λ_δ 可由气隙磁通 Φ_δ 和外磁路上各部分的磁压降

之和 F 计算得

$$\Lambda_\delta = \frac{\Phi_\delta}{F} \qquad\qquad (6-30)$$

漏磁通 Φ_σ 对应的磁路为漏磁路,漏磁通 Φ_σ 不交链电枢绕组,直接在磁极间闭合,可表示为 $\Phi_\sigma = f(F_\sigma)$,漏磁导直接计算非常复杂,一般用空载漏磁系数 σ 和主磁导 Λ_δ 来估算,即

$$\Lambda_\sigma = \frac{\Phi_\sigma}{F_\sigma} = (\sigma - 1)\Lambda_\delta \qquad\qquad (6-31)$$

外磁路的等效磁路如图 6 – 15 所示。

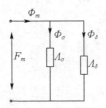

图 6 – 15　外磁路的等效磁路

（3）无刷直流电机的等效磁路。

无刷直流电机正常工作时永磁体提供的磁通和磁动势需和外磁路的磁通和磁压降相等,为 Φ_m 和 F_m,两部分相连构成等效磁路。无刷直流电机的等效磁路如图 6 – 16 所示。

为了求得永磁体工作点,需要分别确定永磁体的回复线特性 $\Phi_r = f(F_c)$ 和电机的空载特性 $\Phi_m = f(\sum F)$,两特性的交点 A 即为空载工作点 (F_{m0}, Φ_{m0}),如图 6 – 17 所示。

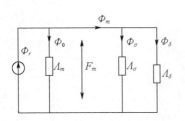

图 6 – 16　无刷直流电机的等效磁路

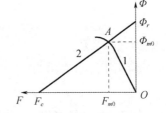

图 6 – 17　永磁体空载工作图

1—电机穿戴特性曲线;2—永磁体回复线。

（4）电机的空载特性。

电机的空载特性是指外磁路上各部分磁压降之和 $\sum F$ 和总磁通 Φ_m 的关

系,即 $\Phi_m = f(\sum F)$。

总磁通 Φ_m 为

$$\Phi_m = \sigma\Phi_\delta = \sigma B_\delta \tau L_{ef} \qquad (6-32)$$

磁压降之和 $\sum F$ 为

$$\sum F = F_\delta + F_t + F_{j1} + F_{j2} \qquad (6-33)$$

式中: F_δ 为气隙磁压降; F_t 为定子齿磁压降; F_{j1} 为定子轭磁压降; F_{j2} 为转子轭磁压降。

气隙磁通可表示为

$$\Phi_\delta = B_\delta \tau L_{ef} \qquad (6-34)$$

定子齿磁感应强度可表示为

$$B_t = \frac{B_\delta t}{b_{tav} K_{Fe1}} \qquad (6-35)$$

式中: t 为齿距; b_{tav} 为平均齿宽; K_{Fe1} 为电枢叠片系数。

定子轭磁感应强度可表示为

$$B_{j1} = \frac{\Phi_\delta}{2h_{j1} K_{Fe1} L_{ef}} \qquad (6-36)$$

式中: h_{j1} 为定子磁轭计算高度。

转子轭磁感应强度可表示为

$$B_{j2} = \frac{\sigma\Phi_\delta}{2h_{j2} K_{Fe2} L_{ef}} \qquad (6-37)$$

式中: h_{j2} 为转子磁轭计算高度; K_{Fe2} 为转子冲片叠压系数。

气隙磁压降可表示为

$$F_\delta = K_\delta \delta \frac{B_\delta}{\mu_0} \qquad (6-38)$$

式中: K_δ 为气隙系数。

定子齿磁压降可表示为

$$F_t = 2H_t h_t \qquad (6-39)$$

式中: h_t 为定子齿计算高度; H_t 为定子齿磁场强度。

定子轭磁压降可表示为

$$F_{j1} = H_{j1} L_{j1} \qquad (6-40)$$

式中: L_{j1} 为定子磁轭计算长度; H_{j1} 为定子轭磁场强度。

转子轭磁压降可表示为

$$F_{j2} = H_{j2}L_{j2} \tag{6-41}$$

式中:L_{j2}为转子磁轭计算长度;H_{j2}为转子轭磁场强度。

给定气隙磁感应强度B_δ,可计算出磁感应强度B_t、B_{j1}、B_{j2},通过所选材料的磁化曲线查到对应的磁场强度H_t、H_{j1}、H_{j2},再由式(6-38)~式(6-41)算出磁压降F_δ、F_t、F_{j1}、F_{j2},求得总磁压降$\sum F$。给定气隙磁感应强度B_δ,由式(6-32)可计算总磁通Φ_m。取一组不同的B_δ值,就能得到相应的(Φ_m,$\sum F$),将这些点连起来即为电机空载特性曲线$\Phi_m = f(\sum F)$。

式(6-34)~式(6-41)计算中用到的气隙系数K_δ、计算极弧系数α_i和空载漏磁系数σ可以先根据经验公式估算,再采用有限元法进行校核。

2)有限元法计算

一般用电磁场有限元分析软件进行空载磁场有限元计算,步骤如图6-18所示。

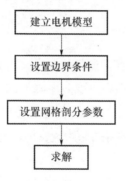

图6-18　有限元法的分析步骤

(1)建立电机模型。

根据所选材料及电磁参数等建立电机模型。

(2)设置边界条件。

边界条件定义了在边界和未求解区域的场分布情况。默认的一元边界条件是磁力线平行于边界。对于部分建模的电机,如只求解一个极或一对极,则要定义二元边界条件:奇对称或偶对称边界条件。

(3)网格剖分。

网格剖分是有限元法的关键步骤,它决定了有限元法求解问题的能力和求解精度。考虑到计算资源、求解时间以及精度的要求,通常电机模型中不同部分要设定不同大小的剖分网格。气隙磁场是电机内能量交换的媒介,气隙网格剖分越小,求解精度越高。其他部分可根据计算时间和精度的需要,设置较大的剖分网格。

（4）求解。

电磁场分析软件针对不同的问题,需要使用不同的求解器来求解。可以使用 2D 静态求解器来进行无刷直流电机的空载磁场分析,求解结果中可以得到磁场强度、磁感应强度等数据。

5. 电枢绕组设计

1）电枢绕组形式

根据槽内的层数不同,电枢绕组可分为单层绕组和双层绕组。双层绕组可通过线圈节距的选择来削弱或消除某高次谐波,电机的杂散损耗小,但单层绕组无需层间绝缘,槽利用率高;加工工艺方面,双层绕组线圈数多,嵌线较为困难,单层绕组工艺简单,嵌线方便。

螺旋桨驱动用无刷直流电机一般都采用单层绕组,线圈节距为整距,绕组系数大、利用率高。

2）电流密度选择

电流密度 J_a 是导线单位面积流过的电流。选用较大的 J_a 值,导线截面积小,可节省材料、降低成本,但铜损耗增大、效率降低,电机的温升增高,寿命和可靠性都降低。选择导线电流密度 J_a 的大小,需综合考虑电机的绝缘等级、结构型式和冷却方式等条件,一般自然冷却条件下电流密度取值范围为 $6 \times 10^6 \sim 8 \times 10^6 \mathrm{A/m}^2$。

3）槽满率

槽满率是线圈在槽中所占面积与槽的有效面积之比,代表了槽内导线的填充程度,计算公式为

$$K_f = \frac{N_t N_s d^2}{S_s} \times 100\% \tag{6-42}$$

式中:K_f 为槽满率;N_t 为每根导体并绕根数;N_s 为每槽导体数;d 为导线最大外径;S_s 为槽面积。对于常用的图 6-10(b)所示的底半梨形槽,可按式(6-42)计算,即

$$S_s = \frac{b_{11} + b_{21}}{2}h_{21} + \frac{b_{11} + b_{01}}{2}h_{11} + \frac{\pi \times b_{21}^2}{8} \tag{6-43}$$

槽满率越大说明槽中导线所占比例越多,则电机尺寸可以较小,功率密度提高,但会造成嵌线困难,工艺难度大。一般槽满率在 60% ~ 75%。

6. 损耗分析

无刷直流电机的效率 η 为

$$\eta = \frac{P_2}{P_1} \times 100\% = \left(1 - \frac{\sum p}{P_1}\right) \times 100\% \qquad (6-44)$$

式中：$\sum p$ 为所有损耗之和，P_1、P_2 分别为输入功率和输出功率。

无刷直流电机的损耗由铜损耗 p_{cu1}、铁损耗 p_{Fe}、机械损耗 p_{mec}、杂散损耗 p_{ad} 四部分组成。图 6-19 所示为无刷直流电机的功率流图。

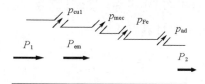

图 6-19　无刷直流电机的功率流图

1）铜损耗 P_{cu1}

电枢电流 I_a 通过电枢绕组，在电枢绕组电阻 R_a 上消耗的功率可表示为

$$P_{cu1} = m I_a^2 R_a \qquad (6-45)$$

式中：m 为电枢绕组相数。

2）铁损耗 P_{Fe}

在铁芯内，磁场变化在铁芯中产生的损耗，包括磁滞损耗和涡流损耗两部分。铁损耗的准确计算十分困难，一般采用式（6-17）的经验公式计算。

3）机械损耗 P_{mec}

机械损耗 p_{mec} 包括轴承摩擦损耗、电动机旋转部分与冷却介质之间的摩擦损耗和冷却系统消耗的功率。机械损耗与转速及转子结构有关，转速越高，机械损耗越大。轴承摩擦损耗 p_{mpn} 可按式（6-46）计算。

$$p_{mpn} = K_m G_p n_N \qquad (6-46)$$

式中：K_m 为轴承摩擦系数；G_p 为转子重量。

电动机旋转时与空气产生的风摩损耗 p_{mph} 可按式（6-47）计算。

$$p_{mph} = 2 D_{e2}^3 n_N^3 L_a \qquad (6-47)$$

式中：D_{e2} 为转子直径。

4）杂散损耗 P_{ad}

杂散损耗包括附加铜损耗和附加铁损耗，将上述铜损耗和铁损耗计算中未考虑进去的较复杂的或次要的因素，均集中在杂散损耗中，其中以附加铁损耗为主。电枢磁场和永磁体励磁磁场的高次谐波以及电枢开槽形成的齿谐波磁通在电枢铁芯、永磁体和转子磁轭中会产生附加铁损耗。杂散损耗很复杂，计算也较困难,一般用估计的损耗系数计算。

7. 性能计算

电机的性能计算主要是计算效率和输出扭矩。输出扭矩为

$$T_2 = T_{em} - T_0 \qquad (6-48)$$

式中:T_{em}为电磁扭矩,$T_{em} = C_T \Phi_\delta I_a$($C_T$是扭矩常数);$T_0$为空载扭矩。

从式(6-45)~式(6-47)中可知,为了计算效率和输出扭矩,关键参数都为电枢电流I_a。电枢电流I_a计算公式为

$$I_a = \frac{U - 2\Delta u - 2E}{2R_t} \qquad (6-49)$$

$$E = C_E \Phi_\delta n \qquad (6-50)$$

式中:R_t为温度为t℃时的电枢绕组电阻值;Δu为一个开关管的管压降;E为反电动势;C_E为电动势常数。

1)磁路法计算

无刷直流电机等效电路图如图6-6所示。对于给定的额定转速n_N,即可计算反电势E,再根据电路关系计算电枢电流I_a,从而得到效率和输出扭矩。

2)有限元法计算

在电磁场仿真软件中建立电机模型后,根据初始条件是利用指标中的额定扭矩或额定转速,有以下两种方法计算电枢电流:

(1)电机模型设置负载驱动,给定负载为额定扭矩T_{emN},求解后可得额定转速n_N,再由有限元求解结果得到电枢电流I_a。

(2)电机模型设置速度驱动,给定转速为额定转速n_N,求解后可得额定扭矩T_{emN},再由有限元求解结果得到电枢电流I_a。

8. 设计实例

1)主要技术指标

(1)额定功率$P_N = 9000\text{W}$。

(2)额定电压$U_N = 90\text{V}$。

(3)工作状态长期连续运行。

(4)额定转速$n_N = 9200\text{rpm}$。

2)主要尺寸确定

(1)预取效率$\eta' = 0.9$。

(2)计算功率$P' = \dfrac{1+2\eta'}{3\eta'} \times P_N = \dfrac{1+2\times0.9}{3\times0.9} \times 9000 = 9333.3\text{W}$。

预取线负荷 $A'_S = 100\mathrm{A/cm}$。

预取气隙磁感应强度 $B'_\delta = 0.7\mathrm{T}$。

预取长径比 $\lambda' = 1$。

（3）预取电枢内径 D'_a 为

$$D'_a = \sqrt[3]{\frac{6.1P'}{\alpha_i A'_S B'_\delta \lambda' n_N}} = \sqrt[3]{\frac{6.1 \times 9333.3}{0.85 \times 10000 \times 0.7 \times 1 \times 9200}} = 10.1\mathrm{cm}$$

电枢内径为 10.1cm，套用已有的 Y 系列异步电机的定子铁芯，选取电枢内径 $D_a = 9.8\mathrm{cm}$。

（4）气隙长度 $\delta = 0.15\mathrm{cm}$。

（5）电枢外径 D_1。

套用已有的 Y 系列异步电机定子冲片，选取电枢外径为 $D_1 = 15.5\mathrm{cm}$。

（6）极对数 $p = 2$。

（7）极距 τ 为

$$\tau = \frac{\pi D_a}{2p} = \frac{3.14 \times 9.8}{2 \times 2} = 7.7\mathrm{cm}$$

3）定子结构

定子冲片如图 6 – 20 所示，槽形为图 6 – 10（b）所示的底半梨形槽。

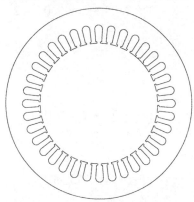

图 6 – 20　定子冲片

（1）定子槽形尺寸为

$$b_{01} = 2.8\mathrm{mm}, b_{11} = 5.0\mathrm{mm}, b_{21} = 6.8\mathrm{mm};$$

$$h_{01} = 0.8\mathrm{mm}, h_{11} = 0.5\mathrm{mm}, h_{21} = 10.0\mathrm{mm}, h_s = 14.7\mathrm{mm}。$$

（2）槽数 $Z = 36$。

（3）齿距 t 为

$$t = \frac{\pi D_a}{Z} = \frac{\pi \times 9.8}{36} = 0.86 \text{cm}$$

（4）气隙系数 K_δ 为

$$K_\delta = \frac{t(4.4\delta + 0.75 b_{01})}{t(4.4\delta + 0.75 b_{01}) - b_{01}^2}$$

$$= \frac{0.86 \times (4.4 \times 0.15 + 0.75 \times 0.28)}{0.86 \times (4.4 \times 0.15 + 0.75 \times 0.28) - 0.28^2}$$

$$= 1.12$$

（5）槽面积 S_s 为

$$S_s = \frac{b_{11} + b_{21}}{2} h_{21} + \frac{b_{11} + b_{01}}{2} h_{11} + \frac{\pi \times b_{21}^2}{8}$$

$$= \frac{0.68 + 0.5}{2} \times 1 + \frac{0.5 + 0.28}{2} \times 0.05 + \frac{\pi \times 0.68^2}{8}$$

$$= 0.79 \text{cm}^2$$

（6）齿宽 b_t 为

$$b_{t11} = \frac{\pi(D_a + 2h_{01} + 2h_{11} + 2h_{21})}{Z} - b_{21}$$

$$= \frac{\pi \times (9.8 + 2 \times 0.08 + 2 \times 0.05 + 2 \times 1)}{36} - 0.68$$

$$= 0.372 \text{cm}$$

$$b_{t12} = \frac{\pi(D_a + 2h_{01} + 2h_{11})}{Z} - b_{11}$$

$$= \frac{\pi \times (9.8 + 2 \times 0.08 + 2 \times 0.05)}{36} - 0.5$$

$$= 0.377 \text{cm}$$

齿部基本平行，齿宽取平均值，$b_t = 0.375 \text{cm}$。

（7）齿高 h_t 为

$$h_t = h_{11} + h_{21} + \frac{b_{21}}{6} = 0.05 + 1 + \frac{0.68}{6} = 1.16 \text{cm}$$

（8）定子轭高 h_{j1} 为

$$h_{j1} = \frac{D_1 - D_a}{2} - h_s = \frac{15.5 - 9.8}{2} - 1.47 = 1.38 \text{cm}$$

（9）定子轭计算高度 h'_{j1} 为

$$h'_{j1} = h_{j1} + \frac{b_{21}}{6} = 1.38 + \frac{0.68}{6} = 1.49\text{cm}$$

（10）定子轭磁路长度 l_{j1} 为

$$l_{j1} = \frac{\pi}{4p}(D_1 - h'_{j1}) = \frac{\pi}{8} \times (15.5 - 1.49) = 5.5\text{cm}$$

（11）定子冲片材料确定为牌号 DW310 - 35 的无取向冷轧硅钢片。

（12）定子叠片系数 $K_{\text{Fe1}} = 0.95$。

（13）定子材料密度 $\rho_s = 7650\text{kg/m}^3$。

（14）比损耗 $P(10/50) = 1.65\text{W/kg}$。

（15）定子轭重 G_j 为

$$G_j = \frac{\rho_s \pi}{4}\left[D_1^2 - (D_1 - 2h_{j1})^2 \right]L_a$$

$$= \frac{7650 \times \pi}{4} \times \left[15.5^2 - (15.5 - 2 \times 1.38)^2 \right] \times 7 \times 10^{-6}$$

$$= 3.28\text{kg}$$

（16）定子齿重 G_t 为

$$G_t = \rho_s b_t h_s Z L_a = 7650 \times 0.375 \times 1.47 \times 36 \times 7 \times 10^{-6} = 1.06\text{kg}$$

（17）定子铁芯重 G_1 为

$$G_1 = G_j + G_t = 3.28 + 1.06 = 4.34\text{kg}$$

4）转子结构

采用图 6 - 3(a)所示瓦片形永磁体径向充磁结构。

永磁体结构参数如下：

（1）永磁体磁化方向厚度 $h_m = 0.8\text{cm}$。

（2）永磁体极弧系数 $a_i = 0.8$。

（3）永磁体外径 $D_m = D_a - 2\delta = 9.8 - 2 \times 0.15 = 9.5\text{cm}$。

（4）永磁体圆弧宽度 $b_m = \alpha_i \dfrac{\pi D_m}{2p} = 0.8 \times \dfrac{\pi \times 9.5}{2 \times 2} = 6.0\text{cm}$。

（5）转子铁芯外径 $D_{e2} = D_a - 2\delta - 2h_m = 9.8 - 2 \times 0.15 - 2 \times 0.8 = 7.9\text{cm}$。

（6）转子铁芯内径 $D_{i2} = 3.8\text{cm}$。

（7）永磁体材料为钐钴永磁体 2：17。

（8）磁钢材料密度 $\rho_r = 8300\text{kg/m}^3$。

（9）剩余磁感应强度 $B_{r20} = 1\text{T}$。

（10）矫顽力 $H_{C20} = 755985\text{A/m}$。

（11）B_r 的可逆温度系数 $\alpha_{B_r} = -0.03$。

（12）H_C 的可逆温度系数 $\alpha_{H_C} = -0.2$。

（13）转子铁芯材料确定为牌号 DW310 – 35 的无取向冷轧硅钢片。

（14）转子叠片系数 $K_{Fe2} = 0.95$。

（15）转轴材料为 10 号钢。

（16）材料密度 $\rho_z = 7800 kg/m^3$。

（17）电机工作温度 $T = 100℃$。

（18）磁钢在工作温度下的剩余磁感应强度 B_r 为

$$B_r = \left[1 + (T - 20)\frac{\alpha_{B_r}}{100} \right]$$

$$B_{r20} = \left[1 + (100 - 20)\frac{-0.03}{100} \right] \times 1 = 0.976T$$

磁钢在工作温度下的矫顽力 H_C 为

$$H_C = \left[1 + (T - 20)\frac{\alpha_{H_C}}{100} \right]$$

$$\times H_{C20} = \left[1 + (100 - 20)\frac{-0.2}{100} \right] \times 755985 = 635027 A/m$$

转子磁轭宽度 b_{j2} 为

$$b_{j2} = \frac{D_{e2} - D_{i2}}{2} = \frac{7.9 - 3.8}{2} = 2.05 cm$$

转子磁轭沿磁路方向长度 l_{j2} 为

$$l_{j2} = \frac{\pi(D_{i2} + b_{j2})}{4p} = \frac{\pi \times (3.8 + 2.05)}{4 \times 2} = 2.3 cm$$

永磁体截面积 S_m 为

$$S_m = b_m \times L_a = 6 \times 7 = 42 cm^2$$

磁钢重 G_m 为

$$S_{m1} = \alpha_i \pi \left(\left(\frac{D_m}{2}\right)^2 - \left(\frac{D_{e2}}{2}\right)^2 \right) = 0.8 \times \pi \times \left(\left(\frac{9.5}{2}\right)^2 - \left(\frac{7.9}{2}\right)^2 \right) = 17.49 cm^2$$

$$G_m = \rho_r S_{m1} L_a = 8300 \times 17.49 \times 7 \times 10^{-6} = 1.02 kg$$

转子磁轭重 G_g 为

$$G_g = \rho_g \frac{\pi(D_{e2}^2 - D_{i2}^2)}{4} L_a = 7650 \times \frac{\pi \times (7.9^2 - 3.8^2)}{4} \times 7 \times 10^{-6} = 2.02 kg$$

转子轴重 G_b 为

$$G_b = \rho_g \frac{\pi D_{i2}^2}{4} L_a = 7800 \times \frac{\pi \times 3.8^2}{4} \times 7 \times 10^{-6} = 0.62 \text{kg}$$

5）磁路计算

（1）B_r 对应的磁通 Φ_{mr} 为

$$\Phi_{mr} = B_r S_m = 0.976 \times 42 \times 10^{-4} = 40.99 \times 10^{-4} \text{Wb}$$

（2）H_c 对应的磁势 F_{mc} 为

$$F_{mc} = 2 H_c h_m = 2 \times 635027 \times 0.8 \times 10^{-2} = 10160 \text{A}$$

（3）气隙磁通 Φ_δ 为

$$\Phi_\delta = B_\delta \tau L_a = 7.7 \times 7 \times 10^{-4} B_\delta = 53.9 \times 10^{-4} B_\delta (\text{Wb})$$

（4）定子齿磁感应强度 B_t 为

$$B_t = \frac{B_\delta t}{b_t K_{Fe1}} = \frac{0.86}{0.375 \times 0.95} B_\delta = 2.41 B_\delta (\text{T})$$

（5）定子轭磁感应强度 B_{j1} 为

$$B_{j1} = \frac{\Phi_\delta}{2 h_{j1} K_{Fe1} L_a} = \frac{53.9 \times 10^{-4} B_\delta}{2 \times 1.38 \times 0.95 \times 7 \times 10^{-4}} = 2.94 B_\delta (\text{T})$$

（6）转子轭磁感应强度 B_{j2} 为

$$B_{j2} = \frac{\Phi_\delta \sigma}{2 b_{j2} L_a} = \frac{53.9 \times 10^{-4} \times 1.1}{2 \times 2.05 \times 7 \times 10^{-4}} B_\delta = 2.07 B_\delta (\text{T})$$

式中：σ 为空载漏磁系数，此处取 1。

（7）气隙磁势 F_δ 为

$$F_\delta = 1.6 \delta K_\delta B_\delta \times 10^6 = 1.6 \times 0.15 \times 1.12 \times B_\delta \times 10^4 = 2688 B_\delta (\text{A})$$

（8）定子齿磁势 F_t 为

$$F_t = 2 H_t h_t = 2 \times 1.16 \times 10^{-2} H_t = 0.023 H_t (\text{A})$$

（9）定子轭磁势 F_{j1} 为

$$F_{j1} = H_{j1} l_{j1} = 0.055 H_{j1} (\text{A})$$

（10）转子轭磁势 F_{j2} 为

$$F_{j2} = H_{j2} l_{j2} = 0.023 H_{j2} (\text{A})$$

（11）总磁势 $\sum F$ 为

$$\sum F = F_\delta + F_t + F_{j1} + F_{j2}$$

（12）总磁通 Φ_m 为

$$\Phi_m = \sigma \Phi_\delta = 1.1 \times 53.9 B_\delta = 59.29 B_\delta (\text{Wb})$$

（13）空载特性曲线计算结果表 6 – 3 所列。

表 6-3　空载工作特性曲线计算结果表

序号 参数	1	2	3	4
B_δ/T	0.4	0.5	0.6	0.7
$\Phi_\delta/(10^{-4}\text{Wb})$	21.56	26.95	32.34	37.73
B_t/T	0.964	1.205	1.446	1.687
B_{j1}/T	1.176	1.47	1.764	2.058
B_{j2}/T	0.828	1.035	1.242	1.449
$H_t/(\text{A/m})$	109.52	201.2	926.36	6156.42
$H_{j1}/(\text{A/m})$	182.6	1209.8	9025.28	51974.84
$H_{j2}/(\text{A/m})$	88.48	123.7	232.28	947.84
F_δ/A	1075.2	1344	1612.8	1881.6
F_t/A	2.51	4.62	21.30	141.59
F_{j1}/A	10.04	66.53	496.39	2858.61
F_{j2}/A	2.03	2.84	5.34	21.80
$\sum F/\text{A}$	1089.79	1418.01	2135.83	4903.61
$\Phi_m/(10^{-4}\text{Wb})$	23.716	29.645	35.574	41.503

（14）空载工作点。

以表 6-3 所计算的空载磁通和空载磁势作出空载特性曲线，以磁钢在工作温度下剩余磁感应强度的对应磁通和磁钢在工作温度下矫顽力的对应磁势作出永磁体退磁曲线，两线交点即为电机空载工作点，如图 6-21 所示。

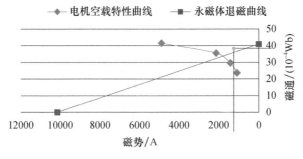

图 6-21　永磁体空载工作图

总磁通 Φ_{m0} 为

$$\Phi_{m0} = 33.82 \times 10^{-4}\text{Wb}$$

空载气隙磁通 $\Phi_{\delta0}$ 为

$$\Phi_{\delta 0} = \frac{\Phi_{m0}}{\sigma} = \frac{33.82 \times 10^{-4}}{1.1} = 30.75 \times 10^{-4} \text{Wb}$$

空载气隙磁感应强度 $B_{\delta 0}$ 为

$$B_{\delta 0} = \frac{\Phi_{\delta 0}}{\tau L_a} = \frac{30.75 \times 10^{-4}}{7.7 \times 7 \times 10^{-4}} = 0.57 \text{T}$$

空载定子齿磁感应强度 B_{t0} 为

$$B_{t0} = \frac{B_{\delta 0} t}{b_t K_{\text{Fe1}}} = \frac{0.57 \times 0.86}{0.375 \times 0.95} = 1.376 \text{T}$$

空载定子轭磁感应强度 B_{j10} 为

$$B_{j10} = \frac{\Phi_{\delta 0}}{2 h_{j1} K_{\text{Fe1}} L_a} = \frac{30.75 \times 10^{-4}}{2 \times 1.38 \times 0.95 \times 7 \times 10^{-4}} = 1.67 \text{T}$$

空载转子轭磁感应强度 B_{j20} 为

$$B_{j20} = \frac{\Phi_{\delta 0} \sigma}{2 b_{j2} L_a} = \frac{30.75 \times 10^{-4} \times 1.1}{2 \times 2.05 \times 7 \times 10^{-4}} = 1.18 \text{T}$$

由空载气隙磁感应强度和磁路各部分磁感应强度计算结果可知,磁路设计合理。

6）空载磁场仿真计算

在电磁场仿真软件中搭建电机模型,利用 2D 静态求解器进行求解,得到电机空载运行的磁感应强度分布云图如图 6 - 22(a)所示。由图 6 - 22(a)可以看出磁力线分布合理,定子齿磁感应强度达到 1.65T,轭部磁感应强度 1.61T,转子轭部磁感应强度 1.11T,定子齿部、轭部磁感应强度都接近材料饱和值,材料得以充分利用。电机空载气隙磁感应强度波形如图 6 - 22(b)所示,空载气隙磁感应强度峰值 0.805T,平均值 $B_\delta = 0.606$。

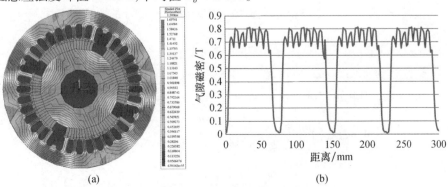

(a)　　　　　　　　　　(b)

图 6 - 22　电机空载磁场分布图

(a)磁感应强度分布云图;(b)气隙磁感应强度波形图。

由磁通公式 $\varPhi = BS$ 可得,电机空载气隙主磁通 $\varPhi_{\delta 0}$ 为

$$\varPhi_{\delta 0} = B_\delta \tau L_a = 0.606 \times 7.7 \times 7 \times 10^{-4} = 32.66 \times 10^{-4} \mathrm{Wb}$$

磁场仿真计算求得的空载气隙主磁通 $\varPhi_{\delta 0}$ 为 $32.66 \times 10^{-4} \mathrm{Wb}$,而磁路法求得的空载气隙主磁通 $\varPhi_{\delta 0}$ 为 $30.75 \times 10^{-4} \mathrm{Wb}$,二者基本一致,说明磁路法中的漏磁系数取得较接近电机的实际情况,下面用仿真计算求得的空载气隙主磁通来进行绕组设计。

7)电枢绕组设计

绕组连接形式:星形。

通电模式:二相导通三相六状态。

并联支路数:$a = 2$;层数:$C = 1$(单层)。

每极每相槽数是指整个电机定子中每相在每个极下所占有的槽数,即

$$q = \frac{Z}{2mp} = \frac{36}{2 \times 3 \times 2} = 3$$

槽距电角度是指相邻两槽间相距的电角度,即

$$a = \frac{p \times 360°}{Z} = \frac{2 \times 360°}{36} = 20°$$

基波绕组系数 K_{w1} 为

$$K_{w1} = K_{q1} K_{y1} = 0.96 \times 1 = 0.96$$

$$K_{q1} = \frac{\sin[0.5q\alpha]}{q \times \sin[0.5\alpha]} = \frac{\sin[0.5 \times 3 \times 20°]}{3 \times \sin[0.5 \times 20°]} = 0.96$$

$$K_{y1} = \sin\left(\frac{0.5\pi y_1}{\tau_0}\right) = \sin\left(\frac{0.5 \times 180° \times 9}{9}\right) = 1$$

式中:K_{q1} 为基波分布系数;K_{y1} 为基波短距系数。采用集中整距绕组,以槽数表示的节距 $r_1 = \tau_0 = 9$。

极距 τ_0 为一个极在电机定子圆周上所跨的以槽数计的距离,即

$$\tau_0 = \frac{Z}{2p} = \frac{36}{2 \times 2} = 9$$

绕组连接如图 6 – 23 所示。

每相绕组串联匝数 $W_\varPhi$ 为

$$W_\varPhi = \frac{E}{4.44 f K_{W1} \varPhi_{\delta 0}} = \frac{U - 2\Delta u}{2 \times 4.44 \dfrac{pn_0}{60} K_{W1} \varPhi_{\delta 0}}$$

$$= \frac{90 - 2 \times 0.7}{2 \times 4.44 \times \dfrac{2 \times 10000}{60} \times 0.96 \times 32.66 \times 10^{-4}} = 9.54 \text{ 匝}$$

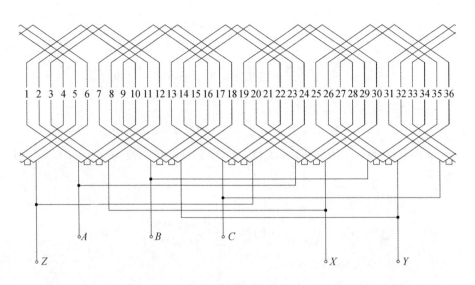

图 6-23 绕组连接

式中:管压降 $\Delta u = 0.7\text{V}$;预取空载转速 $n_0 = 10000\text{r/min}$。每相绕组串联匝数取 $W_\Phi = 9$ 匝。

预取导线截面积 S'_c 为

$$S'_c = \frac{P_N}{U_N \eta' J'_a a} = \frac{9000}{90 \times 0.9 \times 6 \times 2} = 9.3\text{mm}^2$$

预取导线电流密度 $J'_a = 6\text{A/mm}^2$。

由预取导线截面积 S'_c,查标准线规表,选用截面积相近的标准导线。选牌号 QY-2 的漆包线,并绕根数 $N_t = 16$,则标称直径为 $d_c = 0.90\text{mm}$,导线最大直径 $d_{cmax} = 0.99\text{mm}$,电阻温度系数 $P_t = 0.00395$,导线电阻率 $\rho_{(20)} = 0.0175\Omega\text{mm}^2/\text{m}$,绝缘等级是 C,长期使用温度范围 $-60 \sim +220℃$。

单根导线计算截面积 S_c 为

$$S_c = \frac{\pi d_c^2}{4} = \frac{\pi \times 0.9^2}{4} = 0.64\text{mm}^2$$

槽满率 K_f 为

$$K_f = \frac{N_t N_s d_{cmax}^2}{S_s} = \frac{9 \times 16 \times 0.99^2}{3 \times 79.1} = 0.6$$

由槽满率为 0.6 可知,嵌线工艺可以实现。

计算绕组端部长度 l'_b 为

$$l'_b = 1.25 \frac{\pi D_{av}}{2p} = 1.25 \times \frac{\pi \times 12.65}{2 \times 2} = 12.4\text{cm}$$

式中：$D_{av} = \dfrac{D_1 + D_a}{2} = \dfrac{15.5 + 9.8}{2} = 12.65\text{cm}$ 为定子齿部平均直径。

电枢绕组每匝平均长度 l_{av} 为

$$l_{av} = 2(L_a + l'_b) = 2 \times (7 + 12.4) = 38.8\text{cm}$$

每相电枢绕组电阻分为工作温度 20℃ 电阻和工作温度 100℃ 电阻，具体计算如下。

20℃ 电阻 R_{a20} 为

$$R_{a20} = \rho_{(20)} \frac{W l_{av}}{a N_t S_c} = 0.0175 \times \frac{9 \times 0.388}{2 \times 16 \times 0.64} = 0.003\Omega$$

工作温度 100℃ 电阻 R_{at} 为

$$R_{at} = R_{a20}\left[1 + (T - 20) \times P_t\right]$$
$$= 0.003 \times \left[1 + (100 - 20) \times 0.00395\right]$$
$$= 0.004\Omega$$

8）转速—扭矩特性曲线仿真计算

在电磁场仿真软件中搭建电路驱动模型，设置负载驱动，负载扭矩分别设置为 0Nm 和额定扭矩 9.34Nm，利用 2D 瞬态求解器进行求解，仿真求得的空载转速、负载转速波形如图 6-24（a）所示，绘制的转速—扭矩特性曲线如图 6-24（b）所示。从图 6-24 可以看出空载转速为 9913r/min，额定负载扭矩 9.34Nm 时，转速为 9272r/min，满足技术指标要求，额定负载时的每相电流为 110A。

9）效率计算

电枢铜耗为

$$P_{Cu} = 3 I_a^2 R_{at} = 3 \times 110^2 \times 0.004 = 146\text{W}$$

电枢铁耗为

$$P_{Fe} = C_{Fe} p_{(10/50)} \left(\frac{f}{50}\right)^{1.3} \left(\left(\frac{B_t}{1.0}\right)^2 G_t + \left(\frac{B_{j1}}{1.0}\right)^2 G_j\right)$$
$$= 2 \times 1.65 \times \left(\frac{306.67}{50}\right)^{1.3} \times (1.65^2 \times 1.06 + 1.61^2 \times 3.28)$$
$$= 397\text{W}$$

$$f = \frac{n_N p}{60} = \frac{9200 \times 2}{60} = 306.67\text{Hz}$$

式中：C_{Fe} 为铁损系数，取 $C_{Fe} = 2$。

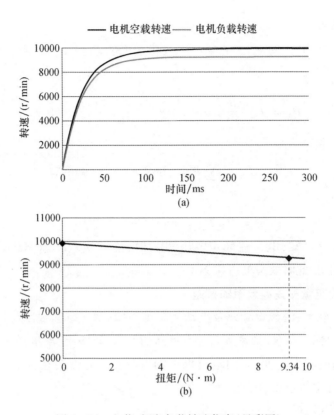

图 6 – 24　空载、额定负载转速仿真（见彩图）

（a）空载转速、负载转速波形；（b）转速—扭矩特性曲线。

轴承摩擦损耗为

$$P_{mpn} = K_m G_p n_N = 2 \times 3.66 \times 9272 \times 10^{-4} = 7\text{W}$$

$$G_p = G_m + G_g + G_b = 1.02 + 2.02 + 0.62 = 3.66\text{kg}$$

式中：K_m 为轴承摩擦损耗系数，取 $K_m = 2$。

风损为

$$P_{mph} = 2D_{e2}^3 n_N^3 L_a = 2 \times 9.5^3 \times 9272^3 \times 7 \times 10^{-8} \times 10^{-6} = 96\text{W}$$

开关管损耗为

$$P_\Delta = 2I_a \Delta u = 2 \times 110 \times 0.7 = 154\text{W}$$

机械损耗和铁耗为

$$P' = P_{Fe} + P_{mpn} + P_{mph} = 397 + 7 + 96 = 500\text{W}$$

考虑附加损耗后，得

$$P = 1.2P' = 1.2 \times 500 = 600\text{W}$$

总损耗为

$$\sum P = P_{Cu} + P + P_{\Delta} = 146 + 600 + 154 = 900\text{W}$$

输出功率为

$$P_N = T_N \frac{2\pi n_N}{60} = 9.34 \times \frac{2\pi \times 9272}{60} = 9068\text{W}$$

输入功率为

$$P_1 = P_N + \sum P = 9068 + 900 = 9968\text{W}$$

效率为

$$\eta = P_N / P_1 = 9068/9968 = 0.91$$

通过计算可知,电机在额定电压 90V 时,能够实现转速 9200r/min、功率 9000W 的输出,此时效率可达 0.91。

9. 减轻重量和提高效率的措施

在航空航天、潜艇设计以及电动汽车等领域,基于空间限制往往对于无刷直流电机的体积、重量、效率等指标有更高的要求,体积小、重量轻、效率高的电机具有更高的功率密度,应用范围也更加广泛。因此需要在保证性能的前提下,尽量减轻电机重量,提升效率。

1) 减重措施

减轻重量有以下几种措施:

(1) 电磁负荷 AB_{δ} 越高,电机的尺寸越小,重量就越轻,功率密度也就越高。

(2) 选择磁能积较高的永磁材料,使电机在性能要求下做到更小的体积。

(3) 电机极对数增加,则每极磁通减少,绕组端部变短,可有效减小定子轭部高度,减轻电机重量。

(4) 为了进一步降低电机重量,机壳可使用密度更小的铝合金或钛合金等,或在转子铁芯开孔,使用空芯转轴减小转子重量。

在电机的功率转换过程中,各部分会产生损耗,使电机效率降低,性能下降。为了提高无刷直流电机的效率,需降低电机的各部分损耗。

2) 降低铜损耗 p_{Cu1} 的措施

从式(6 - 45)中可知,铜耗是电流在电枢电阻上发热产生的,电枢绕组电阻 R_a 计算公式为

$$R_a = \rho \frac{l_a}{S} \tag{6 - 51}$$

式中:ρ 为导线电阻率;l_a 为电枢绕组长度;S 为导体截面积。

减小电枢绕组电阻 R_a 有以下几种措施:

(1)选择电阻率 ρ 低的材料。选择电阻率低的材料需要综合考虑成本问题,比如银的电阻率较低,但是成本过高,因此工程中广泛采用成本可以接受的铜导线。

(2)减少电枢绕组长度 l。要减少电枢绕组长度可以通过减少每相绕组串联匝数。若长径比 λ 增大,则电机细长,绕组端部较短,铜线的利用率高,铜耗减小,同时随着极对数的增加,绕组端部也会变短,铜耗减小。若线负荷 A 越大,电机尺寸越小,由式(6-32)知,每极气隙磁通 $\varPhi_\delta$ 减小,为了使电磁转矩不变,每相绕组串联匝数增加,使用铜量增加,铜耗增大。

(3)增加导体截面积 S。增加导体截面积会影响到槽满率,因此都会对电动机设计参数产生影响,需综合多方面的因素,获得最优解。在选用较大的电流密度时,导线截面积变小,会使铜损增大。

(4)减小温升。温度为 T 的铜线电阻率可表示为

$$R_t = R_{20}\left[1 + p_t(T - 20)\right] \qquad (6-52)$$

式中:R_{20} 为温度为 20℃时的电阻值;p_t 为电阻温度系数。

温度升高会导致定子电阻增大,甚至可能造成永磁体退磁。为了降低,温升需要采用有效的冷却方式。一般采用风冷、水冷和油冷方式,使用冷却介质通过电机内部进行冷却。为了达到更好的散热效果,还可以在机壳外设置散热片来增加散热面积。

3)降低铁损耗 p_{Fe} 的措施

从定子铁损耗计算公式(6-18)中可知,减小铁损耗可从以下几个方面入手:

(1)减小铁芯重量 G_{Fe}。由式(6-14)可知,线负荷 A 越大,电枢直径 D 越小,则用铁量减小,通过减小铁芯重量 G_{Fe} 降低铁损耗。

(2)减小定子铁芯磁感应强度 B。气隙磁感应强度 B_δ 越大,对应的定子铁心磁感应强度 B 越大,虽然电机尺寸会减小,但由于铁损耗 p_{Fe} 与 B^2 和 G_{Fe} 成比例关系,随着 B_δ 的增大,B^2 增大的比 G_{Fe} 减小的要多,铁损耗总体呈增大的趋势。因此可通过调节 B_δ 减小铁耗。

(3)减小定子铁芯磁场交变频率 f。电机的定子铁损耗跟主磁场交变频率有关。交变频率 $f = \dfrac{np}{60}$,在相同转速下,极数越多,电机铁芯内磁场的交变频率越高,铁损耗将会显著增加。且随着电流交变频率的增大,逆变器的开关频率

升高,开关损耗增大,导致效率下降。

(4)减小涡流损耗。铁芯中的磁场变化会产生涡流损耗,涡流损耗计算公式见式(6-19)。可知,为了降低铁损耗,可以选择单位铁损耗小的高性能材料。铁芯用的硅钢片材料根据铁损值划分牌号,同样牌号的硅钢片材料厚度越薄,损耗越小,但硅钢片厚度越薄,加工难度越大,价格较高。在满足电机输出功率要求的前提下,降低磁路饱和程度需增加铁芯用硅钢片材料,从而增加电机体积,导致原材料及加工成本提高,功率密度降低。

4)降低机械损耗 p_{mec} 的措施

从式(6-46)和式(6-47)中可知,采用低损耗润滑脂的轴承和采用细长型的电机,减小电机转子直径及重量,可以减小机械损耗。

5)降低杂散损耗 p_{ad} 的措施

磁场中的谐波是杂散损耗的主要原因,通过改善气隙磁场波形、抑制气隙磁场中的谐波可以减小杂散损耗。永磁体励磁磁场波形的改善可以通过合理选择磁极极弧系数、采用不等厚磁极和不均匀气隙等措施。电枢磁场波形的改善可以采取电枢绕组的合理分布、短距等措施。电枢开槽产生的齿谐波磁场可以通过采用斜槽、半闭口槽或磁性槽楔等措施来抑制。

综上所述,在给定功率和转速下,提高电机的功率密度必须减小电机的质量,可以通过增大线负荷(增大定子电流)和增加气隙磁感应强度实现。提高电机效率必须降低电机的损耗,可以通过降低定子电流、降低气隙磁感应强度、减小铁芯磁感应强度实现。因此,高功率密度与高效率相互制约,需要基于电机工作状态进行优化设计。

6.4 临近空间环境适应性设计

表6-4为大气环境参数。从表6-4可知,大气环境的温度和导热系数在12000~20000m 高空保持不变,温度为 -56.35℃。20000m 以上高空,随着海拔高度的增加温度上升,导热系数增加。50000m 高空时,温度上升至 -2.35℃。临近空间大气环境的气压和密度随着海拔高度的增加而降低。因此临近空间飞行器驱动用无刷直流电机处于低气压、低温的运行环境,无刷直流电机电磁核心部件所采用的材料可以适应临近空间环境,需要特别考虑的是电机轴承的选用和散热措施。

表 6 - 4 大气环境参数

海拔高度/m	温度/℃	大气压力/Pa	密度/(kg/m³)	导热系数/(ω/(m·k))
0	15. 15	101330	1. 225	0.6053×10^{-5}
12000	-56. 35	19400	0. 312	0.4664×10^{-5}
15000	-56. 35	12110	0. 195	0.4664×10^{-5}
18000	-56. 35	7570	0. 102	0.4664×10^{-5}
20000	-56. 35	5530	0. 0889	0.4664×10^{-5}
30000	-46. 5	1200	0. 0184	0.4859×10^{-5}
40000	-22. 65	287	0. 0040	0.5330×10^{-5}
50000	-2. 35	79. 8	0. 0010	0.5721×10^{-5}

6.4.1 轴承选用

电机轴承按润滑介质一般可分为脂润滑、油润滑、气体润滑和固体润滑等。油润滑通常需要供油系统。气体润滑轴承虽然转速高,但不能承受较大的载荷。脂润滑不需要特殊的供油系统,具有密封装置简易、维修费用低以及润滑脂成本较低等优点,在低速、中速、中温运转的轴承中使用很普遍。脂润滑轴承的低温极限一般为 -50℃,高温极限一般为 +250℃。临近空间的温度虽低,但飞行器从地面升空的过程中,轴承一直在工作,轴承内部因摩擦产生的热量可以使轴承温度在正常工作温度范围内。如果轴承润滑脂无法用于临近空间,也可采用航天专用润滑材料进行更换。

滚动轴承和滑动轴承相比,机械效率高,旋转精度较高,承受裁荷的范围和适应速度的范围广。滚动轴承按滚动体形状不同,又分为球轴承、圆柱滚子轴承、圆锥滚子轴承、球面滚子轴承、滚针轴承等类型。滚动体的形状、大小和数量直接影响滚动轴承的承受裁荷的能力和高速性能。

临近空间飞行器螺旋桨驱动电机轴承除了径向载荷,还需承受一定的轴向载荷。深沟球轴承适用于高速运行,无须经常维护,可以承受中等径向载荷和轴向载荷。角接触球轴承也可承受径向载荷和轴向载荷,都可用于临近空间飞行器螺旋桨驱动电机的轴承。

6.4.2 电机散热

热传递主要有传导、对流和辐射三种方式。热传导只发生在空间中温度有高低或差异的温度场中,热量总是从高温向低温方向传导。传导的热阻 R_λ 为

$$R_\lambda = \frac{L}{\lambda A} \tag{6-53}$$

式中:L 为热传导路径的长度;A 为热传导的面积;λ 为材料的热导率。

对流是运动的流体和它所流经固体表面间的热交换,散热表面到流体的热阻 R_f 为

$$R_f = \frac{1}{\alpha A} \tag{6-54}$$

式中:α 为对流散热系数;A 为对流物体间接触表面积。

不同表面之间的温差 ΔT 为

$$\Delta T = \phi R \tag{6-55}$$

式中:ϕ 为单位时间内通过等温面的总热量,即热流量;R 为热阻,可以是 R_λ、R_f 或二者之和。

辐射时,每平方米发热体表面辐射出去的热量为

$$q = \upsilon \sigma (T^4 - T_0^4) \tag{6-56}$$

式中:T 为发热体表面的温度;T_0 为周围介质的绝对温度;σ 为纯黑物体的斯忒藩—玻耳兹曼常数,$\sigma = 5.7 \times 10^{-8}\text{W/m}^2 \cdot \text{K}$;$\upsilon$ 为与发热体表面情况有关的系数,纯黑物体该系数最大,值为 1。

由式(6-56)可知,表面晦暗的物体的辐射能力大于表面光泽的物理,且发热体表面与周围介质的温差大时,辐射散走的热量大。

电机中各损耗产生的热量,一般先由发热体内部经传导传到发热体表面,再通过对流和辐射散到周围介质中。

为不增加电机的体积和重量,临近空间飞行器螺旋桨驱动电机对流冷却介质宜采用空气,空气流速在 $5 \sim 25\text{m/s}$ 时,对流散热系数 α 与空气吹拂表面的速度 ν 关系为

$$\alpha = \alpha_0 (1 + k\sqrt{\nu}) \tag{6-57}$$

式中:α_0 为发热表面在平静空气中的散热系数;k 为考虑气流吹拂效率的系数,最完善吹风的表面该系数为 $1.3(\text{s/m})^{\frac{1}{2}}$。

综上所述,临近空间飞行器螺旋桨驱动电机宜采用防护式机壳结构,壳体上设计通风道,转子磁轭和转轴上若有空间也可设计通风道,转子铁芯两端面可安装风叶,壳体外表面可设计散热筋,增加散热面积,壳体进行涂黑处理,加强辐射散热能力。

6.5　新结构电机

6.2 节中给出的电机都属于径向磁通电机,理论研究、设计方法和制造工艺成熟,是最常用的电机结构。径向磁通电机定子和转子是同心式结构,常用的是转子在内、定子在外的内转子结构。除了径向磁通电机,还有轴向磁通电机和横向磁通电机。

6.5.1　轴向磁通电机

图 6 – 25 所示为双转子轴向磁通电机结构原理图[126]。图中,两个转子沿内侧圆周方向交错粘贴 N – S 永磁体,定子置于两转子之间,形成两个气隙。定子绕组通电在两个气隙中产生轴向磁场,与转子永磁体产生的永磁磁场叠加,形成合成气隙磁场。

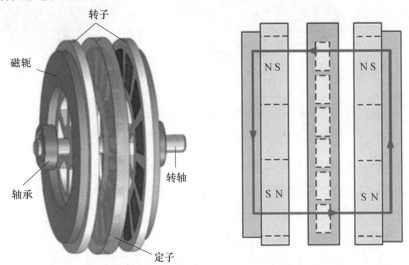

图 6 – 25　轴向磁通永磁电机结构原理图(见彩图)

轴向磁通电机具有结构紧凑、轴向长度短、输出力矩大的特点,尤其适用于电动车辆的轮毂电机。但轴向磁通电机存在的轴向磁拉力,导致定转子间扭矩脉动较大,不利于电机稳定运行,且电机制造工艺复杂,成本较高。

6.5.2　横向磁通永磁电机

参考文献[127]给出了图 6 – 26 所示的横向磁通永磁电机结构。图 6 – 26(a)

为横向磁通永磁电机结构原理图,定子置于转子内侧,采用 U 形定子单元铁芯圆周布局形式,电枢绕组采用环形集中线圈,绕于定子单元凹槽中。横向磁通永磁电机转子中,周向相邻和轴向对称的两块永磁体磁化方向互异,呈 N‑S 极交错排列。磁通路径如图 6‑26(b)所示,从永磁体出发,经 U 形定子单元两侧和转子铁心构成闭合回路,使主磁路与载流导体在平面上不存在耦合。因此设计过程中可同时增大电机的气隙磁感应强度和电负荷,从而满足较高转矩和功率密度要求。

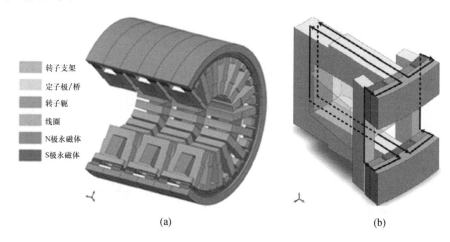

图 6‑26　横向磁通永磁电机结构(见彩图)
(a)横向磁通永磁电机结构原理图;(b)电机磁通路径。

横向磁通永磁电机兼有横向磁通电机和永磁电机二者的优点,相比于传统的径向永磁电机,其具有更高的转矩密度和功率密度,低速大扭矩直驱场合下的性能表现尤为优异,在新能源汽车、舰船推进和风力发电等领域具有广阔的应用前景。但横向磁通永磁电机内部磁场复杂,难以等效为磁路计算;电机结构特殊性,使其漏磁比传统径向电机更为突出,功率因数普遍偏低;存在自定位力矩导致输出转矩脉动;结构复杂,对加工和装配的要求非常高,制造成本较高。

6.6　无刷直流电机性能测试

临近空间飞行器驱动用无刷直流电机的性能测试包括转速—扭矩特性和效率测试。测试时可以直接用螺旋桨作为驱动电动机的负载,也可以用测功机或发电机作为驱动电机的负载。

6.6.1 螺旋桨/测功机负载

用螺旋桨或测功机给飞行器驱动电机加载的测试系统框图如图 6 – 27 所示。

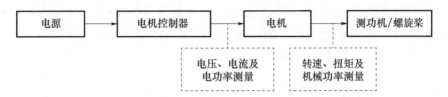

图 6 – 27　测功机/螺旋桨加载测试系统

1. 测功机负载

采用测功机给电机施加负载扭矩进行测试时,给定电源电压,转矩在 0 到电动机额定扭矩之间取 3 ~ 5 个点,设定测功机的扭矩加载曲线如图 6 – 28 所示,可以测得该电压下电动机的转速—扭矩特性。调节电源电压,可以测得不同电压下电机的转速—扭矩特性如图 6 – 29 所示。电压调节时应使测得的转速—扭矩特性曲线族覆盖电机带螺旋桨的全工作状态。

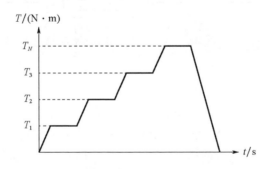

图 6 – 28　测功机扭矩加载曲线

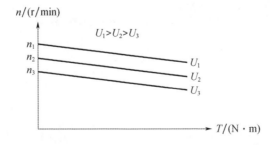

图 6 – 29　不同电压无刷直流电动机转速—扭矩曲线

2. 螺旋桨负载

采用电机带螺旋桨测试,图 6 – 27 中的转速、扭矩测量需要转速、扭矩传感器来完成,根据测得的转速、扭矩计算出机械功率。测试时,需测试环境风速,给定电源电压,测得该电压下电动机的转速、扭矩。调节电源电压,可以测得不同的转速、扭矩点。将这些点描绘出来可以得到对应环境风速、电动机带螺旋桨时的转速—扭矩特性曲线。测试时可根据飞行器螺旋桨的工作状态进行电动机的转速—扭矩特性曲线测试。

6.6.2 发电机负载

用 2 台同样的电机同轴连接,工作在发电机状态的电机给工作在电机状态的电机施加负载。

发电机给电机加载的测试系统框,如图 6 – 30 所示。系统中,电机输出的机械功率通过发电动机转换为电动率,被耗电负载消耗;调节耗电负载可以调节发电机输出的电功率,实现电机输出机械功率的调节。

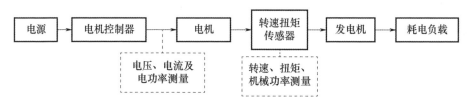

图 6 – 30 发电机加载测试系统

测试时,给定电源电压,调节耗电负载大小使扭矩在 0 到电机额定扭矩之间取 3~5 个点,可以测得该电压下电机的转速—扭矩特性。调节电源电压,可以测得不同电压下电动机的转速—扭矩特性如图 6 – 29 所示。同测功机加载时一样,电压调节时应使测得的转速—扭矩特性曲线族覆盖电机带螺旋桨的全工作状态。

无论用哪种负载,电机的效率按式(6 – 44)计算,图 6 – 27、图 6 – 30 中的电功率为式(6 – 44)中的输入功率 P_1,机械功率为式(6 – 44)中的输出功率 P_2。

第7章
推进系统可靠性设计分析方法

7.1 概述

推进系统是平流层飞艇能否完成任务的关键系统，其可靠性水平决定了飞艇的安全和可靠。特别是在平流层大气条件恶劣，低温低气压高臭氧环境对推进系统提出了很高的环境适应性和高可靠性设计要求。因此本章介绍平流层飞艇推进系统可靠性分析及建模方法，给出基于故障物理的机械结构可靠性量化设计案例，为推进系统高可靠性设计提供理论和技术支撑。

7.1.1 可靠性重要性与意义

早期可靠性多与电子产品密切相关。近几年，可靠性设计分析方法开始与机械产品相结合，其重要性也可以从相关产品的几个特点中得以体现[130]。

（1）机械产品的复杂程度在不断增加。早期的机械产品多由简单的零部件组装而成，工作原理较为简单，零部件之间的关联性不强。而发展到现如今的机械产品，出现了大量复杂的设计及大系统，零部件之间的关联性也在不断增加，这也直接导致了机械产品的可靠性问题越来越严重。为保证产品或系统能可靠地工作，对元器件可靠性的要求就会非常高且苛刻。

（2）机械产品的使用环境日益严酷。从试验室到野外，从陆地到深海，从热带到寒带，从高空到宇宙空间，经受着不同的环境条件，除温度、湿度影响外，海水、盐雾、冲击、振动、宇宙粒子、各种辐射等对产品的影响，导致产品失效的可能性增大。

（3）可靠性已经列为产品，特别是机械产品的重要质量指标加以考核和检验。长期以来,人们只用产品的技术指标作为衡量元器件质量好坏的标志,这只反映了产品质量好坏的一个方面,还不能反映产品质量和全貌。

可靠性是一个综合的学科,它的发展和应用可以带动和促进产品的设计、制造、使用、材料、工艺、设备和管理的发展,把产品的可靠性提高到一个新的水平。正因为如此,可靠性已形成一个专门的学科,作为一个专门的技术进行研究。

通过对产品实施可靠性工作,能为产品带来以下意义:

(1) 高可靠性产品才能满足现代技术和生产的需要。

现代生产技术的发展特点之一是自动化水平不断提高。一件高自动化的产品,往往由大量的零部件和单元组成。针对这种产品,要体现其自动化后所带来的时间上的优势,就需要高可靠性产品进行支撑。

(2) 高可靠性产品可获得高的经济效益。

提高产品可靠性可获得很高的经济效益。如美国西屋公司为提高某产品的可靠性做了一次调查,发现提高产品所得的经济效益是为提高可靠性所花费用的 100 倍。另外,产品的可靠性水平提高,还可大大减少设备的维修费用。1961 年美国国防部预算中至少有 25% 用于维修费用。苏联有资料统计,在产品寿命期内维修费用与购置费用之比为:飞机为 5:1,汽车为 6:1,机床为 8:1,军事装置为 10:1。由此可见提高产品可靠性水平会大大降低维修费用,从而提高经济效益。

(3) 高可靠性产品,才有高的竞争能力。

只有产品可靠性提高了,才能提高产品的信誉,增强日益激烈的市场竞争能力[130,132]。

7.1.2　可靠性工作项目及内涵

可靠性工作项目是指为完成产品可靠性设计指标而需进行的可靠性工作的各个项目。制定并实施可靠性工作计划,以确保产品满足合同规定的可靠性要求。制定工作计划的工作项目要点主要包括明确产品的可靠性要求和可靠性工作项目的要求、各项可靠性工作项目的实施细则;制定可靠性工作与产品研制计划中其他工作协调的说明;制定可靠性评审安排;明确可靠性关键问题及它对实现产品可靠性要求的影响;制定具体的工作进度等。

可靠性工作大致可分为设计论证阶段、方案阶段和工程研制阶段。具体每个阶段所应该完成的工作项目,负责执行人员和应提交的结果如表 7 - 1 所列。

表 7 - 1　可 靠 性 工 作 计 划

阶段	工作项目	负责人或部门	提交结果
论证阶段	确定 MTBF 的任务值 θ_s	使用方主管领导	θ_s 的具体值
	可靠性调研	产品研制方、可靠性主管	情况汇报
	可靠性论证	可靠性主管	论证报告
方案阶段	功能框图	产品研制方主管	功能框图
	可靠性框图	可靠性主管	可靠性框图
	可靠性分配与预计	产品研制方主管、可靠性主管	分配和预计报告
	拟制可靠性设计规范或参考类似设备可靠性设计规范	可靠性主管	可靠性设计规范
	可靠性方案评审	使用方主管,产品研制方主管	评审意见
工程研制阶段	分机可靠性设计	分系统主管、结构主管	设计方案
	分机可靠性预计	可靠性主管	预计报告
	故障模式及影响分析 FMEA	产品研制方主管、可靠性主管	分析报告
	系统可靠性设计	产品主管、结构主管、	设计方案
	系统可靠性预计	可靠性主管	预计报告
	可靠性设计规范符合性检查	可靠性主管	符合性报告
	系统可靠性设计评审	使用方主管,产品研制方主管	评审意见
	关键、重要件分类	产品研制方主管、结构主管、可靠性主管	"关键件、重要件目录"和"关键、重要元器件目录"
	环境应力筛选及环境试验	产品研制方主管、试验人员	试验报告
	可靠性摸底/增长试验(根据工程需要)	可靠性主管	可靠性摸底试验方案
	可靠性信息的收集、分析、反馈、改进	可靠性、产品、分机主管,试验人员	总结报告
	可靠性设计评审	使用方主管,产品研制方主管	评审意见

7.2 可靠性建模、分配与预计方法

7.2.1 可靠性建模方法

系统是由相互作用和相互依赖的若干单元结合成的具有特定功能的有机整体。系统的各种特性可以采用多种模型来加以描述。例如,原理图反映了系统及其组成单元之间的物理上的连接与组合关系,功能框图及功能流程图反映了系统及其组成单元之间的功能关系,可靠性模型则描述了系统及其组成单元之间的故障逻辑关系。建立可靠性模型的目的在于人力、物力、费用和任务之间进行权衡。可靠性模型根据建模目的不同,可分为基本可靠性模型与任务可靠性模型[133]。

基本可靠性模型是用以估计产品及其组成单元可能发生的故障引起的维修及保障要求的可靠性模型。系统中任一单元可能发生的(包括储备单元)故障发生后,都需要维修或更换,都会产生维修及保障要求。因此,可以把基本可靠性模型视为度量使用费用的一种模型。基本可靠性模型是一个全串联模型,即使存在冗余单元,也都按串联处理。所以,储备单元越多,系统的基本可靠性越低。

任务可靠性模型是用以估计产品在执行任务过程中完成规定功能的概率,描述完成任务过程中产品各单元的预定作用并度量工作有效性的一种可靠性模型。显然,系统中储备单元越多,其任务可靠性越高。

一般地,建立系统任务可靠性模型的程序如表 7 – 2 所列。

表 7 – 2　建立系统任务可靠性模型的程序

建模步骤			说明
(1)规定产品定义	①确定任务和功能	功能分析	产品可能具有多项功能并用于完成多项任务,每一项任务所需要的功能可能不同,应进行功能分析并针对每项任务建立可靠性模型
	②确定工作模式		确定特定任务或功能下产品的工作模式以及是否存在替代工作模式

续表

建模步骤			说明
(1) 规定产品定义	③规定性能参数及范围	故障定义	规定产品及其分系统的性能参数及容许上、下限,如输出功率等
	④确定物理界限与功能接口		确定所分析产品的物理界限和功能界限,如尺寸、质量、人的因素限制等
	⑤确定故障判据		确定和列出构成任务失败的所有判别条件。故障判据是建立可靠性模型的重要基础,必须预先予以确定和明确
	⑥确定寿命剖面及任务剖面	时间及环境条件分析	从寿命剖面及任务剖面中可以获得在完成任务过程中产品可能经历的所有事件的发生时序、持续时间、工作模式和环境条件。当产品具有多任务且任务分为多阶段时,应采用多种多阶段任务剖面进行描述
(2) 建立可靠性框图	①明确建模任务并确定限制条件		包括产品标志,建模任务说明及有关限制条件
	②建立系统可靠性框图		依照产品定义,采用方框图的形式直观地表示出在执行任务时所有单元之间的相互依赖关系。在建立方框图时,应明确每个方框的顺序并标志方框。每个方框应只代表一个功能单元
	③确定未列入模型的单元		给出没有包含在可靠性方框图中的所有硬件和功能清单,并予说明
(3) 建立可靠性数学模型	系统可靠性数学模型		对已建好的可靠性框图建立相应的数学模型,以表示产品及其组成单元之间的可靠性数量关系

　　根据系统特点,可以有多种可靠性建模方法,如可靠性框图、网络可靠性模型、故障树模型、事件树模型、马尔可夫模型、Petri 网模型、GO 图模型等方法。

　　典型的可靠性模型可分为有贮备模型和无贮备模型。有贮备可靠性模型按贮备单元是否与工作单元同时工作而分为工作贮备模型与非工作贮备模型。具体的可靠性模型分类如图 7-1 所示。

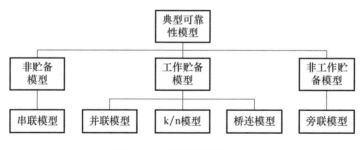

图 7 – 1　可靠性模型分类

7.2.2　可靠性分配方法

所谓可靠性分配,就是将使用方提出的、在装备设计任务书(或合同)中规定的可靠性指标自上而下、由大到小、从整体到局部,逐步分解,分配到各系统、分系统及设备中[134]。

可靠性分配的目的就是使各级设计人员明确其可靠性设计要求,根据要求估计所需的人力、时间和资源,并研究实现这个要求的可能性办法。如同性能指标一样,可靠性指标是设计人员在可靠性方面的一个设计目标。

可靠性分配主要在方案论证阶段及初步设计阶段进行。可靠性分配包括基本可靠性分配和任务可靠性分配。基本可靠性分配是指基于由产品的所有组成零部件串联形成的基本可靠性模型进行分配;任务可靠性分配是指基于产品需执行的任务不同而建立的任务可靠性模型进行分配。这两者有时是相互矛盾的,提高产品的任务可靠性,可能会降低基本可靠性,反之亦然。

基本可靠性分配和任务可靠性分配的本质,就是求解下面的基本不等式,即

$$R_S(R_1, R_2, \cdots, R_i, \cdots, R_n) \geqslant R_S^*$$
$$g_S(R_1, R_2, \cdots, R_\delta, \cdots, R_n) < g_a^*$$

式中:R_S^* 为系统的可靠性指标;g_S^* 为对系统设计的综合约束条件,包括费用、重量、体积、功耗等因素,是一个向量函数关系;R_i 为第 i 个单元的可靠性指标。

针对上述不等式,在进行可靠性分配时,应遵循以下几条原则:

(1) 对于复杂程度较高的分系统、产品等,应给其分配较低的可靠性指标。因为产品越复杂,其组成单元越多,要达到更高的可靠性水平就更困难,实现的成本也会更高。

(2) 对于技术上不成熟的产品,应分配较低的可靠性指标。若对于这种产

品提出高可靠性要求,则会延长研制时间,增加研制费用。

（3）对于处于恶劣环境条件下工作的产品,应分配较低的可靠性指标。

（4）当把可靠度作为分配参数时,对于需要长期工作的产品,应分配较低的可靠性指标,因为产品的可靠性会随着工作时间的增加而降低。

（5）对于重要度高的产品,应分配较高的可靠性指标,因为重要度高的产品的故障会影响人身安全或任务的完成。

另外,分配时还可以结合实际,考虑其他一些因素。例如考虑维修性或可达性,进行可靠性指标分配,以实现较好的综合效能等。对于已有可靠性指标的现成产品或使用成熟的系统/成品,不再进行可靠性分配。同时,在进行可靠性分配时,要从总指标中剔除这些单元的可靠性值。

针对系统是否有约束条件,可将系统的可靠性分配方法分为无约束条件的系统可靠性分配方法和有约束条件的系统可靠性分配方法。无约束条件的系统可靠性分配方法包括:等分配法;评分分配法;比例组合法;考虑重要度和复杂度的分配方法;余度系统的比例组合法;可靠度再分配法等。针对有约束条件的系统可靠性分配方法,主要有拉格朗日乘数法、动态规划法、直接寻查法等可靠性分配方法[135-136]。

7.2.3　可靠性预计方法

可靠性预计是在设计阶段对系统可靠性进行定量的估计,是根据历史的产品可靠性数据、系统的构成和结构特点、系统的工作环境等因素估计组成系统的部件及系统可靠性。

可靠性预计的目的和用途主要是:①评价是否能够达到要求的可靠性指标;②在方案论证阶段,通过可靠性预计,比较不同方案的可靠性水平,为最优方案的选择及方案优化提供依据;③在设计中,通过可靠性预计,发现影响系统可靠性的主要因素,找出薄弱环节,采取设计措施,提高系统可靠性;④为可靠性增长试验,验证及费用核算等提供依据;⑤为可靠性分配奠定基础。

可靠性预计是在产品设计时进行的,是对产品在规定的工作环境及功能条件下的可靠性水平的估计。可靠性预计分为基本可靠性预计和任务可靠性预计。任务可靠性预计包括在任务期间不可修产品和可修产品的可靠性预计,任务可靠性预计与产品的任务剖面、工作时间及产品功能特性等相关。

系统可靠性预计一般遵循程序如图7-2所示,具体说明为:①明确系统定义,包括系统功能、系统任务和系统组成及其接口;②明确系统的故障判据;③明确系统的工作条件;④绘制系统的可靠性框图,可靠性框图绘制到最低一级功能层;⑤建立系统可靠性数学模型;⑥预计各单元的可靠性;⑦根据系统可靠性数学模型预计系统的基本可靠性或任务可靠性;⑧可靠性预计结果为可靠性分配提供依据。当实际系统有变动时,进行可靠性再预计。

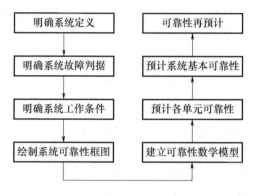

图 7 – 2　可靠性预计程序

　可靠性预计与可靠性分配都是可靠性设计分析的重要环节,两者相辅相成,相互支持。前者是自下而上的归纳综合过程,后者是自上而下的演绎分解过程。可靠性分配结果是可靠性预计的目标,可靠性预计的相对结果是可靠性分配与指标调整的基础。在系统设计的各个阶段均要相互交替反复进行多次,其工作流程如图 7 – 3 所示。

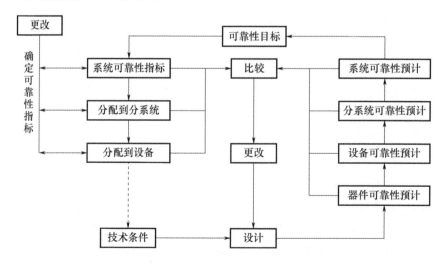

图 7 – 3　可靠性预计与分配关系

系统是由许多单元组成的,系统可靠性是各单元可靠性的概率综合。因此,单元可靠性预计是系统可靠性预计的基础。常用的单元可靠性预计方法有:相似产品法;评分预计法;应力分析法;故障率预计法;机械产品可靠性预计法等[137-140]。

7.3　可靠性分析方法

7.3.1　故障模式影响与危害性分析方法

失效模式与影响分析(Failure Mode and Effect Analysis,FMEA)是可靠性分析的主要方法之一,是事前预防的定性分析技术。FMEA 自设计阶段开始,通过分析、预测设计和过程等方面的潜在故障,研究故障的原因及影响程度,并采取必要的措施,以提高设计和过程的可靠性。

FMEA 是通过分析确定产品所有可能的故障模式,及每一故障模式对产品工作的影响,找出单点故障,并按故障模式的严重度 S 及其发生频率 O 与探测度 D,确定其 AP 行动优先级,从而为安排改进提供依据。新版 FMEA 考虑了外部环境与人对系统的影响,同时也考虑了系统内部的界面接口,可以为可靠性分析提供更全面的参考。图 7-4 展示了基于 FMEA 的产品可靠性分析的流程[141]。

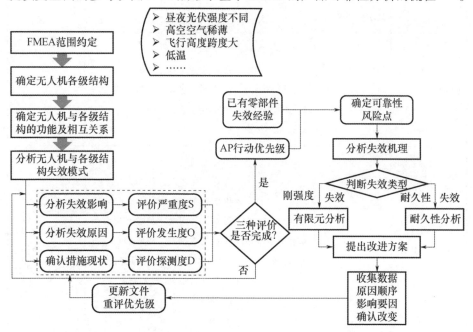

图 7-4　基于 FMEA 的产品可靠性分析流程图

FMEA 分析依据新版 FMEA 标准,通过软件按"六步法"实施,各步分析内容如表 7-3 所列。

表 7-3 新版 FMEA 分析"六步法"

系统分析			风险分析和风险缓解		
步骤 1 范围界定	步骤 2 结构分析	步骤 3 功能分析	步骤 4 失效分析	步骤 5 风险分析	步骤 6 优化
项目识别	产品的系统结构或过程元素的结构	产品或过程功能的综述	为每个产品或过程功能(工步)建立失效链(潜在失效影响、失效模式、失效原因)	对失效模式和失效原因分配预防措施(现有的和/或计划的)	识别需要采取的行动,降低风险
项目计划	使用结构树或其他等价的方法(块图、边界图建模、物料结构或过程流程图)形象的展示分析范围	使用功能树(功能网)功能矩阵、P 图或过程流程图形象的展示产品或过程功能	形象展示产品或过程的失效关联关系(失效网和/或FMEA 表)	对失效模式和失效原因分配探测措施(现有的和/或计划的)	对实施的行动分配职责和期限
边界分析,分析什么,不分析什么	识别设计接口、交互、间隙或工步	将要求、特性与功能关联,将功能与系统或过程元素关联	在失效链中连接失效,创建失效结构	对失效的严重度和发生度进行评估	实施并记录已采取的行动
以往 FMEA 经验教训的识别		关联客户(内部和外部)的功能要求	用鱼骨图、参数图、顾客与供应商(失效影响)之间关联的失效网来识别产品的商业因素或过程的 4M(人、机、法、料)	关联客户和供应商的(S)行动优先级(AP)	确认已实施的行动的效果,评估采取行动后的风险,继续改进产品和过程

7.3.2　故障树分析方法

故障树分析方法是机械产品可靠性设计工作中常用的一种分析方法,故障树分析法是一种图形演绎法[142]。故障树分析法是在系统设计过程中,通过对引起系统故障的各种因素(包括硬件、软件、环境、人为因素等)进行逻辑因果分析,画出故障的逻辑图(故障树),确定导致故障发生的各种可能原因,并通过定性分析和定量计算,找出研究的系统在设计过程中的薄弱环节,并对其采取纠正措施,以提高研究系统的可靠性和安全性的一种设计分析和可靠性评估方法。故障树分析方法的具体工作流程如图 7 – 5 所示[143 – 144]。

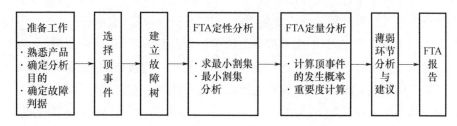

图 7 – 5　故障树分析方法的具体工作流程

故障树分析方法的主要用途有:从可靠性的角度出发,比较各种对产品的设计方案,或者评估已确定的设计方案的可靠性;对于大型复杂系统,通过故障树分析方法可发现由几个非致命故障事件的组合导致的致命事件,根据故障树分析结果制定并采取相应的改进措施;故障树分析方法还可以为制定试验使用及维修程序提供依据。另外,对于不曾参与系统设计的管理和使用维修人员来说,故障树分析为他们提供了一个形象的管理、使用维修"指南"或查找故障的"线索表"。

对于使用故障树分析方法的时机,故障树分析方法适用于型号的研制、生产和使用阶段,具有广泛的适用范围。目前,故障树分析方法在工程研制和使用阶段的主要应用为:在产品设计的同时完成故障树分析工作,发现可靠性和安全性的薄弱环节,以便采取改进措施,提高可靠性;而对于使用阶段,故障树分析方法一般在发生重大故障或事故后采用,主要用途是查找重大故障或事故的原因,为故障"归零"提供依据[145]。

在进行故障树分析时,首先应确定故障树的顶事件。顶事件是建立故障树的基础,选择的顶事件不同,则建立的故障树也不尽相同。在进行故障树分析时,选择顶事件的方法如下:在设计过程中进行故障树分析时,一般从那些会显著影响产品技术性能、经济型、可靠性和安全性的故障中选择确定顶事件;若在进行故障树分析之前进行了故障模式影响与危害性分析(FMECA),则可以从故障影响后果为Ⅰ、Ⅱ类的系统故障模式中选择顶事件;针对在产品使用阶段进行的故障树分析,可以直接将导致分析进行的重大故障或事故作为顶事件。故障树的顶事件必须严格定义,否则建立的故障树将达不到预期的目的。在大多数情况下,产品会有多个不希望事件,应对它们一一确立,分别作为顶事件建立故障树并进行分析。

确立故障树的顶事件后,即可根据分析建立相应的故障树。故障树是由各种事件以及连接事件的逻辑门构成的。当顶事件确定后,首先找出直接导致顶事件发生的各种可能因素或因素的组合,即中间事件(或二次事件)。在顶事件与紧连的中间事件之间,根据其故障逻辑关系,相应的画上正确的逻辑门,然后再对每个二次事件进行类似的分析,即找出其发生的直接原因,逐次下去,最终到不能分解的基本事件为止,这样就可以绘制出用基本符号描绘的故障树。故障树的具体建树规则如下:正确地选择并定义顶事件;对系统中各事件的逻辑关系必须分析清楚,不能有逻辑上的矛盾,条件要统一;在对某个门的全部输入事件中的任一输入事件进一步分析之前,应先对该门的全部输入事件作出完整的定义;合理地确定系统的边界条件,明确故障树分析要做到哪个层次;建立故障树时应从上到下按逻辑关系逐步进行,门的输入应当是经过恰当定义的故障,门与门之间不能直接相连;对故障树不同分支出现的"共因事件"必须使用同一故障标号,若此共因故障不是底事件,必须使用相同符号简化表示。

建立故障树后,需要对故障树进行定性分析和定量分析并得到结果。故障树的定性分析的目的在于寻找导致顶事件发生的原因和原因组合,识别导致顶事件发生的所有故障模式,确定故障树的割集和最小割集,进行最小割集和底事件的对比分析,从定性的角度确定出较为重要的底事件,帮助分析人员发现潜在的故障,以便改进设计。此外,故障树的定性分析还可以用于指导故障诊断,改进运行和维修方案。

针对所提到的割集,割集是指故障树中一些底事件的集合,当这些底事件同时发生时,顶事件必然发生。若将割集中所含的底事件任意去掉一个就不再成为割集了,这就是最小割集。一个最小割集代表系统的一种故障原因,确定故障树最小割集的意义为:①找出最小割集进行改进设计对降低复杂系统潜在事故的风险具有重大意义,因为在设计中如果能做到每个最小割集中至少有一个底事件发生概率极低,则顶事件发生概率就会极低;②消除系统中的一阶最小割集,就可以消除系统的单点故障,在系统设计时进行故障树分析,找出一阶最小割集,然后在其所在的层次或更高的层次增加"与门",并使"与门"尽可能接近顶事件;③最小割集可以指导系统的故障诊断和维修,如果系统发生了某一故障,则一定是该系统中与其对应的某个最小割集的底事件全部发生了,因此维修时只有修复同一最小割集中的所有故障部件,才能恢复系统的可靠性水平。

常用求最小割集的方法有下行法与上行法,在求得全部最小割集后,当分析数据不足时,可按下列原则进行定性比较。首先根据每个最小割集所含底事件数目(阶数)排序,在各个底事件发生概率比较小时,其差别相对不大的条件下:①阶数越小的割集越重要;②在低阶最小割集中出现的底事件比高阶最小割集中的底事件重要;③在最小割集阶数相同的条件下,在不同最小割集中重复出现次数越多的底事件越重要。

进行完定性分析后,需要对故障树进行定量分析。故障树定量分析的任务是在底事件互相独立和已知其发生概率的条件下,计算顶事件发生的概率和底事件的重要度等定量指标。

假设故障树的全部最小割集为 $K_1,K_2,\cdots,K_k$,在大多数情况下,底事件可能在几个最小割集中重复出现,即最小割集之间是相交的,这时精确计算顶事件发生的概率就必须用相容事件的概率公式,即

$$P(T) = P(K_1 \cup K_2 \cup \cdots \cup K_{Nk})$$

$$= \sum_{i-1}^{N_k} P(K_I) - \sum_{1<j-2}^{N_k} P(K_i K_j) + \sum_{1<j<k-3}^{N_k} P(K_i K_j K_k) + \cdots +$$

$$(-1)_k^N - 1P(K_1 K_2 \cdots K_{Nk})$$

式中:$K_1,K_2,\cdots,K_k$ 为第 i,j,k 个最小割集;N_k 为最小割集数。等号右端共有 $(2^{N_k}-1)$ 项。当最小割集数 N_k 足够大时,就会产生"组合爆炸"问题。即使使用直接化法或递推化法将相交和化为不交和,计算量也相当大。在工程实际中,精确计算是不必要的,使用近似计算顶事件发生概率的方法,就能够满足工程应用的需要,这是因为统计得到的基本数据往往不是很准确的,因此用底事件的数据计算顶事件发生的概率值时精确计算没有工程实际意义。

一般情况下,产品的可靠性设计得比较高,因此产品的不可靠度是很小的,故障树顶事件发生的概率计算收敛得非常快,$(2^{N_k}-1)$ 项的代数和中起主要作

用的是首项或是首项及第二项,后面一些的数值极小。所以在实际计算中往往取上式的首项来近似,称为一阶近似算法,一阶近似算法的计算公式为

$$P(T) \approx S_1 = \sum_{i=1}^{N_k} P(K_i)$$

7.4　基于故障物理的可靠性设计分析方法

当无法得到机械产品足够的失效数据等信息时,不能利用基于失效数据的可靠性预计方法。此时基于故障物理的可靠性分析方法优势较为突出,这种方法是根据机械产品的具体特征和故障机理,建立能反映其故障机理和特征的模型,用计算法预测产品的可靠性。

用计算法预测可靠性指标时应将概率论、数学统计、功能分析和强度及机械破坏理论、摩擦及磨损理论方法综合加以利用,并利用电子计算机进行计算。

7.4.1　可靠性设计分析流程

对于机械产品,当数据非常缺乏时,可靠性预测应优先选用计算法,因为它能充分考虑构成可靠性的诸多因素:

(1) 失效物理。

(2) 零件及组装件的极限状态。

(3) 结构的运动学及动力学特性。

(4) 零件及组装件间的直接及间接联系。

(5) 外部作用。

预计的步骤主要包括:

(1) 根据 FMECA 分析结果,或者已有的故障信息,确定产品的主要失效模式。

(2) 根据产品任务剖面和环境剖面,确定主要失效模式的影响因素和影响因素的随机性特征量(分布类型和分布参数)。

(3) 给出导致失效模式的物理过程模型,规定故障和极限状态的判据(长期负荷和短时超载所导致的破坏、弹性丧失、极限磨损的出现及其他)。

(4) 根据极限状态方程和故障判据,应用应力—强度干涉理论,建立将相应失效模式的可靠性分析模型。

(5) 应用可靠性计算方法进行计算,确定可靠性指标的数值。

图 7 - 6 给出了基于故障物理的机械产品关键失效模式可靠性设计分析的流程。

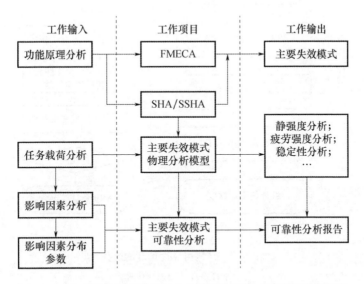

图 7 - 6　基于故障物理的机械产品关键失效模式可靠性分析流程

很多情况下难以直接建立应力、应变、位移等与载荷、材料、结构尺寸的关系,往往需要借助各种 CAD/CAE 工具,如有限元、多体动力学来进行分析,这种情况反映在功能函数与基本随机变量的关系是隐式的[146-147]。

从可靠度计算的角度分析,模拟法和响应面法一般只需要获得功能函数在给定样本点的值,这些值可以借助 CAD/CAE 工具分析获得,再对结果进行统计来计算可靠度。一次可靠度法不仅需要计算功能函数的值,还需要获得功能函数关于随机向量的梯度。

利用 CAD/CAE 工具进行可靠性仿真计算,必须解决以下两个问题:①可靠度计算程序对 CAD/CAE 软件的封装和调用,以实现功能函数值的计算;②梯度的计算,这可以在获得功能函数值的基础上采用有限差分法计算。因此关键是实现利用 CAD/CAE 工具实现功能函数值的计算。有两种实现可靠性仿真计算的思路:抽样仿真和迭代仿真,如图 7 - 7 所示。

7.4.2　机械类产品失效模式分析方法

故障模式分析是在系统定义的基础上,针对产品的某个结构进行环境分析、应力分析和其他机构的影响分析,同时结合内外场试验分析、以往同类产品

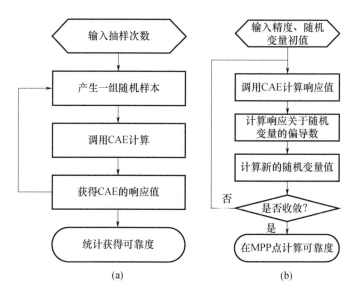

图 7 - 7　结构可靠性仿真的流程

(a)抽样仿真;(b)迭代仿真。

或相似产品的故障经验和 FMEA 分析结果,分析具体结构的故障模式。具体分析路线如图 7 - 8 所示[148-149]。

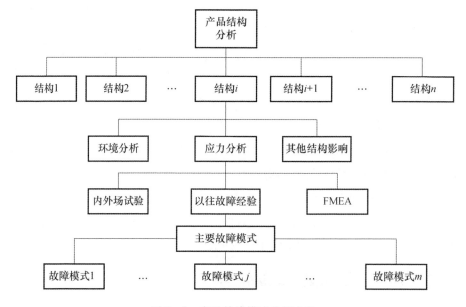

图 7 - 8　产品故障模式分析方法

在进行故障模式分析时,分析人员应确定并说明各产品约定层次中所有可预测的故障模式,并通过分析相应方框图中给定的功能输出来确定潜在的故障模式,应根据系统定义中的功能描述及故障判据中规定的要求,假设出各产品功能的故障模式。

7.4.3　可靠性设计分析基础理论

1. 应力—强度干涉模型

影响机械产品失效的因素可概括为"应力"和"强度"两类。应力是引起产品失效的各种因素的统称,强度是产品抵抗失效发生的各种因素的统称。机械可靠性理论认为产品所受的应力小于其强度,就不会发生失效;应力大于强度,则会发生失效。受工作环境、载荷等因素的影响,应力和强度都是服从一定分布的随机变量[150]。设应力 X 的概率密度函数为 $f(x)$,强度 Y 的概率密度函数为 $g(y)$,如图 7 - 9 所示。

故可靠度 R 可表示为

$$R = P(Y > X) = P(Y - X > 0) \tag{7-1}$$

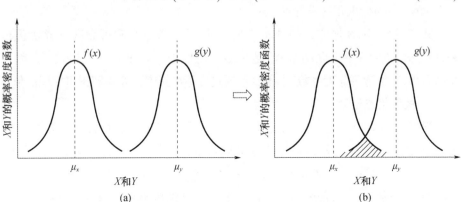

图 7 - 9　应力和强度干涉情况

(a)强度大于应力;(b)强度应力发生干涉。

机械可靠性设计就是要掌握零件应力和强度的分布规律,严格控制发生失效的概率,以满足设计要求。

利用可靠度计算的一般公式可以导出应力和强度服从不同分布时的可靠度计算公式。当应力与强度均服从正态分布时,可靠度的计算可大大简化。设应力 X 和强度 Y 的概率密度函数为 $g_i(\boldsymbol{u})$ $\hspace{1cm} (7-2)$

$$
\begin{cases}
\min f(\boldsymbol{d}) \\
\quad P\left[g_i(\boldsymbol{x},\boldsymbol{d})\geqslant 0\right]\geqslant R_i \quad (i=1,2,\cdots,N_r) \\
\text{s. t. } h_j(\boldsymbol{d})\leqslant 0 \quad (j=1,2,\cdots,N_h) \\
\quad d_k^l\leqslant d_k\leqslant d_k^u \quad (k=1,2,\cdots,N_d)
\end{cases}
\tag{7-3}
$$

式中：μ_x、μ_y 为应力和强度的均值；σ_x、σ_y 为应力和强度的标准差。

利用概率论的知识可知，$Z=Y-X$ 也服从正态分布，Z 的均值和标准差分别为

$$
\mu_z=\mu_y-\mu_x, \sigma_z=\sqrt{\sigma_x^2+\sigma_y^2}
\tag{7-4}
$$

故有

$$
R=P(Z>0)=\int_0^{\infty}\frac{1}{\sqrt{2\pi}\sigma_z}\mathrm{e}^{-\frac{1}{2}\left(\frac{z-\mu_z}{\sigma_z}\right)^2}\mathrm{d}z=\int_{-\infty}^{\beta}\frac{1}{\sqrt{2\pi}}\mathrm{e}^{-\frac{1}{2}t^2}\mathrm{d}t=\varPhi(\beta)
$$

$$
\tag{7-5}
$$

$$
\beta=\frac{\mu_z}{\sigma_z}=\frac{\mu_y-\mu_x}{\sqrt{\sigma_y^2+\sigma_x^2}}
\tag{7-6}
$$

式中：$\varPhi(\ \cdot\ )$ 为标准正态分布函数。

式(7-6)中，β 把应力的分布参数、强度的分布参数和可靠度三者联系起来，因此式(7-6)称为联结方程，是可靠性设计中一个重要的表达式。β 称为联结系数，又称为可靠度系数，求得 β 后通过查标准正态分布表即得可靠度的值。

2. 极限状态函数

强度 Y 和应力 X 都是随机变量，都是结构尺寸、载荷、材料性能等随机变量的函数，而强度与应力差 $Z=Y-X$ 也是随机变量，可用一个多元函数来表示，即

$$
Z=Y-X=G(X_1,X_2,\cdots,X_n)
\tag{7-7}
$$

式中：随机变量 X_i 表示影响机械产品功能的各种随机因素，如载荷、材料、尺寸、表面粗糙度、应力集中等。这个函数称为极限状态函数（或功能函数），它表示了产品所处的状态，$G(X)>0$ 表示产品能完成规定的功能，处于可靠状态；$G(X)<0$ 表示产品不能完成规定的功能，处于失效状态。从几何上看，$G(X)=0$ 可看作一个曲面，称为极限状态曲面，其将随机变量 x 的空间划分为两个区域：失效域 $\varOmega_f(G(X)<0)$ 和安全域 $\varOmega_s(G(X)>0)$，如图 7-10 所示。

机械产品的可靠度 R，即能完成规定功能的概率，可表示为

$$
R=P[Z=G(X_1,X_2,\cdots,X_n)>0]
\tag{7-8}
$$

一般情况下，功能函数要根据产品的失效判据来建立，失效判据一般用某种

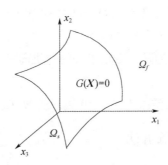

图 7 – 10　随机变量空间中的失效域和安全域

质量特性(或某种物理量、性能)X 大于(或小于)某一临界值 Y 表示。表 7 – 4 列出了一些常见故障模式的功能函数表达形式。

表 7 – 4　常见机械产品故障模式的功能函数示例

故障模式	失效机理/判据	功能函数
屈服失效	最大应力 σ_{max} 大于屈服强度 σ_S	$Z = \sigma_S - \sigma_{max}$
变形失效	最大变形量 d_{max} 大于许用变形量 $[d]$	$Z = [d] - d_{max}$
屈曲失效	最大载荷 F 大于临界载荷 $[F]$	$Z = [F] - F$
应力疲劳	循环应力幅值 σ_a 大于给定寿命下的疲劳强度极限 σ_N	$Z = \sigma_N - \sigma_a$
应变疲劳	循环应变幅值 ε_a 大于给定寿命下的应变强度极限 ε_N	$Z = \varepsilon_N - \varepsilon_a$
疲劳裂纹扩展失效	裂纹尖端应力强度因子 K_I 大于材料的断裂韧性 K_{IC}	$Z = K_{IC} - K_I$
磨损失效	磨损量 W 大于许用磨损量 $[W]$	$Z = [W] - W$
腐蚀失效	腐蚀量 W 大于许用腐蚀量 $[W]$	$Z = [W] - W$
位移不到位	最大位移 D 小于许用位移 $[D]$	$Z = [D] - D$
速度失效	最大速度 V 小于许用速度 $[V]$	$Z = [V] - V$

需要注意的是,功能函数中的 X,一般是载荷、材料、尺寸、表面粗糙度、应力集中等随机变量 $X_i (i = 1, 2, \cdots, n)$ 组成的显式或隐式函数,具体应用时一般需要代入计算公式或借助 CAE 工具进行计算。

无论采用应力—强度干涉模型,还是采用功能函数,可靠度的计算问题都可归结为多元积分问题,即

$$R = \int_{G(X) > 0} f(x) \, dx \tag{7 – 9}$$

式中:X 为随机向量;$f(x)$ 为随机向量的联合概率密度函数。

该基本方程包含以下 3 个核心内容:

(1) 表达模型随机性的随机变量组成的随机向量 X。

(2) 失效判据。

(3) 功能函数 $G(X)$,使得 $G(X) < 0$ 表示失效,$G(X) > 0$ 表示可靠。

7.4.4 可靠性模型计算方法

1. 可靠度计算的一次二阶矩法

1) 均值一次二阶矩可靠性分析方法

由于在工程实际中正态的随机变量具有普遍意义,本节以正态随机变量为例进行说明。对于非正态随机变量可以通过相应的方法转化为正态随机变量。设基本随机变量 $x = (x_1, x_2, \cdots, x_n)$ 服从正态分布,$x_i \sim N(\mu_{x_i}, \sigma_{x_i}^2)$ $(i = 1, 2, \cdots, n)$。结构机构的功能函数为

$$Z = g(x_1, x_2, \cdots, x_n) \tag{7-10}$$

则均值一次二阶矩方法是将功能函数在基本变量的均值点 $\mu_x = \{\mu_{x_1}, \mu_{x_2}, \cdots, \mu_{x_n}\}$ 处线性展开成泰勒级数,即

$$Z = g(x_1, x_2, \cdots, x_n) \approx g(\mu_{x_1}, \mu_{x_2}, \cdots, \mu_{x_n}) + \sum_{i=1}^{n} \left(\frac{\partial g}{\partial x_i} \right)_{\mu_x} (x_i - \mu_{x_i})$$

$$\tag{7-11}$$

式中:$\left(\dfrac{\partial g}{\partial x_i} \right)_{\mu_x}$ 表示功能函数的导函数在均值点 μ_x 处的函数值。

由式(4-12)的线性化功能函数近似得到功能函数的均值 μ_g 和方差 σ_g^2,即

$$\mu_g = g(\mu_{x_1}, \mu_{x_2}, \cdots, \mu_{x_n}) \tag{7-12}$$

$$\sigma_g^2 = \sum_{i=1}^{n} \left(\frac{\partial g}{\partial x_i} \right)_{\mu_x}^2 \sigma_{x_i}^2 + \sum_{i=1}^{n} \sum_{\substack{j=1 \\ j \neq i}}^{n} \left(\frac{\partial g}{\partial x_i} \right)_{\mu_x} \left(\frac{\partial g}{\partial x_j} \right)_{\mu_x} \mathrm{Cov}(x_i, x_j) \tag{7-13}$$

当各基本变量相互独立,σ_g^2 简化为

$$\sigma_g^2 = \sum_{i=1}^{n} \left(\frac{\partial g}{\partial x_i} \right)_{\mu_x}^2 \sigma_{x_i}^2 \tag{7-14}$$

则可靠度指标 β 可表示为

$$\beta = \frac{\mu_g}{\sigma_g} = \frac{g(\mu_{x_1}, \mu_{x_2}, \cdots, \mu_{x_n})}{\sqrt{\sum_{i=1}^{n} \left(\frac{\partial g}{\partial x_i} \right)_{\mu_x}^2 \sigma_{x_i}^2}} \tag{7-15}$$

由此便可得到均值一次二阶矩法的可靠度 P_r 和失效概率 P_f,即

$$P_r = P\{g > 0\} = P\left\{\frac{g - \mu_g}{\sigma_g} > -\frac{\mu_g}{\sigma_g}\right\} = \Phi(\beta) \tag{7 - 16}$$

$$P_f = P\{g \leqslant 0\} = P\left\{\frac{g - \mu_g}{\sigma_g} \leqslant -\frac{\mu_g}{\sigma_g}\right\} = \Phi(-\beta) \tag{7 - 17}$$

式中:$\Phi(\cdot)$ 为标准正态累积分布函数。

对于线性的功能函数,不用展开,直接可以求得可靠度指标及失效概率。

2)改进的一次二阶矩可靠性分析方法

改进的一次二阶矩法(AFOSM)是 Hasofer - Lind 在均值一次二阶矩法的基础上提出的。其基本的原理与均值一次二阶矩法一致,都是通过将非线性的功能函数线性展开,然后用线性功能函数的失效概率来近似原非线性功能函数的失效概率。与均值一次二阶矩法的不同之处在于,改进的一次二阶矩方法线性化的点是对失效概率贡献最大的点(又称设计点),而不是基本变量的均值点。而对于一个给定的非线性功能函数,其对失效概率贡献最大的点是不能预先得知的,它需要通过迭代的过程或者直接寻优的过程来求得,本节介绍迭代的方法来寻找设计点。

(1)AFOSM 的原理及计算公式。

设 $x_i \sim N(\mu_{x_i}, \sigma_{x_i})(i = 1, 2, \cdots, n)$ 是相互独立的正态基本随机变量,其对应的功能函数为 $Z = g(x_1, x_2, \cdots, x_n)$,该功能函数定义的失效域 $F = \{x: g(x) \leqslant 0\}$。

设失效域中的最可能失效点(Most Probable Point, MPP)- 设计点为 $P^*(x_1^*, x_2^*, \cdots, x_n^*)$,将非线性的功能函数在设计点处展开,取线性部分有

$$Z = g(x_1, x_2, \cdots, x_n) \approx g(x_1^*, x_2^*, \cdots, x_n^*) + \sum_{i=1}^{n} \left(\frac{\partial g}{\partial x_i}\right)_{P^*} (x_i - x_i^*)$$

$$\tag{7 - 18}$$

由于设计点 P^* 在失效边界上,所以有 $g(x_1^*, x_2^*, \cdots, x_n^*) = 0$,则原功能函数对应的线性极限状态方程简化为

$$\sum_{i=1}^{n} \left(\frac{\partial g}{\partial x_i}\right)_{P^*} (x_i - x_i^*) = 0 \tag{7 - 19}$$

整理上述方程后可得

$$\sum_{i=1}^{n} \left(\frac{\partial g}{\partial x_i}\right)_{P^*} x_i - \sum_{i=1}^{n} \left(\frac{\partial g}{\partial x_i}\right)_{P^*} x_i^* = 0 \tag{7 - 20}$$

则上述线性极限状态方程的可靠度指标 β 和失效概率 P_f 为

$$\beta = \frac{\sum_{i=1}^{n}\left(\frac{\partial g}{\partial x_i}\right)_{P*}\mu_{x_i} - \sum_{i=1}^{n}\left(\frac{\partial g}{\partial x_i}\right)_{P*}x_i^*}{\left[\sum_{i=1}^{n}\left(\frac{\partial g}{\partial x_i}\right)_{P*}^2\sigma_{x_i}^2\right]^{1/2}} = \frac{\sum_{i=1}^{n}\left(\frac{\partial g}{\partial x_i}\right)_{P*}(\mu_{x_i} - x_i^*)}{\left[\sum_{i=1}^{n}\left(\frac{\partial g}{\partial x_i}\right)_{P*}^2\sigma_{x_i}^2\right]^{1/2}}$$

$$(7-21)$$

$$P_f = \Phi(-\beta) \tag{7-22}$$

由于可靠度指标 β 代表的是标准正态空间中,坐标原点到极限状态方程的最短距离,根据关系式 $x_i^* = \mu_{x_i} + \sigma_{x_i}\lambda_i\beta$,可将式(7-21)变换到标准正态空间,再做相应的变换后可得

$$\sum_{i=1}^{n}\lambda_i y_i = \beta \tag{7-23}$$

$$\lambda_i = -\frac{\left(\frac{\partial g}{\partial x_i}\right)_{P*}\sigma_{x_i}}{\left[\sum_{i=1}^{n}\left(\frac{\partial g}{\partial x_i}\right)_{P*}^2\sigma_{x_i}^2\right]^{\frac{1}{2}}} = \cos\theta_i(i = 1,2,\cdots,n) \tag{7-24}$$

根据以上关系在标准正态空间中采用最优化的方法,就可以求得设计点和可靠度指标。关于求设计点和可靠度的最优化方法有很多种,本节介绍常用的有梯度的迭代算法。

(2)改进一次二阶矩迭代算法的具体计算步骤:

①假设设计点坐标 $x_i^*(i = 1,2,\cdots,n)$ 的初始值,通常取 $x_i^* = \mu_{x_i}$。

②由 x_i^* 的值根据式(7-24)计算 λ_i。

③将 $x_i^* = \mu_{x_i} + \sigma_{x_i}\lambda_i\beta$ 的表达式代入 $g(x_1^*,x_2^*,\cdots,x_n^*) = 0$,得出关于 β 的方程。

④解关于 β 的方程,求出 β 值。

⑤将所得 β 值代入 $x_i^* = \mu_{x_i} + \sigma_{x_i}\lambda_i\beta$,计算出设计点 x_i^* 新的坐标值。

⑥重复以上②~⑤的步骤,直到迭代前后两次的可靠度指标的相对误差小于允许值为止。

2. 可靠度计算的蒙特卡洛数字模拟法

1)蒙特卡洛方法求解失效概率估计值的计算公式

设结构机构的功能函数为

$$Z = g(\boldsymbol{x}) = g(x_1,x_2,\cdots,x_n) \tag{7-25}$$

蒙特卡洛法首先将失效概率的精确表达式改写为失效域指示函数 $I_F(x)$ 的数学期望形式,即

$$P_f = \int \cdots \int_{g(\boldsymbol{x}) \le 0} f_X(x_1, x_2, \cdots, x_n) \mathrm{d}x_1 \mathrm{d}x_2 \cdots \mathrm{d}x_n$$

$$= \int \cdots \int_{R^n} I_F(\boldsymbol{x}) f_X(x_1, x_2, \cdots, x_n) \mathrm{d}x_1 \mathrm{d}x_2 \cdots \mathrm{d}x_n$$

$$= E[I_F(\boldsymbol{x})] \tag{7-26}$$

式中：$f_X(x_1, x_2, \cdots, x_n)$ 是基本随机变量 $\boldsymbol{x} = \{x_1, x_2, \cdots, x_n\}$ 的联合 PDF；$I_F(\boldsymbol{x}) = \begin{cases} 1(\boldsymbol{x} \in F) \\ 0(\boldsymbol{x} \notin F) \end{cases}$ 为失效域的指示函数；$E[\ \cdot\ ]$ 为数学期望算子。

求解失效概率 P_f 的值转化为求失效域指示函数 $I_F(x)$ 的数学期望。依据大数定律，失效域指示函数的数学期望可以由失效域指示函数的样本均值来近似，则以随机变量的联合 $\mathrm{PDF} f_X(\boldsymbol{x})$ 抽取 N 个样本 $\boldsymbol{x}_j(j=1,2,\cdots,N)$，落入失效域 F 内样本点的个数 N_f 与总样本点的个数 N 之比即为失效概率的估计值 $\hat{P}_f$。

$$\hat{P}_f = \frac{1}{N} \sum_{j=1}^{N} I_F(\boldsymbol{x}_j) = \frac{N_f}{N} \tag{7-27}$$

2）蒙特卡洛失效概率估计值的方差分析

由(7-27)式可以看出，失效概率估计值 $\hat{P}_f$ 为随机样本 $\boldsymbol{x}_j(j=1,2,\cdots,N)$ 的函数，因此 $\hat{P}_f$ 也是一个随机变量。为了了解 $\hat{P}_f$ 估计值的收敛性和精度，需要对 $\hat{P}_f$ 的方差进行分析。

对式(7-27)两边求数学期望，可得失效概率估计值 $\hat{P}_f$ 的期望 $E[\hat{P}_f]$ 为

$$E[\hat{P}_f] = \frac{1}{N} \sum_{j=1}^{N} E[I_F(\boldsymbol{x}_j)]$$

$$= E[I_F(\boldsymbol{x}_j)] = E[I_F(\boldsymbol{x})] = P_f \tag{7-28}$$

由此可知，$E[\hat{P}_f] = P_f$，即 $\hat{P}_f$ 为 P_f 的无偏估计。

对式(7-27)两边求方差，则可得失效概率估计值 $\hat{P}_f$ 的方差 $\mathrm{Var}[\hat{P}_f]$ 为

$$\mathrm{Var}[\hat{P}_f] = \frac{1}{N}\mathrm{Var}[I_F(\boldsymbol{x}_j)] = \frac{1}{N}\mathrm{Var}[I_F(\boldsymbol{x})]$$

$$\approx \frac{1}{N-1}\left(\frac{1}{N}\sum_{j=1}^{N}I_F^2(\boldsymbol{x}_j) - \bar{I}_F^2\right)$$

$$= \frac{1}{N-1}\left(\frac{1}{N}\sum_{j=1}^{N}I_F^2(\boldsymbol{x}_j) - \left(\frac{1}{N}\sum_{k=1}^{N}I_F(\boldsymbol{x}_k)\right)^2\right)$$

$$= \frac{1}{N-1}\left(\frac{1}{N}\sum_{j=1}^{N}I_F(\boldsymbol{x}_j) - \hat{P}_f^{\,2}\right)$$

$$= \frac{(\hat{P}_f - \hat{P}_f^{\,2})}{N-1} \tag{7-29}$$

则估计值 $\hat{P}_f$ 的变异系数 $\mathrm{Cov}[\hat{P}_f]$ 为

$$\mathrm{Cov}[\hat{P}_f] = \frac{\sqrt{\mathrm{Var}[\hat{P}_f]}}{E[\hat{P}_f]} = \sqrt{\frac{(1-\hat{P}_f)}{(N-1)\hat{P}_f}} \tag{7-30}$$

3）多个失效模式情况下可靠性分析的蒙特卡洛法

多模式情况下系统失效概率 $P_f^{(s)}$ 的精确表达式为基本变量的联合 PDF 在多模式系统失效域 $F^{(s)}$ 中的积分,即

$$P_f^{(s)} = \int\cdots\int_{F^{(s)}}f_X(x_1,x_2,\cdots,x_n)\mathrm{d}x_1\mathrm{d}x_2\cdots\mathrm{d}x_n$$

$$= \int\cdots\int_{R^n}I_{F^{(s)}}(\boldsymbol{x})f_X(x_1,x_2,\cdots,x_n)\mathrm{d}x_1\mathrm{d}x_2\cdots\mathrm{d}x_n$$

$$= E[I_{F^{(s)}}(\boldsymbol{x})] \tag{7-31}$$

式中:$I_{F^{(s)}}(\boldsymbol{x}) = \begin{cases} 1(\boldsymbol{x}\in F^{(s)}) \\ 0(\boldsymbol{x}\notin F^{(s)}) \end{cases}$ 为系统失效域 $F^{(s)}$ 的指示函数。

多模式情况下可靠性分析的蒙特卡洛法也与单模式情况下的类似,只是多模式情况下系统的失效域 $F^{(s)}$ 是由多个模式共同决定的。需要根据单个失效模式与系统失效的关系,写出系统失效域与单个失效模式失效域的逻辑关系,然后再采用与单模式类似的蒙特卡洛法来求解多模式的失效概率,并对多模式的失效概率估计值进行方差分析。

蒙特卡洛法以概率论中的大数定理为理论基础,随着样本点数的增加,由其估计的失效概率及灵敏度值以概率稳健的收敛于精确解,其编程容易实现,且对于功能函数的形式,基本变量的分布及维数都没有要求,因此成为可靠性分析中最基本、适用范围最广的数字模拟方法。在理论研究中,蒙特卡洛的解常作为标准解来检验其他新方法的解。但采用蒙特卡洛法求解失效概率估计值时,一般需要估计值的变异系数达到 10^{-2} 量级才能够得到收敛的解,这对于比较复杂的功能函数,特别是在高维小失效概率的情况下,要想采用蒙特卡洛法估计出比较精确的解,计算工作量巨大,工程实际中常常很难接受。

⫸ 7.5　推进系统关键件可靠性分析

　　针对推进系统动力螺旋桨包含的严酷度 I、II 类故障模式的组成单元进行可靠性分析,包括桨叶和螺栓,桨叶结构采用单腹板复合材料填充泡沫的螺旋桨结构,需进行有限元建模及仿真分析;螺栓为标准件,采用经验评估公式进行估算。

7.5.1　桨叶可靠性分析

1. 桨叶有限元建模

　　建立桨叶有限元模型如图 7 - 11 所示,有限元模型采用 MSC. PATRAN 建立,采用面单元 Quad4 和 Tria3,由螺旋桨看电机,螺旋桨顺时针转动,X 为负拉力方向,Y 为重力负方向,Z 为桨叶展向方向。

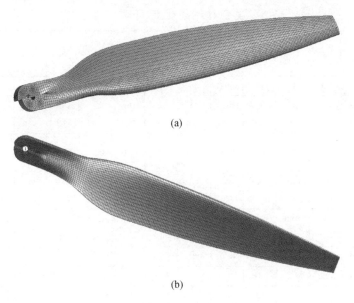

(a)

(b)

图 7 - 11　桨叶有限元模型

(a)有限元模型—桨叶正面;(b)有限元模型—桨叶背面。

　　桨叶桨毂尺寸为:厚度 $H = 120\text{mm}$,直径 $D = 240\text{mm}$。以桨叶理论气动外形为基准,向螺旋桨内侧铺设复合材料,如图 7 - 12 所示。铺层方案如表 7 - 5 和表 7 - 6 所列。

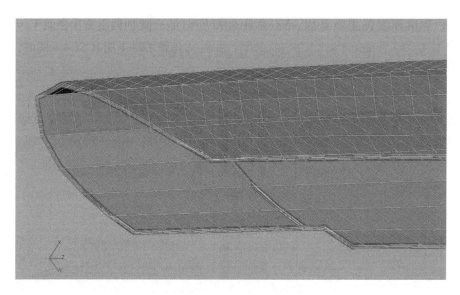

图 7 - 12　碳纤维结构铺层示意图

表 7 - 5　复合材料桨叶上、下蒙皮铺层方案

桨叶区域 铺层参数	1	2	3	4	5	6	7	8	9	10	11	12	13
层数	27	23	17	11	9	9	9	7	7	7	7	6	6
位置 /mm	-120 ~240	240~ 700	700~ 1050	1050~ 1400	1400~ 1750	1750~ 2100	2100~ 2450	2450~ 2625	2625~ 2800	2800~ 2975	2975~ 3150	3150~ 3325	3325~ 3500
厚度 /mm	3.64	3	2.12	1.4	1.16	1.16	1.16	0.92	0.92	0.92	0.92	0.72	0.72
1	DXD (45°)	DXD (45°)	DXD (45°)	DXD (45°)	DXD (45°)	DXD (45°)	DXD (45°)	DXD (45°)	DXD (45°)	DXD (45°)	DXD (45°)	DXD (45°)	DXD (45°)
2	DXD (-45°)	DXD (-45°)	DXD (-45°)	DXD (-45°)	DXD (-45°)	DXD (-45°)	DXD (-45°)	DXD (-45°)	DXD (-45°)	DXD (-45°)	DXD (-45°)	DXD (-45°)	DXD (-45°)
3	DXD	DXD	DXD	DXD	DXD	DXD	DXD						
4	DXD	DXD											
5	ZW												
6	DXD												
7	DXD	DXD	DXD	DXD	DXD	DXD	DXD	DXD	DXD	DXD	DXD	DXD	DXD
8	DXD (45°)	DXD (45°)	DXD (45°)										
9	DXD (-45°)	DXD (-45°)	DXD (-45°)										

续表

桨叶区域 铺层参数	1	2	3	4	5	6	7	8	9	10	11	12	13
10	DXD	DXD	DXD										
11	DXD	DXD											
12	ZW	ZW											
13	DXD	DXD	DXD	DXD									
14	ZW	ZW	ZW	ZW	ZW	ZW	ZW	ZW	ZW	ZW	ZW		
15	DXD	DXD	DXD	DXD									
16	ZW	ZW											
17	DXD	DXD											
18	DXD	DXD	DXD										
19	DXD (−45°)	DXD (−45°)	DXD (−45°)										
20	DXD (45°)	DXD (45°)	DXD (45°)										
21	DXD	DXD	DXD	DXD	DXD	DXD	DXD	DXD	DXD	DXD	DXD	DXD	DXD
22	DXD												
23	ZW												
24	DXD	DXD											
25	DXD	DXD	DXD	DXD	DXD	DXD	DXD						
26	DXD (−45°)	DXD (−45°)	DXD (−45°)	DXD (−45°)	DXD (−45°)	DXD (−45°)	DXD (−45°)	DXD (−45°)	DXD (−45°)	DXD (−45°)	DXD (−45°)	DXD (−45°)	DXD (−45°)
27	DXD (45°)	DXD (45°)	DXD (45°)	DXD (45°)	DXD (45°)	DXD (45°)	DXD (45°)	DXD (45°)	DXD (45°)	DXD (45°)	DXD (45°)	DXD (45°)	DXD (45°)

注:ZW 表示 G814/3234,DXD 为 T700 单向带,DXD(45°)标注为 45°铺向,DXD(−45°)标注为 −45°铺向,其余为 0°铺层

表 7-6　复合材料桨叶腹板铺层方案

层数	8
位置/mm	120～3500
厚度/mm	0.96
1	DXD (45°)
2	DXD (−45°)

层数	8
3	DXD (45°)
4	DXD (-45°)
5	DXD (45°)
6	DXD (-45°)
7	DXD (45°)
8	DXD (-45°)

桨叶所用材料性能如表7-7所列。

表7-7 桨叶所用材料性能表

材料名称		T3002003KP(织物)	t-700-C1000-UD	泡沫(PH45)	铝合金套筒(7075)
密度/(kg/m³)		1650	1650	45	2810
厚度/mm		0.2	0.1		
泊松比		0.067	0.185		0.25
横向弹模/GPa		63-66	7.5	50	200
纵向弹模/GPa		70	165		
纵横剪切弹模/GPa		4.9	4.45		
纵向强度/MPa		937拉/440压	1840拉/1180压	1.5拉/0.95压	
横向强度/MPa		891拉/436压	23拉/146压		
许用强度/MPa					205拉/265压/100剪
许用应变 /με	X向	3000	3000		
	Y向	3000	3000		

2. 桨叶驻空任务阶段工况及计算结果

根据螺旋桨任务剖面,驻空任务阶段的环境条件如下:

(1) 温度: -70 ~ -50℃;

(2) 气压:4000 ~6500Pa;

(3) 振动:按 GJB 150.16A—2009 水上运输工具振动;

(4) 风速:0 ~20m/s。

驻空任务阶段的螺旋桨处于连续旋转状态,按最大推力输出运行。

驻空任务阶段影响桨叶应力的主要因素包括气动力和旋转惯性力,这些因素又与飞行高度、转速、桨叶尺寸等有关。通过 DOE 分析,在桨叶尺寸设计公差范围内,桨叶尺寸对应力影响较小,故考虑飞行高度、转速 2 个影响因素。

根据任务剖面分析,飞行高度变化范围为 18 ~22km,转速 295 ~405r/min(考虑电机控制精度为 ±5r/min)。根据变化范围,设计 9 个计算工况进行有限元计算,计算结果汇总如表 7 -8 所列。其中应力和应变位置分别为桨叶最大应力和最大应变位置,其中飞行高度 20km、转速 360r/min 的应变云图如图 7 -13 ~图 7 -15 所示。

表 7 - 8　桨叶强度分析结果

工况	高度/km	18	18	18	20	20	20	22	22	22
	转速/(r/min)	295	300	305	355	360	365	395	400	405
FX		-380.2	-380.2	-380.2	-390.5	-390.5	-390.5	-364.6	-364.6	-364.6
FY		270.7	280.7	290.9	402.1	414.1	426.3	491.1	504.5	518.1
FZ		12727.3	13161.9	13603.9	18428.0	18950.4	19480.0	22812.7	23394.1	23982.2
MX		-32.8	-32.8	-32.8	-33.2	-33.2	-33.2	-8.8	-8.8	-8.8
MY		-933.5	-934.6	-935.8	-976.8	-978.2	-979.5	-938.2	-939.8	-941.3
MZ		44.1	45.9	47.8	67.3	69.6	71.8	85.6	88.1	90.5
应力/Pa	X	1.54E8	1.55E8	1.57E8	1.76E8	1.78E8	1.80E8	1.85E8	1.87E8	1.89E8
	Y	4.10E7	4.14E7	4.18E7	4.73E7	4.78E7	4.83E7	4.97E7	5.02E7	5.08E7
应变/$\mu\varepsilon$	X	933	942	951	1070	1080	1090	1120	1130	1150
	Y	701	708	715	806	814	822	843	852	861

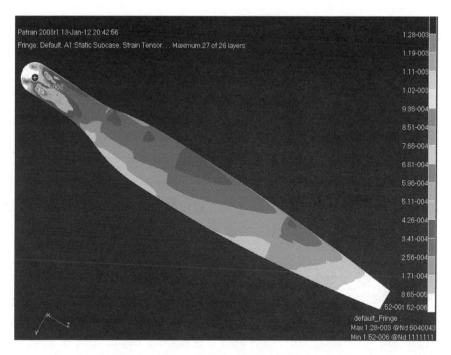

图 7-13　高度 20km、转速 360r/min 时桨叶 von Mises 应变云图(见彩图)

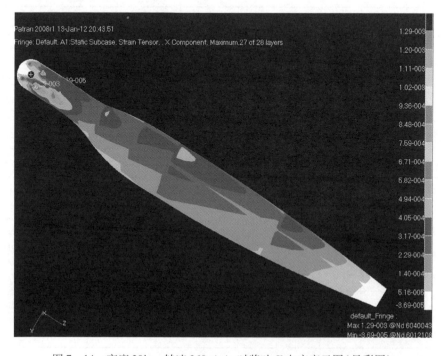

图 7-14　高度 20km、转速 360r/min 时桨叶 X 向应变云图(见彩图)

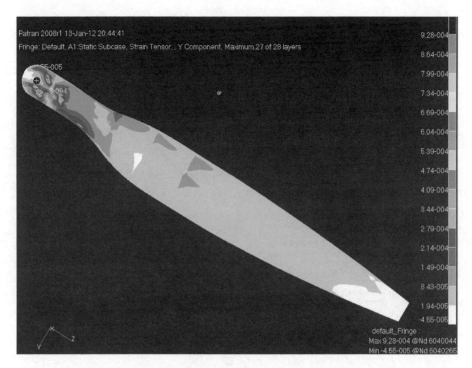

图 7 - 15　高度 20km、转速 360r/min 时桨叶 Y 向应变云图（见彩图）

3. 代理模型拟合

采用双层神经网络模型对上述结果进行拟合，分别建立 X 向应变和 Y 向应变的代理模型，输入参数为飞行高度和转速，用于训练、测试和验证的样本点各占 70%、25% 和 5%，建立的代理模型的回归误差如图 7 - 16 所示，误差直方图如图 7 - 17 所示。代理模型相对误差约为 4%，可以用于可靠度计算。

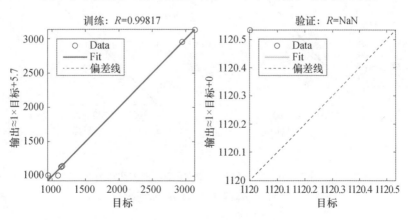

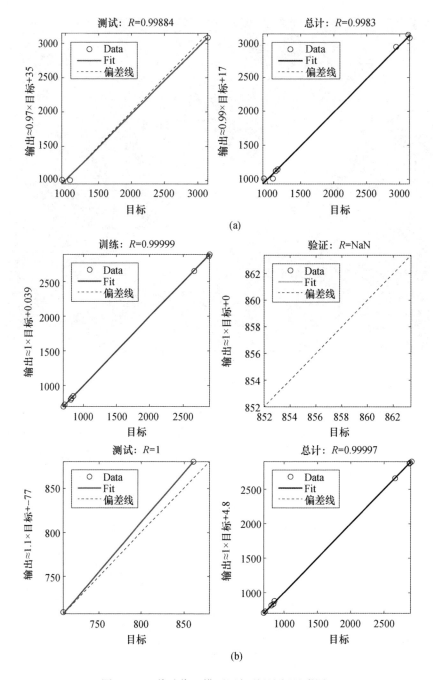

图 7-16 桨叶代理模型回归误差图(见彩图)

(a)X 方向应变;(b)Y 方向应变。

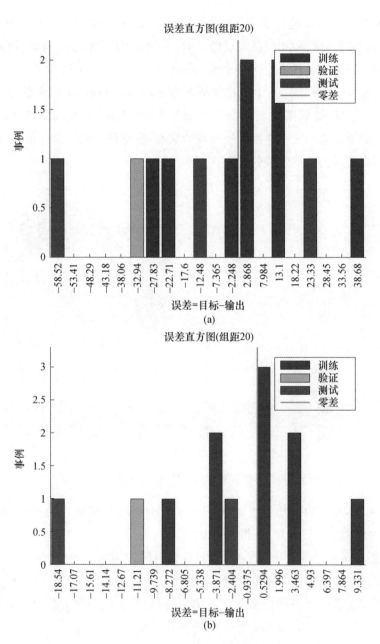

图 7 - 17　桨叶代理模型误差直方图(见彩图)

(a) X 方向应变;(b) Y 方向应变。

4. 桨叶可靠度计算

驻空阶段,螺旋桨大部分时间停留在 3 个高度层,分别是 18km、20km 和

22km,对应的设计转速分别为 300r/min、360r/min 和 400r/min。假设按相等概率停留在不同高度,在相应高度层停留时,有约 ±100m 的波动范围,根据"3σ"准则,假设转速服从正态分布,得到飞行高度分别服从 $N(18,0.033^2)$、$N(20,0.033^2)$ 和 $N(22,0.033^2)$;电机控制精度为 ±5r/min,根据"3σ"准则,假设转速服从正态分布,得到桨叶转速分布服从 $N(300,1.67^2)$、$N(360,1.67^2)$ 和 $N(400,1.67^2)$。忽略三个高度转换过程的状态,可得到影响因素分布如图 7 - 18 所示,图中所示为随机生成的 $3×10^4$ 个点。

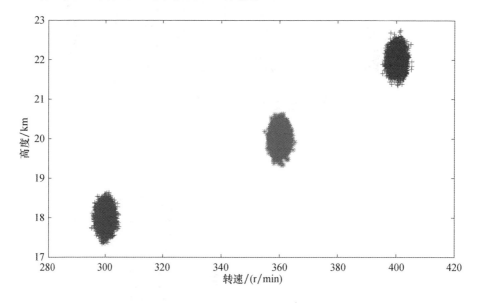

图 7 - 18 影响因素分布示意($3×10^4$ 点)(见彩图)

使用 Matlab 软件,随机生成 $N = 3×10^8$ 个样本点,调用 X 应变代理模型和 Y 应变代理模型进行计算,获得应变值。

根据表 7 - 7,许用应变为 3000,假设材料的许用应变的变异系数为 10%,按正态分布,随机生成 $1×10^8$ 个样本点,与 X 方向应变和 Y 方向应变进行对比,许用应变小于 X 方向应变或 Y 方向应变,记为 1 次失效。将总失效次数记为 n_f,则最终得到桨叶 A 和桨叶 B 的任务可靠度为

$$R_1 = R_2 = 1 - \frac{n_f}{N} = 0.95098$$

得到桨叶 A 和桨叶 B 的运行任务时间 480h 后的失效率为

$$\lambda_1 = \lambda_2 = \frac{-\ln(R_1)}{t} = 1.88 × 10^{-8} \text{h}^{-1}$$

桨叶 A 和桨叶 B 失效率的 MTBF 为

$$\mathrm{MTBF} = \frac{1}{\lambda_1} = 0.532 \times 10^8 \mathrm{h}$$

7.5.2 螺栓可靠性分析

1. 螺栓有限元计算结果

与桨叶计算的工况相同,计算螺栓的剪切应力结果如表 7 - 9 所列。螺栓材料及性能见表 7 - 10 所列。

表 7 - 9 螺栓强度分析结果

工况 高度/km		18	18	18	20	20	20	22	22	22
	转速/(r/min)	295	300	305	355	360	365	395	400	405
FX		-380.2	-380.2	-380.2	-390.5	-390.5	-390.5	-364.6	-364.6	-364.6
FY		270.7	280.7	290.9	402.1	414.1	426.3	491.1	504.5	518.1
FZ		12727.3	13161.9	13603.9	18428.0	18950.4	19480.0	22812.7	23394.1	23982.2
MX		-32.8	-32.8	-32.8	-33.2	-33.2	-33.2	-8.8	-8.8	-8.8
MY		-933.5	-934.6	-935.7	-976.5	-978.2	-979.5	-938.2	-939.8	-941.3
MZ		44.1	45.9	47.8	67.3	69.6	71.8	85.6	88.1	90.5
剪切应力/MPa		64.647	66.858	69.107	96.653	96.311	99.006	115.9	118.86	121.85

表 7 - 10 螺栓材料性能表

材料名称	螺栓,螺母(螺栓 30CrMnSiA,螺母 45#) M16
密度/(kg/m^3)	均为 7850
厚度/mm	螺母 14.8
泊松比	0.5/0.3
横向弹模/GPa	196/209
许用强度/MPa	螺栓:1080 拉/835 压/440 剪 螺母:600 拉/355 压/178 剪

2. 代理模型拟合

采用双层神经网络模型对螺栓计算结果进行拟合,建立剪切应力的代理模型,输入参数为飞行高度和转速,用于训练、测试和验证的样本点各占 60%、20% 和 20%,建立的代理模型的回归误差如图 7 - 19 所示,误差直方图如图 7 - 20 所示。代理模型相对误差约为 3%,可以用于可靠度计算。

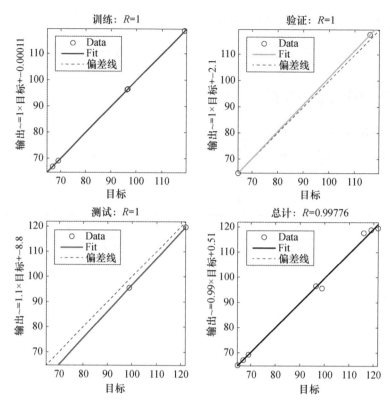

图 7 – 19　螺栓代理模型回归误差图(见彩图)

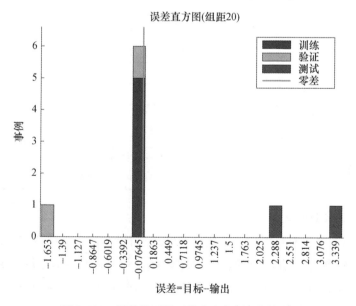

图 7 – 20　螺栓代理模型误差直方图(见彩图)

3. 螺栓可靠度计算

螺栓可靠度计算过程与桨叶类似，使用 Matlab 软件，随机生成 $N = 3 \times 10^8$ 个样本点，调用螺栓剪切应力代理模型进行计算，获得剪切应力值。

根据表 7 - 10，螺栓许用剪切应力为 440MPa，假设材料的许用应力的变异系数为 10%，按正态分布，随机生成 1×10^8 个样本点，与螺栓的剪切应力值进行对比，许用剪切应力小于受到的剪切应力值，记为 1 次失效。将总失效次数记为 n_b，则最终得到螺栓的可靠度为

$$R_b = 1 - \frac{n_b}{N} = 0.96376$$

得到螺栓的运行任务时间 480h 后的失效率为

$$\lambda_b = \frac{-\ln(R_b)}{t} = 1.3 \times 10^{-9} \text{h}^{-1}$$

得到螺栓的失效率为

$$\lambda_b = \frac{-\ln(R_b)}{t} = 1.3 \times 10^{-9} \text{h}^{-1}$$

得到螺栓的 MTBF 为

$$\text{MTBF} = \frac{1}{\lambda_b} = 0.77 \times 10^9 \text{h}$$

参考文献

[1] 黄宛宁,栗颖思,周书宇,等. 现代浮空器军事应用[J]. 科技导报,2017,35(15):20 – 27.

[2] 杜绵银,陈培,李广佳,等. 临近空间低速飞行器螺旋桨技术[J]. 飞航导弹,2011,(07):15 – 19,28.

[3] 聂营,王生. 平流层飞艇动力推进系统概述[C]//2007 年中国浮空器大会论文汇编. 中国科学院光电研究院,2007:350 – 356.

[4] 蒲鸽,宋笔锋,安伟刚,等. 复合材料螺旋桨结构高效优化方法研究[J]. 机械科学与技术,2010,29(02):184 – 187.

[5] 马蓉. 临近空间飞行器螺旋桨低雷诺数高升力翼型综述[C]//中国力学学会. 庆祝中国力学学会成立 50 周年暨中国力学学会学术大会 2007 论文摘要集(下). 中国力学学会:中国力学学会,2007:1.

[6] Taku Nonomura,Kozo Fujii,Ryoji Kojima,et al. Large – Eddy Simulation of Low – Reynolds – Number Flow Over Thick and Thin NACA Airfoils[J]. Journal of aircraft,2013,50(1):187 – 196.

[7] M Galbraith,M Visbal. U. S. Implicit Large Eddy Simulation of Low – Reynolds – Number Transitional Flow Past the SD7003 Airfoil[C]//40th Fluid Dynamics Conference and Exhibit. 2010:1 – 32.

[8] Pareto – Optimality – Based Constraint – Handling Technique and Its Application to Compressor Design[C]//35th AIAA Fluid Dynamics Conference. 2005:1.

[9] 朱志斌,尚庆,白鹏,等. 翼型低雷诺数层流分离现象随雷诺数的演化特征[J]. 航空学报,2019,40(5):57 – 67.

[10] Irwin K,Mutzman R. Propeller Proplet Optimization Based upon Analytical and Experimental Methods[C],AIAA/SAE/ASME 16th Joint Propulsion Conference,1980:1 – 27.

[11] Sullivan J P. Proplet Propeller Design/Build/Test Final Report [R]. Purdue University Report,West Lafayette,Indiana,America:Purdue University,2005.

[12] J H Xu,W P Song,X D Yang. Effects of Proplet on Propeller Efficiency[C]//第六届流体力学国际会议论文集. 2011:165 – 168.

[13] 许成杰,杨旭东,朱敏. 临近空间桨梢小翼螺旋桨布局气动增效研究[J]. 航空计算技术,2011,41(5):61 – 64.

［14］刘沛清,旷建敏,屈秋林．联合射流控制技术的增升效果和机理［J］．北京航空航天大学学报,2009,35(6):737－740.

［15］朱敏,杨旭东,宋超,等．应用协同射流控制的临近空间螺旋桨高增效方法［J］．航空学报,2014,35(6):1549－1559.

［16］宋超,杨旭东,朱敏,等．应用离散型协同射流的翼型增升减阻研究［J］．西北工业大学学报,2015,(2):191－196.

［17］Xu Heyong,Xing Shi－Long,Ye Zheng－Yin. Numerical study of the S809 airfoil aerodynamic performance using a co－flow jet active control concept［J］. Journal of Renewable and Sustainable Energy,2015,7(2):023131.

［18］Zhang S L,Song B F,Yang X,et al. Numerical and Experimental Study of the Co－Flow Jet Airfoil Performance Enhancement［C］//55th AIAA Aerospace Sciences Meeting. 2017.

［19］石雅楠．零质量射流流场数值模拟方法研究［D］．南京:南京航空航天大学,2015.

［20］程钰锋,聂万胜,车学科,等．不同压力下介质阻挡放电等离子体诱导流场演化的实验研究［J］．物理学报,2013,(10):295－302.

［21］李国强,周思引,倪章松,等．平流层螺旋桨多工况等离子体增效控制方案研究［J］．航空计算技术,2014,(2):26－31.

［22］刘强,刘周,白鹏,等．低雷诺数翼型蒙皮主动振动气动特性及流场结构数值研究［J］．力学学报,2016,48(2):269－277.

［23］Jamey Jacob,David Munday. Active Control of Separation on a Wing with Oscillating Camber［J］. Journal of aircraft,2002,39(1):187－189.

［24］郭秋亭．局部主动变形翼型和折叠翼变形飞机动态气动特性数值模拟研究［D］．成都:中国空气动力研究与发展中心,2009.

［25］李冠雄,马东立,杨穆清,等．低雷诺数翼型局部振动非定常气动特性［J］．航空学报,2018,39(1):113－125.

［26］张成明．高效率高功率密度电机系统关键技术研究［C］//第三届高分辨率对地观测学术年会优秀论文集. 2014:12.

［27］王真,王健,熊林根,等．临近空间环境下高功率密度电机组件设计及仿真［J］．微特电机,2013,41(8):76－78.

［28］董剑宁,黄允凯,金龙,等．高速永磁电机设计与分析技术综述［J］．中国电机工程学报,2014,(27):4640－4653.

［29］贺梦颖,窦满峰,赵祥君,等．高空飞行器推进电机的可靠性研究［J］．微特电机,2014,42(8):51－54.

［30］杨剑威,窦满峰,骆光照,等．高空螺旋桨无刷直流电机重置粒子群 PID 控制［J］．西北工业大学学报,2016,34(2):313－320.

［31］张江鹏．高空飞行器用高效率高功率密度永磁同步电机研究［D］．哈尔滨:哈尔滨工

业大学,2018.

[32] 张明慧. 临近空间飞行器电推进系统用永磁无刷电机损耗与温升研究[D]. 西安:西北工业大学,2016.

[33] 张明慧,刘卫国. 高空条件下永磁无刷直流电机温度场研究[J]. 微电机,2017,50(2):11−16.

[34] 甘晓华. 飞艇技术概论[M]. 北京:国防工业出版社,2005.

[35] Nock K T,Heun M K,Aaron K M. Global Stratospheric Balloon Constellations[J]. Advances in Space Research,2002,30(5):1233−1238.

[36] Colozza A,Dolee J L. High − Altitude,Long − Endurance Airships for Coastal Surveillance [C]. NASA/TM − 2005 − 213427,2005.

[37] Lindstrand P. ESA − HALE Airship Research and Development Program. Proceedings of the Second Stratospheric Platform Systems Workshop[C]. Shinagawa,Japan,2000.

[38] 朱宝鎏. 高空长航时无人机气动力特点分析——解析"太阳神"和"全球鹰"的气动力设计[J]. 国际航空,2006,(6):74−77.

[39] Selig M,Guglielmo J,Broern A,et al. Experiments on Airfoils at Low Reynolds Numbers [C]//Aerospace Sciences Meeting & Exhibit. 2013.

[40] Mueller T J. Fixed and Flapping Wing Aerodynamics for Micro Air Vehicle Applications, Chapter An Overview of Micro Air Vehicle Aerodynamics[C]. AIAA,2002:1−13.

[41] D N Srinath,Sanjay Mittal. An Adjoint Method for Shape Optimization in Unsteady Viscous Flows[J]. Journal of Computational Physics,2010,229:1994−2008.

[42] D N Srinath,S Mittal. Optimal Airfoil Shapes for Low Reynolds Number Flows[J]. International Journal for Numerical Methods in Fluids,2009,61:353−381.

[43] Zhang K,Song W P. Infinite Swept − Wing Reynolds − Averaged Navier − Stokes Computations with full eN Transition Criterion[C]. 27th Congress of the International Council of the Aeronautical Science(ICAS 2010),Nice,France,2010.

[44] Liepmann H W. The Interaction between Boundary Layer and Shock Waves in Transonic Flow [J]. J. Aeronaut. Sci,2020,13:623−637.

[45] A Jameson,N A Pierce,L Martinelli. Optimum Aerodynamic Design Using the Navier − Stokes Equations[C]. AIAA Paper,1997:97−0101.

[46] H S Chung. Multidisciplinary Design Optimization of Supersonic Business Jets Using Approximation Model − based Genetic Algorithms [D]. University of Stanford,Stanford,CA. March,2004.

[47] Srinath D N,Mittal S. Optimal Aerodynamic Design of Airfoils in Unsteady Viscous Flows [J]. Computer Methods in Applied Mechanics & Engineering,2010,199(29−32):1976−1991.

[48] Bertrand Dano,Danah Kirk,Gecheng Zha. Experimental Investigation of Jet Mixing Mecha-

nism of Co – Flow Jet Airfoil[C]//Flow Control Conference. 2013.

[49] Zha G C, Carroll B F, Paxton C D, et al. High – Performance Airfoil Using Coflow Jet Flow Control[J]. Aiaa Journal, 2007, 45(8):2087 – 2090.

[50] 中国航空研究院. 复合材料结构设计手册[M]. 北京:航空工业出版社, 2001:80 – 86.

[51] Adams D B, Watson L T, Gürdal Z, et al. Genetic Algorithm Optimization and Blending of Composite Laminates by Locally Reducing Laminate Thickness[J]. Advances in Engineering Software, 2004, 35:35 – 45.

[52] 李兆杰. 高空长航时飞艇的能源与推进技术[C]//2007 年中国浮空器大会论文集. 2007.

[53] 邱玉鑫, 程娅红, 胥家常. 浅析高空长航时无人机的气动研究问题[J]. 流体力学实验与测量, 2004, 18(3):1 – 5.

[54] Colozza A. Initial Feasibility Assessment of a High Altitude Long Endurance Airship[R]. 2003. Tech. Rep. NASA/CR – 2003 – 212724.

[55] 张维智, 贺德馨, 张兆顺. 低雷诺数高升力翼型的设计和试验研究[J]. 空气动力学报, 1998, 16(3):363 – 367.

[56] John S M. A Propeller Design and Analysis Capability Evaluation for High Altitude Application [D]. University of the Witwatersrand, Johannesburg, 2010.

[57] Lee M, Smith S, Androulakakis S. The High Altitude Lighter Than Air Airship Efforts at the US Army Space and Missile Defense Command/Army Forces Strategic Command[C]. AIAA Paper, 2009:2852.

[58] Noll T E, Brown J M, Perez – Davis M E, et al. Investigation of the Helios Prototype Aircraft Mishap – Volume I Mishap Report[R]. 2004.

[59] Koning W J F, Johnson W, Grip H F. Improved Mars Helicopter Aerodynamic Rotor Model for Comprehensive Analyses[J]. AIAA Journal, 2019, 57(9):3969 – 3979.

[60] 董捷, 饶炜, 孟林智, 等. 国外火星低空飞行器技术发展研究[J]. 航天器工程, 2017, 26 (001):110 – 119.

[61] Smith S C, Guynn M D, Streett C L, et al. Mars Airplane Airfoil Design with Application to ARES[C]. AIAA Paper 2003 – 6607.

[62] https://www. nasa. gov/centers/ames/research/technology – onepagers/mars – airplane. html.

[63] https://www. nasa. gov/press – release/mars – helicopter – to – fly – on – nasa – s – next – red – planet – rover – mission.

[64] Drela M. Transonic Low – Reynolds Number Airfoils[J]. Journal of Aircraft, 1992, 29(6): 1106 – 1113.

[65] Anthony Colozza. High Altitude Propeller Design and Analysis Overview[J]. 1998.

[66] Drela M, Giles M B. Viscous – Inviscid Analysis of Transonic and Low Reynolds Number Air-

foils[J]. AIAA Journal,1987,25(10):1347 – 1355.

[67] Greer D,Hamory P,Krake K,et al. Design and Predictions for a High – Altitude(Low – Reynolds – Number) Aerodynamic Flight Experiment[C]. 1999. NASA/TM 1999 – 206579.

[68] Tatineni M,Zhong X L. Numerical Simulations of Unsteady Low – Reynolds – Number Flows over the APEX Airfoil[C]. AIAA Paper 1998 – 0412.

[69] Anyoji M,Numata D,Nagai H,et al. Effects of Mach Number and Specific Heat Ratio on Low – Reynolds – Number Airfoil Flows[J]. AIAA Journal,2015,53(6):1640 – 1654.

[70] Munday PM,Taira K,Suwa T,et al. Nonlinear Lift on a Triangular Airfoil in Low – Reynolds – Number Compressible Flow[J]. Journal of Aircraft,2015,52(3):924 – 931.

[71] Pekardan C,Alexeenko A. Rarefaction Effects for Transonic Airfoil Flows at Low Reynolds Numbers[J]. AIAA Journal,2018,56(2):765 – 779.

[72] Désert T,Jardin T,Bézard H. Numerical Predictions of Low Reynolds Number Compressible Aerodynamics[J]. Aerospace Science and Technology,2019,92:211 – 223.

[73] 王科雷,周洲,许晓平,等. 超临界翼型低雷诺数流动分析及优化设计[J]. 航空学报,2015,36(010):3275 – 3283.

[74] 吕传文. 火星飞行器推进系统多方案研究[D]. 哈尔滨:哈尔滨工业大学,2018.

[75] 杨婷婷. 火星无人机梯形桨叶空气动力学特性分析及实验研究[D]. 哈尔滨:哈尔滨工业大学,2018.

[76] Zhao P Y,Quan Q Q,Chen S T,et al. Experimental Investigation on Hover Performance of a Single – Rotor System For Mars Helicopter[J]. Aerospace Science and Technology,2019,86:582 – 591.

[77] KimDH,ChangJ W. Low – Reynolds – Number Effect on the Aerodynamic Characteristics of a Pitching NACA0012 Airfoil[J]. Aerospace Science and Technology,2014,32(1):162 – 168.

[78] Yang S L,Spedding G R. Local Acoustic Forcing of a Wing at Low Reynolds Numbers[J]. AIAA Journal,2014,52(12):2867 – 2876.

[79] Pröbsting S,Scarano F,Morris S C. Regimes of Tonal Noise on an Airfoil at Moderate Reynolds Mumber[J]. Journal of Fluid Mechanics,2015,780:407 – 438.

[80] Feero M A,Goodfellow S D,Lavoie P,et al. Flow Reattachment Using Synthetic Jet Actuation on a Low – Reynolds – Number Airfoil[J]. AIAA Journal,2015,53(7):2005 – 2014.

[81] Ananda G K,Selig M S,Deters R W. Experiments of Propeller – Induced Flow Effects on a Low – Reynolds – Number Wing[J]. AIAA Journal,2018,56(8):3279 – 3294.

[82] Sudhakar S,Karthikeyan N,Suriyanarayanan P. Experimental Studies on the Effect of Leading – Edge Tubercles on Laminar Separation Bubble[J]. AIAA Journal,2019,57(12):5197 – 5207.

[83] Traub L W,Coffman C. Efficient Low – Reynolds – Number Airfoils[J]. Journal of Aircraft,

2019,56(5):1987 – 2003.

[84] Kay N J,Richards P J,Sharma R N. Effect of Turbulence and Sinusoidal Pitching on Low – Reynolds – Number Lift[J]. AIAA Journal,2020(Published online).

[85] Kay N J,Richards P J,Sharma R N. Influence of Turbulence on Cambered and Symmetrical Airfoils at Low Reynolds Numbers[J]. AIAA Journal,2020(Published online).

[86] Panta A,Fisher A,Mohamed A,et al. Low Reynolds Number Aerodynamics of Leading – Edge and Trailing – Edge Hinged Control Surfaces:Part I Statics[J]. Aerospace Science and Technology,2020,99:105563.

[87] Ziadé P,Feero M A,Lavoie P,et al. Shear Layer Development,Separation,and Stability over a Low – Reynolds Number Airfoil[J]. Journal of Fluids Engineering – Transactions of the ASME,2018,140:071201.

[88] Holst D,Balduzzi F,Bianchini A,et al. Static and Dynamic Analysis of a NACA 0021 Airfoil Section at Low Reynolds Numbers Based on Experiments and Computational Fluid Dynamics [J]. Journal of Engineering for Gas Turbines and Power – Transactions of the ASME,2019, 141:051015.

[89] Radespiel R,Windte J,Scholz U. Numerical and Experimental Flow Analysis of Moving Airfoils with Laminar Separation Bubbles[J]. AIAA Journal,2007,45(6):1346 – 1356.

[90] Windte J,Radespiel R. Propulsive Efficiency of a Moving Airfoil at Transitional Low Reynolds Numbers[J]. AIAA Journal,2008,46(9):2165 – 2177.

[91] Catalano P,Tognaccini R. Turbulence Modeling for Low – Reynolds – Number Flows[J]. AIAA Journal,2010,48(8):1673 – 1685.

[92] Conusil J N N,Boulama K G. Low – Reynolds – Number Aerodynamic Performances of the NACA 0012 and Selig – Donovan 7003 Airfoils[J]. Journal of Aircraft,2013,50(1):204 – 216.

[93] Ikeda T,Atobe T,Fujimoto D,et al. Self – Noise Effects on Aerodynamics of Cambered Airfoils at Low Reynolds Number[J]. AIAA Journal,2015,53(8):2256 – 2269.

[94] Sato M,Nonomura T,Okada K,et al. Mechanisms for Laminar Separated Flow Control using Dielectric – Barrier Discharge Plasma Actuator at Low Reynolds Number[J]. Physics of Fluids,2015,27(11):117101.

[95] Alguacil A,Jardin T,Gourdain N. Fluid – Structure Interactions and Unsteady Kinematics of a Low – Reynolds – Number Rotor[J]. AIAA Journal,2020,58(2):955 – 967.

[96] Barnes C J,Visbal M R. Stiffness Effects on Laminar Separation Flutter[J]. Journal of Fluids and Structures,2019,91:102767.

[97] 白鹏,崔尔杰,周伟江,等. 翼型低雷诺数层流分离泡数值研究[J]. 空气动力学学报, 2006,(04):416 – 424.

[98] 叶军科,宋笔锋,宋文萍,等. 扑动翼型的低雷诺数气动特性分析[J]. 空气动力学学

报,2007,25(001):104 – 109.

[99] 何飞,宋文萍. 固定转捩在改善振荡来流下低雷诺数翼型气动性能中的应用[J]. 空气动力学学报,2007,(04):495 – 499.

[100] 昂海松微型飞行器设计导论[M]. 西安:西北工业大学出版社,2012.

[101] Wang S,Zhou Y,Alam M M,et al. Turbulent Intensity and Reynolds Number Effects on an Airfoil at Low Reynolds Numbers[J]. Physics of Fluids,2014,26(11):115107.

[102] Ma DL,ZhaoYP,Qiao Y H,et al. Effects of Relative Thickness on Aerodynamic Characteristics of Airfoil at a Low Reynolds Number[J]. Chinese Journal of Aeronautics,2015,28(4):1003 – 1015.

[103] Lei JM,He JD. Adjoint – Based Aerodynamic Shape Optimization for Low Reynolds Number Airfoils[J]. Journal of Fluids Engineering,2016,138:021401.

[104] Lei J M,Zhang J W,Niu J P. Effect of Active Oscillation of Local Surface on the Performance of Low Reynolds Number Airfoil[J]. Aerospace Science and Technology,2020,99:105774.

[105] Li Z P,Zhang P,Pan T Y,et al. Catastrophe – Theory – Based Modeling of Airfoil – Stall Boundary at Low Reynolds Numbers[J]. AIAA Journal,2018,56(1):36 – 45.

[106] Wang J S,Feng L H,Wang J J,et al. Görtler Vortices in Low – Reynolds – Number Flow over Multi – Element Airfoil[J]. Journal of Fluid Mechanics,2018,835:898 – 935.

[107] 李锋,白鹏,等. 飞行器低雷诺数空气动力学[M]. 北京:中国宇航出版社,2017.

[108] 朱志斌,尚庆,白鹏,等. 翼型低雷诺数层流分离现象随雷诺数的演化特征[J]. 航空学报,2018,40(5).

[109] 王威,王军,尹国庆,等. 低雷诺数下翼型气动特性和涡脱落模态分析[J]. 华中科技大学学报(自然科学版),2019,47(12):1 – 6.

[110] Garmann D J,Visbal M,Orkwis P D. Comparative Study of Implicit and Subgrid – Scale Model LES Techniques for Low – Reynolds Number Airfoil Applications[J]. International Journal for Numerical Methods in Fluids,2011,71(12):1546 – 1565.

[111] Kojima R,Nonomura T,Oyama A,et al. Large – Eddy Simulation of Low – Reynolds – Number Flow Over Thick and Thin NACA Airfoils[J]. Journal of Aircraft,2013,50(1):187 – 196.

[112] Wang Z J,Li Y,Jia F,et al. Towards Industrial Large Eddy Simulation Using the FR/CPR Method[J]. Computers & Fluids,2017,156:579 – 589.

[113] Fernandez P,Nguyen N C,Peraire J. The Hybridized Discontinuous Galerkin Method for Implicit Large – Eddy Simulation of Transitional Turbulent Flows[J]. Journal of Computational Physics,2017,336:308 – 329.

[114] Skarolek V,Miyaji K. Transitional Flow over a SD7003 Wing Using Flux Reconstruction Scheme[C]. AIAA Paper 2014 – 0250.

[115] Jiang Z,Yan C,Yu J. High – Order Implicit Discontinuous Galerkin Schemes for Unsteady Compressible Navier – Stokes Equations[J]. Chinese Journal of Aeronautics,2014,27(6):1384 – 1389.

[116] Bassi F,Botti L,Colombo A,et al. On the Development of an Implicit High – Order Discontinuous Galerkin Method for DNS and Implicit LES of Turbulent Flows[J]. European Journal of Mechanics,2016,55(13):367 – 379.

[117] 熊生伟,钟诚文,卓丛山,等. 气体运动论 BGK 格式的翼型绕流数值模拟[J]. 航空学报,2010,31(006):1099 – 1105.

[118] Ren X D,Xu K,Shyy W. A Multi – Dimensional High – Order DG – ALE Method Based on Gas – Kinetic Theory with Application to Oscillating Bodies[J]. Journal of Computational Physics,2016,316:700 – 720.

[119] Tan S,Li Q B,Xiao Z X,et al. Gas Kinetic Scheme for Turbulence Simulation[J]. Aerospace Science and Technology,2018,78:214 – 227.

[120] 李钟明,刘卫国. 稀土永磁电机[M]. 北京:国防工业出版社,1999.

[121] 罗玲,刘卫国,窦满峰,等. 高空飞艇螺旋桨驱动电机分析[J]. 宇航学报,2009,30(006):2140 – 2144.

[122] 陈世坤. 电机设计[M]. 2 版. 北京:机械工业出版社,2012.

[123] https://www. hoganas. com/somaloy.

[124] 韩雪岩,佟文明,唐任远. 非晶合金在电机中的应用[J]. 电工电能新技术,2014,33(12):46 – 52.

[125] 唐任远. 现代永磁电机[M]. 北京:机械工业出版社,1997.

[126] Yufeng Zhang,Na Liu,Shan Guo1,et al. Analysis and Design of Ironless Axial Flux Permanent Magnet Synchronous Motor[C]. 2018 10th International Conference on Intelligent Human – Machine Systems and Cybernetics,Hangzhou,China,2018.

[127] Reza Nasiri – Zarandi,Aghil Ghaheri,Karim Abbaszadeh. Cogging Torque Reduction in U – Core TFPM Generator using Different Halbach – Array Structure[C]. 2018 International Symposium on Power Electronics,Electrical Drives,Automation and Motion(SPEEDAM),Amalfi,Italy,2018. 6. 20 – 22.

[128] Baldwin C J,Gaver D P,Hoffman C H,et al. Mathematical Models for Use in the Simulation of Power Generation Outages Part III. Models for a Large Interconnection[J]. IEEE Transactions on Power Apparatus and Systems,1959,78(4):1645 – 1649.

[129] MIL – STD – 721 B. Definitions of effectiveness terms for reliability,maintainability,human factors,and safety[S]. 1972.

[130] 宋笔锋. 飞行器可靠性工程[M]. 西安:西北工业大学出版社,2006:135 – 136.

[131] 蒋仁言,左明健. 可靠性模型与应用[M]. 北京:机械工业出版社,1999.

［132］ Zhang Y，Sun J，Yu T. A Reliability Allocation Method Considering Failure Correlation Based on Vine Copula［J］. Journal of Mechanical Engineering，2018，54(24):206 - 215.

［133］ Wang H，Zhang Y M，Yang Z. A Reliability Allocation Method of CNC Lathes Based on Copula Failure Correlation Model［J］. 中国机械工程学报，2018，31(6).

［134］ KIM K O，YANG Y，ZUO M J. A New Reliability Allocation Weight for Reducing the Occurrence of Severe Failure Effects［J］. Reliability Engineering and System Safety，2013，117 (2):81 - 88.

［135］ L S Srinath. Reliability Engineering［M］. New Delhi:Affiliated East Wood Press，1991.

［136］ K C Kapur，L R Lamberson. Reliability in Engineering Design［M］. New York:John Wiley & Sons，1977.

［137］ AMARI S V，HEGDE V. New Allocation Methods for Repairable Systems ［C］//Reliability & Maintainability Symposium. Piscataway:IEEE Press，1996:290 - 295.

［138］ ELEGBEDE C，ADJALLAH K. Availability Allocation to Repairable Systems with Genetic Algorithms:A Multi - Objective Formulation ［J］. Reliability Engineering & System Safety，2003，82(3):319 - 390.

［139］ 喻天翔，宋笔锋，万方义，等. 机械可靠性试验技术研究现状和展望［J］. 机械强度，2007，029(002):256 - 263.

［140］ Dan M. Frangopol，Michael Macke，Jeom Kee Paik. Engineering Design Reliability Handbook ［M］. 2004.

［141］ 魏选平，王晓林. 故障树分析法及其应用［J］. 武警工程学院学报，2004，20(6):22 - 24.

［142］ 维齐利 W E. 故障树手册［M］. 疏松桂，唐信青，译. 北京:原子能出版社，1987:116 - 135.

［143］ 朱继洲. 故障树原理和应用［M］. 西安:西安交通大学出版社，1989.

［144］ 曾声奎. 系统可靠性设计分析教程［M］. 北京:北京航空航天大学出版社，2001.

［145］ 宋保维. 系统可靠性设计与分析［M］. 西安:西北工业大学出版社，2008.

［146］ 喻天翔. 复杂机械系统可靠性理论研究与应用［D］. 西安:西安理工大学，2003.

［147］ 方明. 机械系统概念设计阶段可靠性分配方法研究［D］. 天津:天津大学，2014.

［148］ Bhattacharyya G K，Johnson R A. Estimation of Reliability in a Multicomponent Stress - Strength Model［J］. Journal of the American Statistical Association，1974，69(348):966 - 970.

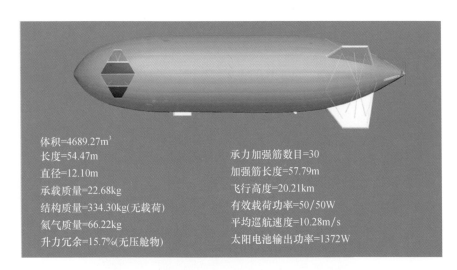

体积=4689.27m³
长度=54.47m
直径=12.10m
承载质量=22.68kg
结构质量=334.30kg(无载荷)
氦气质量=66.22kg
升力冗余=15.7%(无压舱物)

承力加强筋数目=30
加强筋长度=57.79m
飞行高度=20.21km
有效载荷功率=50/50W
平均巡航速度=10.28m/s
太阳电池输出功率=1372W

图 1-8　HiSentinel 50 飞艇外形与主要技术数据

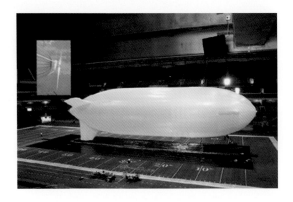

图 1-11　HiSentinel 80 飞艇充气试验

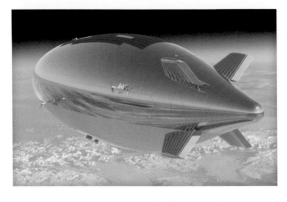

图 1-12　ISIS 飞艇外形示意图

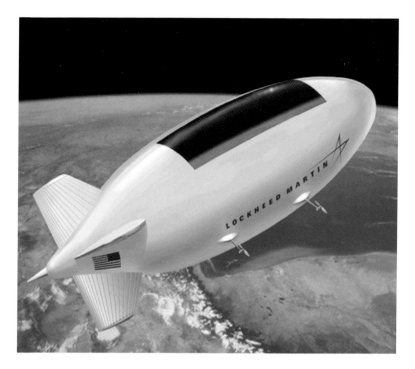

图 1-13 洛克希德·马丁公司的高空飞艇布局图

图 1-14 洛克希德·马丁公司的 HALE-D 飞艇飞行试验

图 1 - 15　洛克希德·马丁公司的 HALE - D 飞艇回收

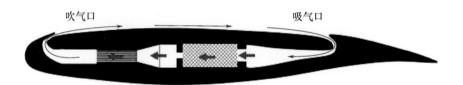

图 1 - 17　协同射流流动控制示意图

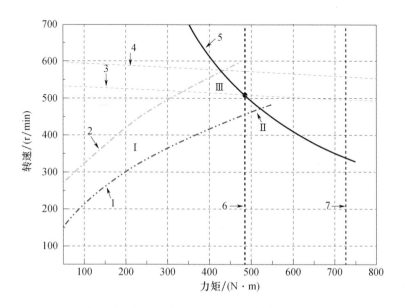

图 2 - 6　额定转速 N_0 下多工况部件参数匹配图

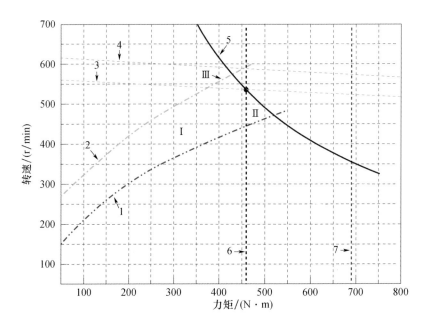

图 2-7 额定转速 N_H 螺旋桨多工况部件参数匹配图

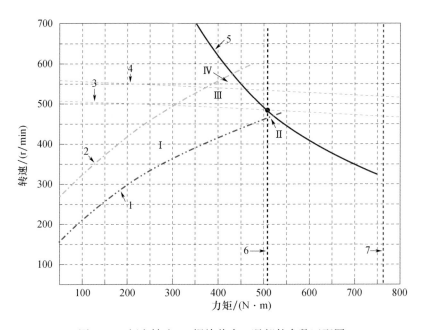

图 2-8 额定转速 N_L 螺旋桨多工况部件参数匹配图

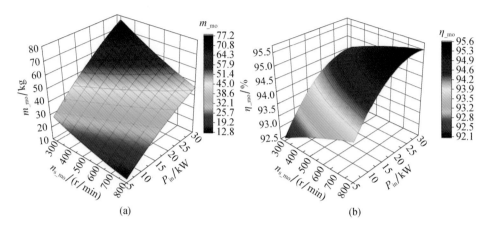

图 2 - 12　临近空间电机响应面模型

(a)电机质量模型;(b)电机效率模型。

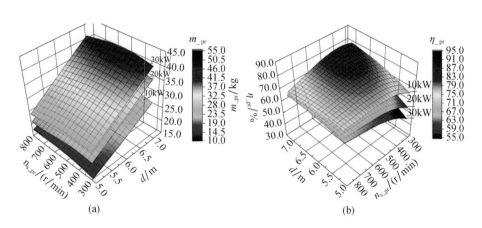

图 2 - 13　临近空间螺旋桨响应面模型

(a)螺旋桨质量模型;(b)螺旋桨效率模型。

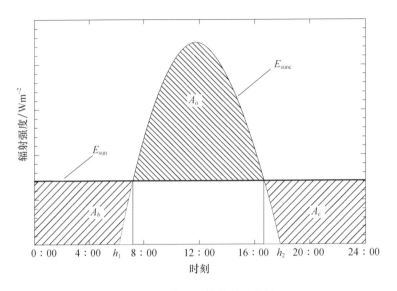

图 2 - 15　能源系统能量平衡图

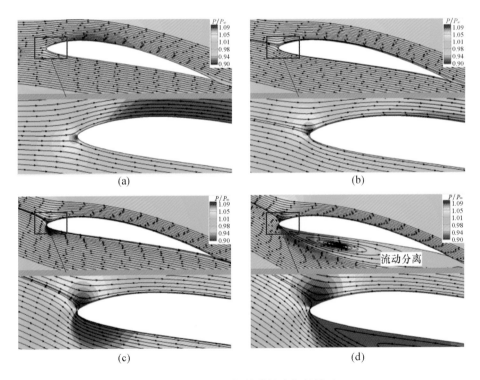

图 2 - 16　风速对螺旋桨绕流场的影响

(a)风速 10m/s(有效迎角 >0°);(b)风速 20m/s(有效迎角 <0°);
(c)风速 30m/s(有效迎角 <0°);(d)风速 40m/s(有效迎角 <0°)。

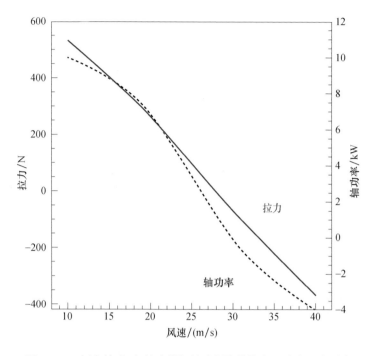

图 2-17　额定转速下,风速增加导致螺旋桨推力和功率迅速下降

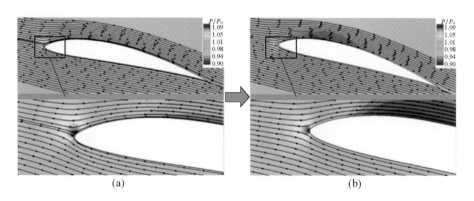

图 2-18　风速增大时,通过提高桨距角,变距桨剖面仍然

可以保持比较有利的有效攻角

(a)定距桨;(b)变距桨。

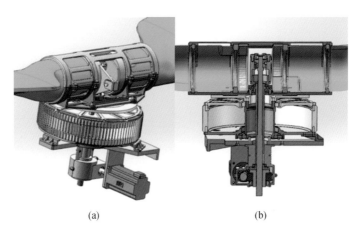

(a)　　　　　　　　　　　　(b)

图 2 - 19　新原理变距机构总体设计方案

(a)总体全貌;(b)剖视图。

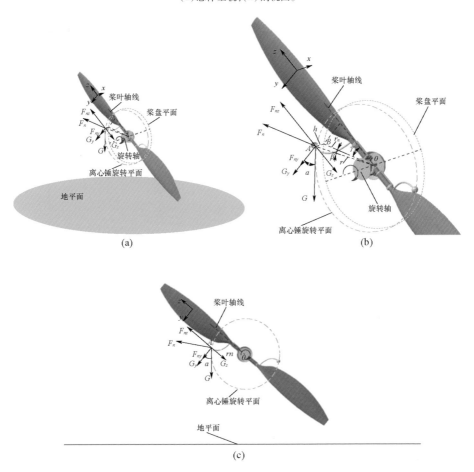

图 2 - 26　离心锤受力分析示意图

(a)离心锤受力总体视图;(b)离心锤受力局部放大图;(c)离心锤受力正视图。

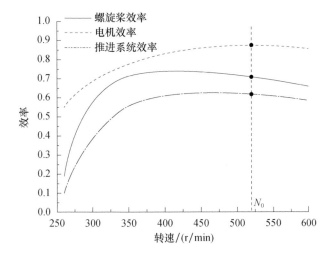

图 2-41 螺旋桨效率、电机效率以及推进系统效率随转速变化示意图

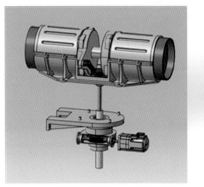

图 2-43 各种形式的变距机构

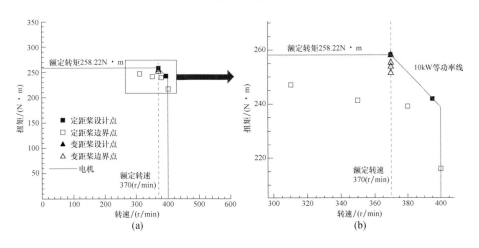

图 2-44 定距桨/变距桨与电机匹配性分析

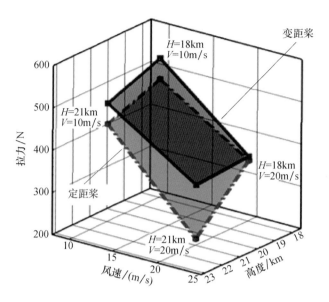

图 2-45　变距桨与定距桨分析对比

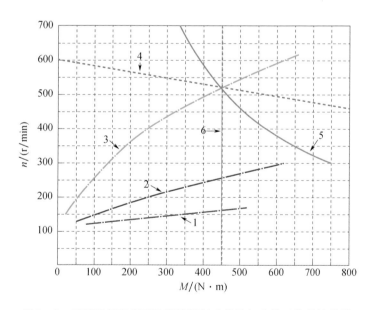

图 3-1　不同飞行高度下的螺旋桨气动特性与电机工作特性曲线

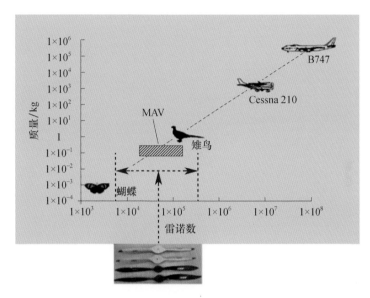

图 4 – 2 临近空间螺旋桨型面的工作雷诺数范围

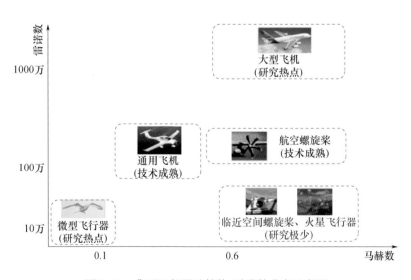

图 4 – 7 典型飞行器马赫数、雷诺数分布示意图

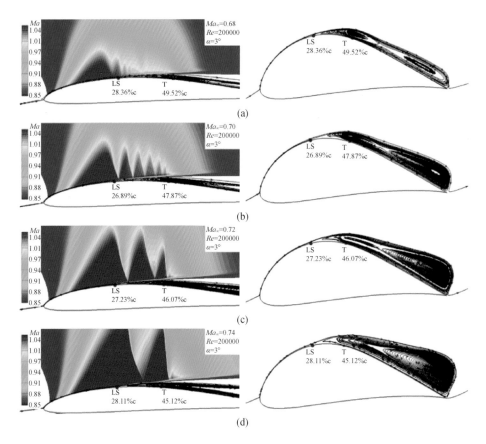

图4-10 来流马赫数的微小变化可导致完全不同的
激波系结构和层流分离泡形态

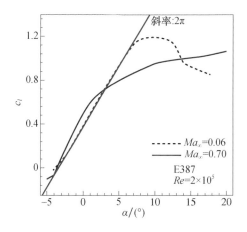

图4-11 高亚声速低雷诺数条件下的升力线斜率、失速特性与
不可压低雷诺数明显不同

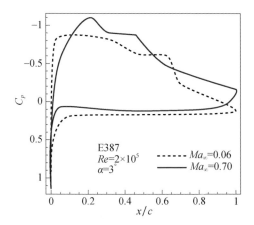

图 4 - 12　高亚声速低雷诺数条件下的压力系数分布存在压力平台，
但未明显反映 λ 激波

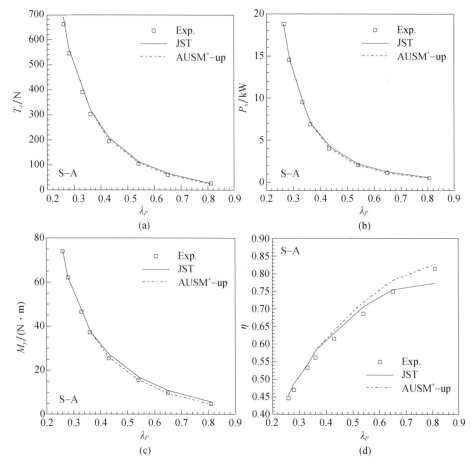

图 4 - 14　不同格式计算结果与试验值比较(S - A)

(a)拉力；(b)功率；(c)扭矩；(d)效率。

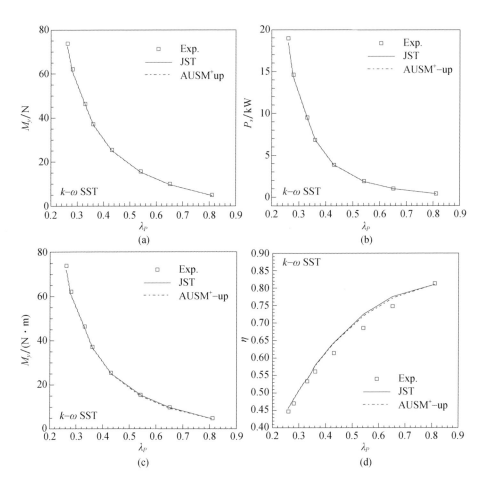

图 4 - 15　不同格式计算结果与实验值比较($k - \omega$ SST)

(a)拉力;(b)功率;(c)扭矩;(d)效率。

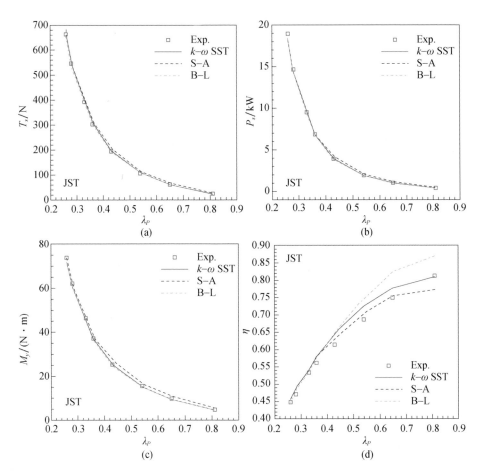

图 4 - 16　不同湍流模型计算结果与实验值比较（JST 格式）

（a）拉力；（b）功率；（c）扭矩；（d）效率。

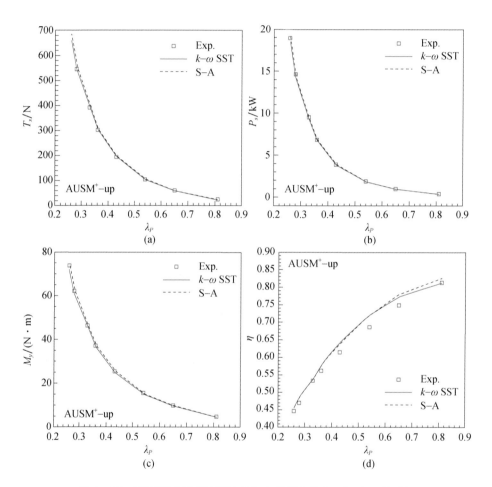

图 4-17　不同湍流模型计算结果与实验值比较(AUSM$^+$_up 格式)

(a)拉力;(b)功率;(c)扭矩;(d)效率。

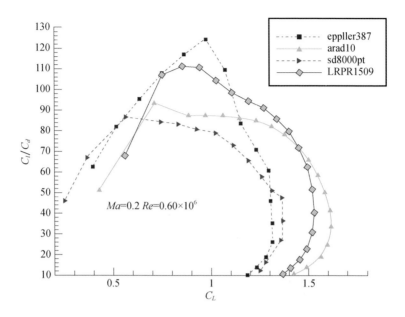

图 4 - 25   LRPR1509 翼型与国外典型低雷诺数螺旋桨翼型升阻特性对比

($Ma = 0.2, Re = 600000$)

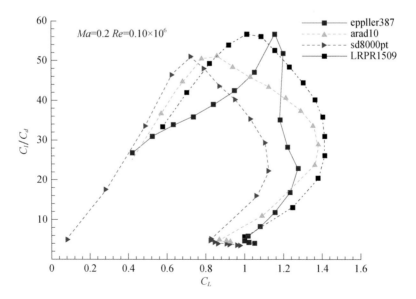

图 4 - 26   LRPR1509 翼型与国外典型低雷诺数螺旋桨翼型升阻特性对比

($Ma = 0.2, Re = 100000$)

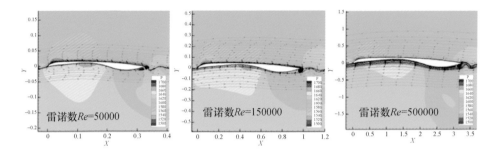

图 4 - 29　低雷诺数 PLRT10S3 翼型非定常流场特征

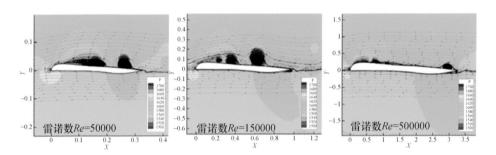

图 4 - 30　低雷诺数 PLRT10S2 翼型非定常流场特征

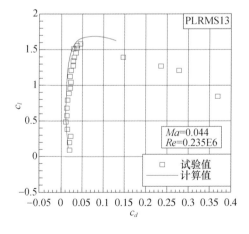

图 4 - 35　风速 15m/s 时的升阻极曲线

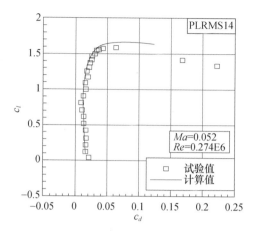

图 4 - 36　风速 17.5m/s 时的升阻极曲线

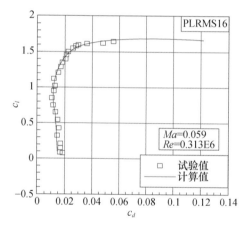

图 4 - 37　风速 20m/s 时的升阻极曲线

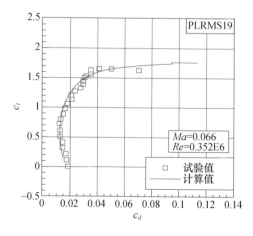

图 4 - 38　风速 22.5m/s 时的升阻极曲线

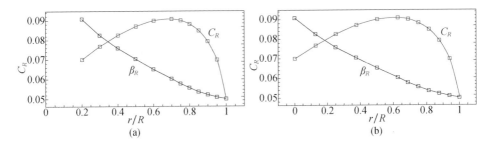

图 4-39　螺旋桨桨叶弦长分布与扭转角分布示意图

(a)原始的分布函数；(b)横坐标归一化后的分布函数。

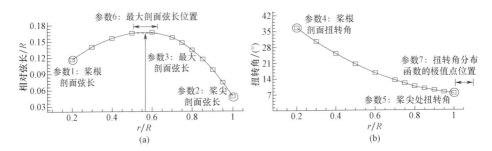

图 4-40　螺旋桨桨叶弦长分布与扭转角分布设计参数

(a)与弦长相关的参数；(b)与扭转角相关的参数。

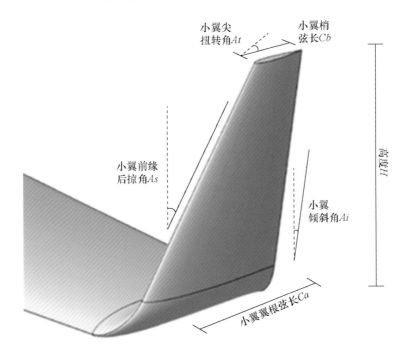

图 4-47　桨梢小翼主要几何参数示意图

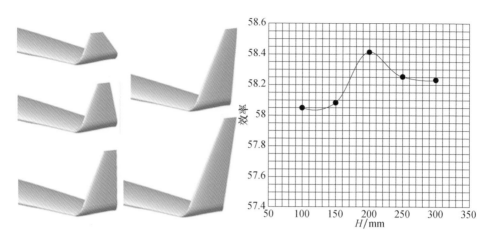

图 4 - 48　小翼高度对螺旋桨效率的影响

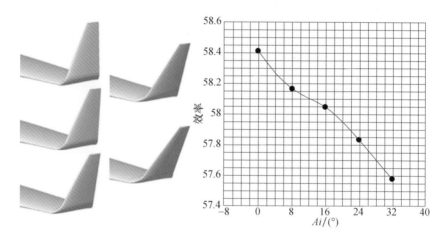

图 4 - 49　小翼倾斜角对螺旋桨效率的影响

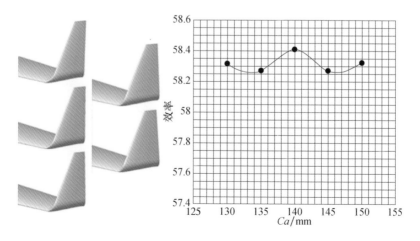

图 4 - 50　小翼翼根弦长对螺旋桨效率的影响

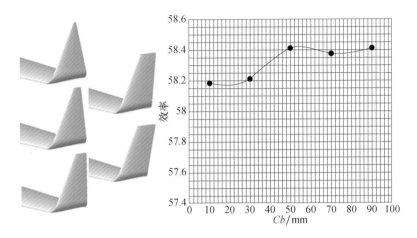

图 4 - 51　小翼翼梢弦长对螺旋桨效率的影响

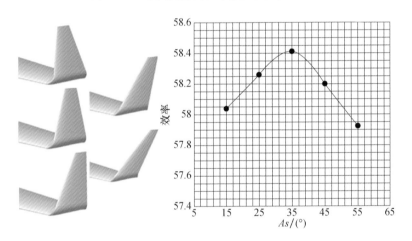

图 4 - 52　小翼前缘后掠角对螺旋桨效率的影响

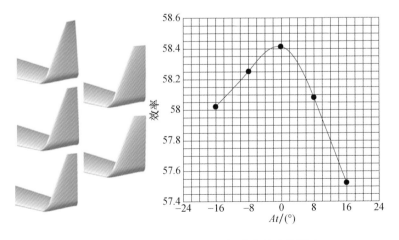

图 4 - 53　小翼尖端扭转角对螺旋桨效率的影响

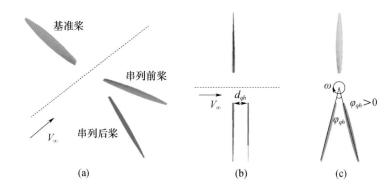

图 4 - 61　串列螺旋桨几何参数化总体示意图

(a)基准桨与串列桨对比示意图;(b)侧视图;(c)俯视图。

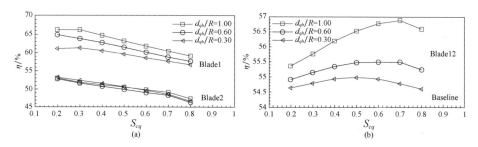

图 4 - 64　效率随前桨缩放因子的变化

(a)前/后桨;(b)串列桨。

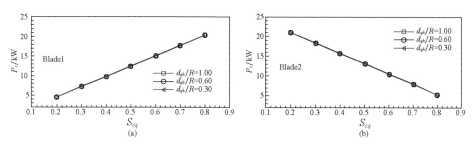

图 4 - 65　功率随前桨缩放因子的变化

(a)前桨;(b)后桨。

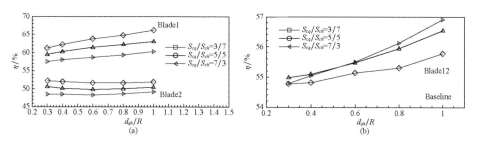

图 4 - 66　效率随前后桨间距的变化

(a)前/后桨;(b)串列桨。

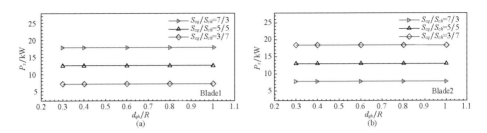

图 4 - 67 功率随前后桨间距的变化

(a)前桨;(b)后桨。

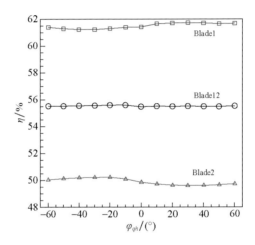

图 4 - 68 效率随交错角变化

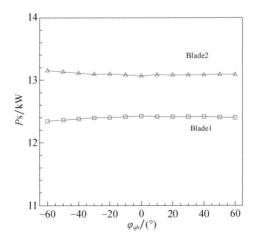

图 4 - 69 功率随交错角变化

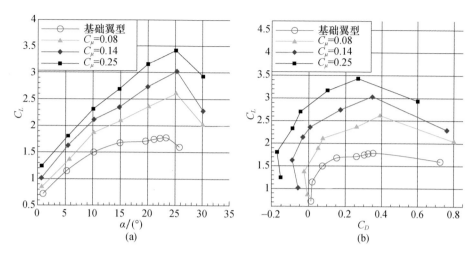

图 4 - 73　美国迈阿密大学协同射流翼型风洞试验结果

(a)升力曲线;(b)升阻极曲线。

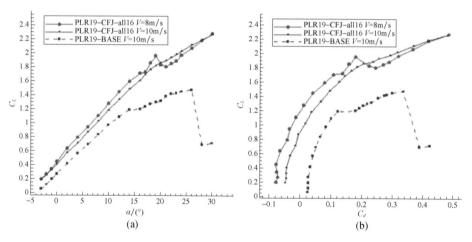

图 4 - 75　西北工业大学协同射流翼型风洞试验结果

(a)升力曲线;(b)升阻极曲线。

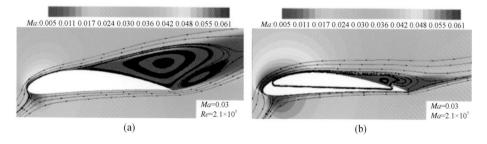

图 4 - 82　常规翼型和协同射流翼型的流线示意图

(a)常规翼型;(b)协同射流翼。

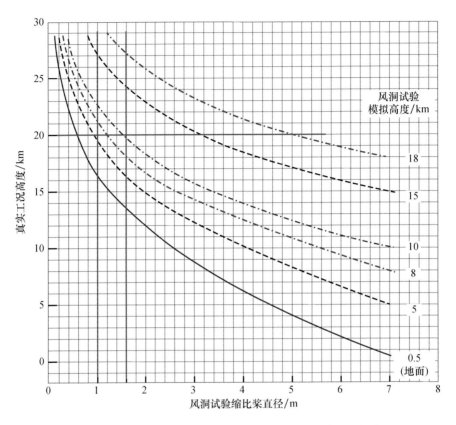

图4-86 不同风洞试验模拟高度下,7m高空桨风洞试验
缩比桨直径与真实工况高度的关系曲线

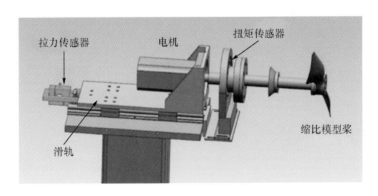

图4-88 基于拉力/扭矩传感器的螺旋桨测力方法

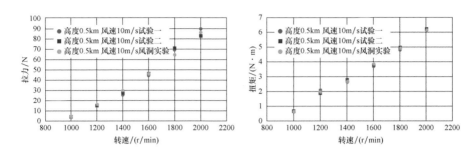

图 4 - 101　风速 10m/s 螺旋桨气动性能车载试验与风洞试验结果对比

（西安地区，高度 0.5km）

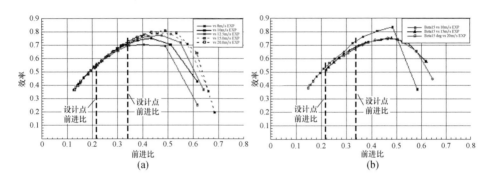

图 4 - 115　6.8m/30kW 螺旋桨缩比模型风洞试验结果（NF - 3）

（a）轴流；（b）侧流 15°。

图 4 - 116　6.8m/30kW 全尺寸螺旋桨车载试验

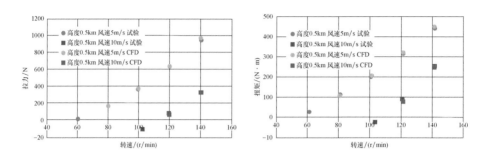

图 4-117 6.8m/30kW 全尺寸螺旋桨车载试验结果(西安地区)

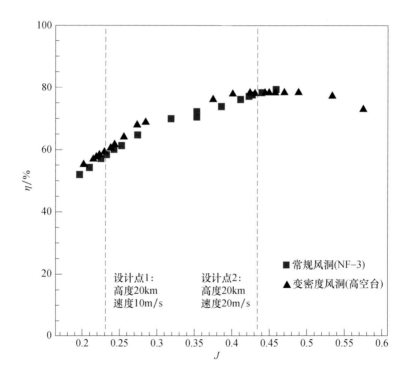

图 4-122 7m/10kW 螺旋桨缩比模型风洞试验结果

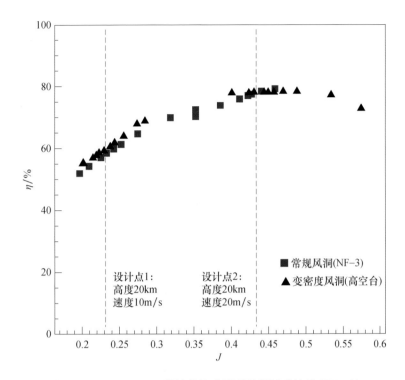

图 4 - 127　2.5m/3kW 螺旋桨缩比模型风洞试验结果(NF - 3)

图 5 - 32　静平衡试验

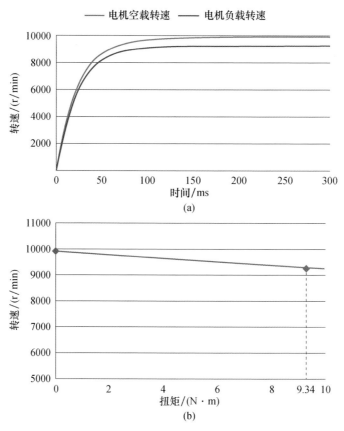

图 6-24 空载、额定负载转速仿真

（a）空载转速、负载转速波形；（b）转速—扭矩特性曲线。

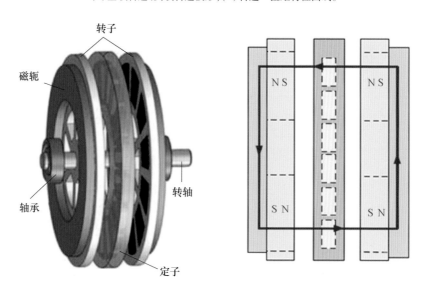

图 6-25 轴向磁通永磁电机结构原理图

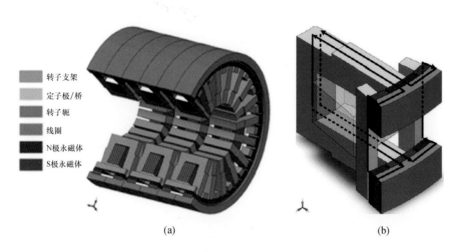

图 6-26 横向磁通永磁电机结构

(a)横向磁通永磁电机结构原理图;(b)电机磁通路径。

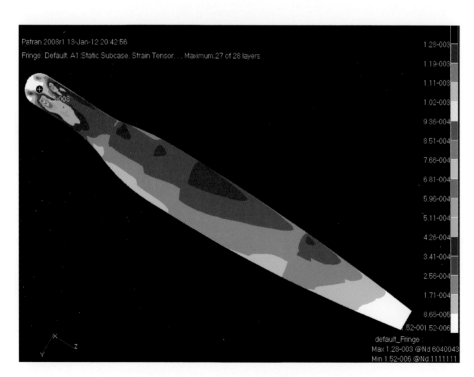

图 7-13 高度 20km、转速 360r/min 时桨叶 von Mises 应变云图

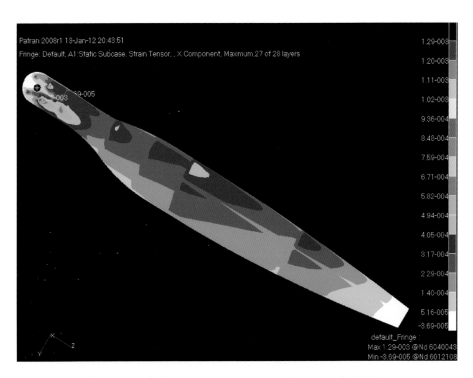

图 7 - 14　高度 20km、转速 360r/min 时桨叶 X 向应变云图

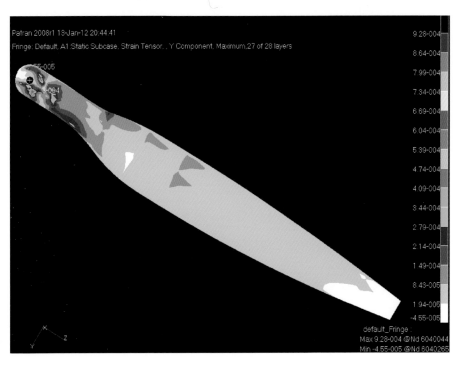

图 7 - 15　高度 20km、转速 360r/min 时桨叶 Y 向应变云图

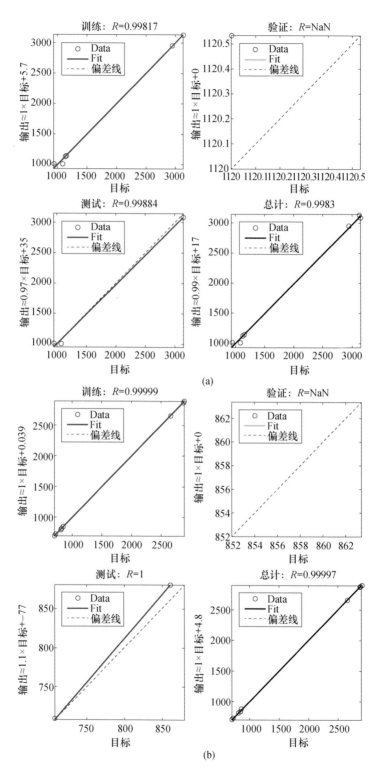

图 7-16　桨叶代理模型回归误差图

(a)X方向应变;(b)Y方向应变。

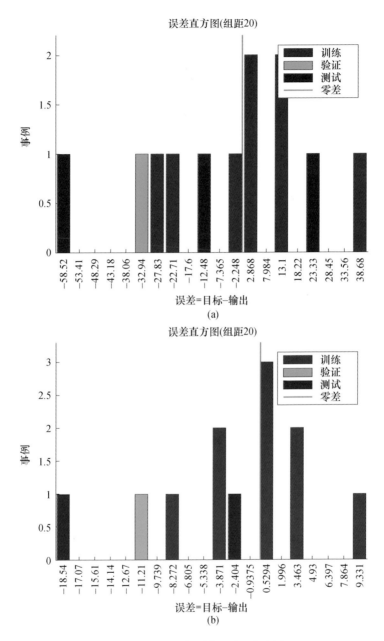

图 7 - 17　桨叶代理模型误差直方图

(a)X 方向应变；(b)Y 方向应变。

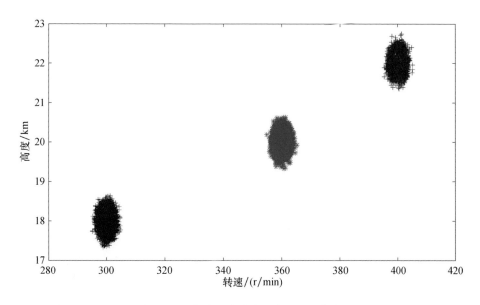

图 7 - 18 影响因素分布示意(3×10^4 点)

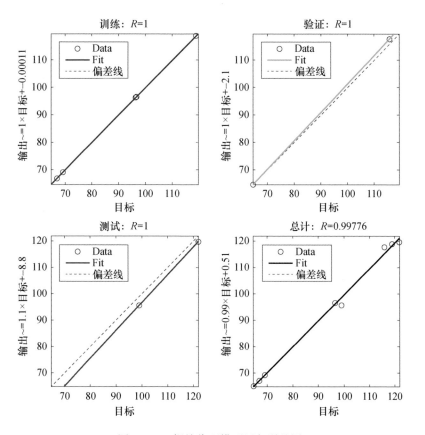

图 7 - 19 螺栓代理模型回归误差图

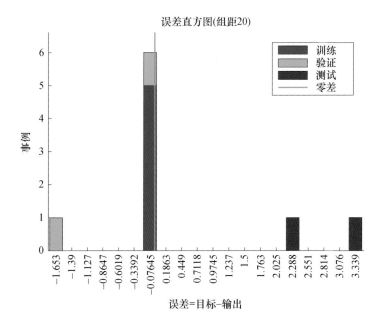

图 7 - 20　螺栓代理模型误差直方图